機構学

［新装版］

岩本太郎［著］

森北出版株式会社

はじめに

最近の機械は電子化が進んでいる．たとえば，自動車はエレクトロニクスの塊であり，電子制御なくして自動車は成り立たない．しかし，電子技術だけでは機械は成り立たないのも事実である．なぜなら，現実の世界に物理的に影響を与えるためには，機械部分が不可欠だからである．どんなに電子技術が発達しても，人や物資を移動させるためには，原動機から車輪に，回転や駆動力を伝えるトランスミッションやサスペンションが必要である．したがって，機械の電子化が進んでも，機構部分はなくなることはない．ロボットはメカトロニクスの製品であるが，メカとエレクトロニクスが融合して魅力のある動作が生まれる．メカは，機械の基本機能を決定する．制御は，その機能の範囲内で価値を高める動作をする．したがって，ロボットにどんな機構を適用するかは大きな関心事となる．

簡単にいえば，機構は機械に必要な動作を与え，力を伝達するしくみである．原動機あるいはモータの発する運動やトルクが，機構を通じて機械に特定の仕事をさせる．したがって，新しい機械を作ろうと思えば，機構学の知識が必要になる．さらに，よりよい機械を作るにはセンスが必要である．センスとは，無理のない動きと力のはたらき方のバランスを面的に感じ取る力であり，それは機構に対する知識の広さと経験から生まれるものと思う．

ある機能を果たす機構を考えるとき，機構の発案は，求めている機構の動きに対して，その運動を実現可能な機構や，その組み合わせを知識の中から探していく作業である．しかし，推論で解が出てくることよりは，直感的に解が求まることが多い．これは，機構の解は一つとは限らず，機構そのものを数式に乗せて処理することも難しいからと思われる．直感的に解が出るためには，多くの事例を知っていることが重要である．似たような動きをする機構を連想することで機構案が出てくる．したがって，本書ではなるべく多くの機構の事例を取り上げるようにした．また，機構の設計を容易にするため，統一した考え方による解析方法を示すことや，機構の基本式を提示し，その基本式を適用すればいろいろな機構の運動を数式的に求めることができるよう配慮した．

本書は，大学や工業高等専門学校の教科書として使用していただくことを目的としている．卒業後も実際の機械の開発や設計に活かしていただければありがたい．演習問題も用意したので，活用して知識を深めていただければ幸いである．

最後に，本書を執筆するにあたって種々の図書や製品のパンフレット等を参考にさせていただいた．ここに深く感謝の意を表す次第である．思い違いや誤記などがあるとすれば，著者の至らぬところであり，ご指摘を賜りたい．

2012 年 1 月

著　者

新装版発行にあたって

第 1 版の刊行からおよそ 8 年が経過したが，ありがたいことに，その間多数の大学や工業高等専門学校で，本書を教科書として使用していただいてきた．そこで，さらに見やすく，また読者にとって親しみやすくなるよう，2 色刷りの新装版として改めて発行させていただくことになった．誤記などに対する若干の修正を除いて，内容は第 1 版から変更していない．第 1 版と同様にご活用いただければ幸いである．

2020 年 5 月

著　者

目　次

1章 機構学の基礎

代表的な機械として，自動車を例にとろう．自動車にはエンジンあるいはモータがあり，発生した回転を車輪に伝達し，車輪が回転して自動車が走行する．原動機の回転を車輪に伝えるために，変速装置やトルクコンバータなどが必要である．方向を変えるためには，ハンドルの回転を車輪の角度変化に変えるステアリング装置が必要である．路面の凹凸を吸収するには，サスペンションが必要である．これらの装置は機構で成り立っていて，自動車は機構がなければ作ることができない．

このように，機械には原動機など外部から入力される運動を必要な運動に変化させる機能が必要であり，この機能を担う機械的構造を機構という．すなわち，**機構**（mechanism）とは，複数の部品で構成される機械において，その部品の形状や組み合わせや位置関係により，運動を変換して伝達する装置のことをいう．**機構学**（theory of mechanism）は，機構が生み出す運動について研究する学問のことである．

近年，コンピュータや電子制御技術が発達して機構の一部も電子化され，複雑な機構は採用されないようになってきたが，機構部分をまったく欠くと，外界に対して物理的に作用ができない．また，電子制御は電源が失われると機能を失う恐れがあるが，機構はその影響を受けない強みがある．いずれにしても，機械には機構が必須であり，新たな機械を生み出すために機構の知識は欠かせない．

本章では，機構学の基本的な概念やそれを表す技術用語を理解し，もっとも基本的な機構である連鎖について，どのような運動が可能か調べる方法を学ぶ．

1.1 機械と機構

機械（machine）に関する定義としてよく引用されるのは，ドイツの学者ルーロー（Franz Reuleaux）の静力学理論に関する著作 “Theoretishe Kinematik” に出てくる記述である．その意味を日本語で表すと，次のようになる．

「機械とは，力に対して抵抗を示す物体が組み合わされて定まった相対運動を行い，外部からエネルギーを受け取って有用な仕事をするものをいう」

この定義に従えば，機械は複数の部品で構成され，一定の運動を行い，外部から動力で動かされ，何かの役に立つ仕事をするもの，ということになる．したがって，人力や畜力によって動かす道具や工具などは機械ではない.

一方, 機構は機械を構成する主要な要素で, 複数の部品で構成され, 外力を受けたときに必要な運動を生じさせるものである. 動力をもたず機械にならない道具や工具にも機構は存在する. 部品の形状や組み合わせによって発生する運動が異なるので, その関係を論理的に説明するものが機構学である.

機構学においては, 部品の強度や剛性はほかの学問にゆずって, すべての部品は変形もせず破壊もしないものとして扱う. また, 多くの場合, 重力も考えない.

1.2 機構の基本概念

機構学では, 機構を構成する部品や部品相互の特別な関係を示す概念と, それを表す専門的な用語を用いる. 機構学を学ぶうえで必要となるこれらの概念について, 正しく理解しておこう.

(1) 機　素

機構を構成する各要素を**機素**（machine element）という. つまり, 機素は機構の部品であり, その形状や, ほかの機素との組み合わせ状態が運動を決める.

(2) 運動の自由度

重力がない状態を考えよう. 何の拘束もなく空間に浮かんでいる物体は, どのような運動も自由である. 図 1.1 に示すように, 空間に 3 軸直交座標系 xyz を置いて考えると, 任意の運動は, この 3 軸方向の直進運動と, 3 軸周りの回転運動の組み合わせとして表すことができる. この直進運動と回転運動は, 任意の速度をほかの運動と干渉しないよう独立に与えることができる. これらのうち可能な運動の数を, 運動の**自由度**（DOF; degree of freedom）とよぶ. 空間に何の拘束もなく浮遊している場合は, 最大の運動の自由度 6 をもつ.

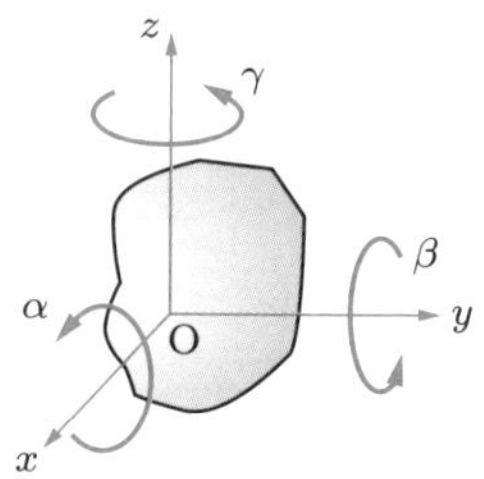

図 1.1　運動の自由度

一般に，機構を構成する機素の運動は一定の運動に限定され，その運動には再現性がなければならない．機構の目的は，機素を組み合わせて相手の運動を拘束することにより，運動の自由度を奪い，望ましい一定の運動を生み出すことにある．

(3)　対偶と対偶素

機構を構成する部品は，互いに組み合わされ，相手の部品の運動に影響を与える．すなわち，部品が接触することにより，互いに相手の運動を拘束することになる．この拘束の仕方は，接触部分の形状とその組み合わせ方で決まる．図 1.2 に示すように，二つの物体が接触し，組み合わされている状態を，**対偶**（pair，kinematic pair）という．それぞれの物体に作られた対偶を構成する構造部分を**対偶素**（pairing element）といい，対偶素が組み合わされて対偶を構成する．たとえば，一つの部品の一端に突起があり，ほかの部品の穴に差し込まれて回転運動だけができるようにすれば，この二つの部品は回り対偶を構成し，突起と穴は対偶素である．二つ以上の対偶素をもつ物体を**節**（link）とよぶ．対偶素が多い節は，3 対偶素節，4 対偶素節などとよぶ．

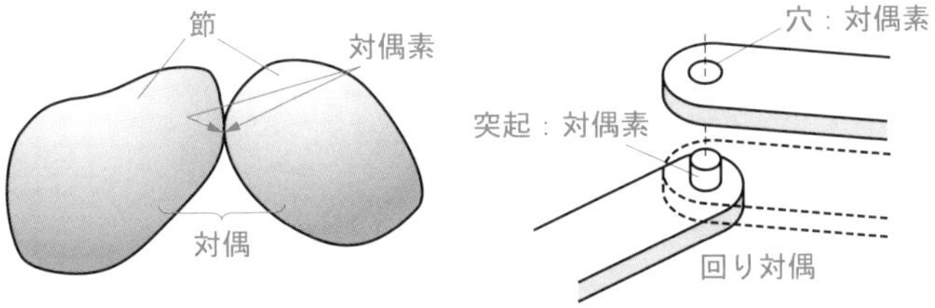

図 1.2　**対偶と対偶素**

1.3　種々の対偶

1.3.1　機構の接触状態

機構の接触状態は，図 1.3 に示すように，面で接触する場合と，線または点で接触する場合があり，これにより運動の拘束の状態が異なるので，以下のように区別している．

図 1.4 に示すように，二つの機素が平面または曲面で接触し離れない場合を**面対偶**

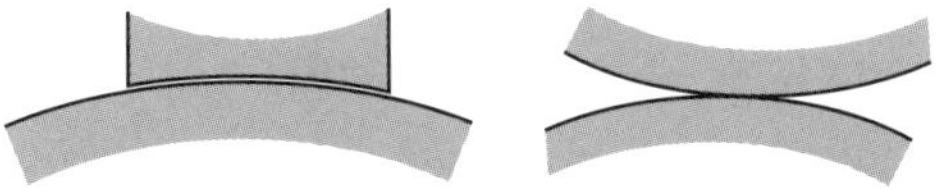

図 1.3　**機素の接触状態**

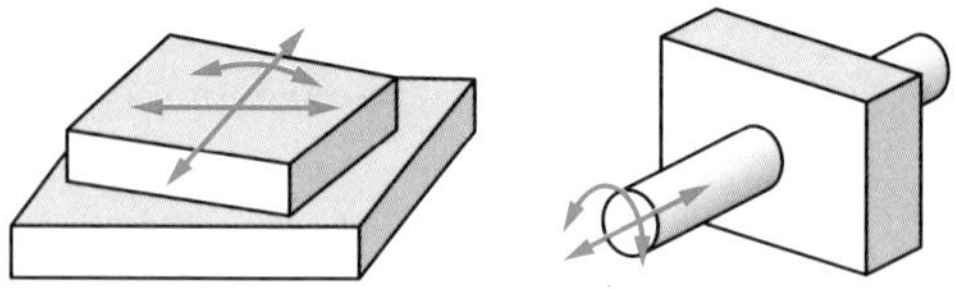

（a）自由度 3　　（b）自由度 2

図 1.4　面対偶（低次の対偶）

（planar pair，flat pair）または**低次の対偶**（lower pair）といい，少なくとも面に垂直方向の運動と，面に沿う軸周りの回転の三つの自由度が拘束される．強度や耐久性の点で有利で，面対偶が使われる場合は多い．

図 1.5 に示すように，円筒と平面が接触すると接触部分は線状になり，球と平面が接触すると接触部分は点になる．これにより，さらに多くの運動の自由度が得られる．

二つの部品が線接触または点接触となる組み合わせの場合を，線・点対偶または**高次の対偶**（higher pair）という．

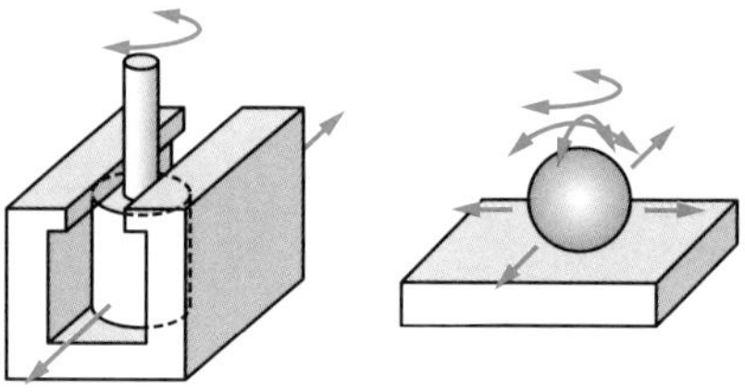

（a）自由度 2　　（b）自由度 5

図 1.5　線・点対偶（高次の対偶）

1.3.2　限定対偶

1.2 節で述べたように，運動を一つに限定したい場合が多くある．運動の自由度が一つである対偶を**限定対偶**（closed pair）といい，次のような種類がある．

(1)　進み対偶／直進対偶

たとえば，図 1.6 (a) に示すように，四角い穴に四角い棒が隙間なくはまっているとき，長手方向の直進運動だけが許容される．1 軸方向の直進運動だけを許容した対偶を，**進み対偶**（prismatic pair）あるいは**直進対偶**という．

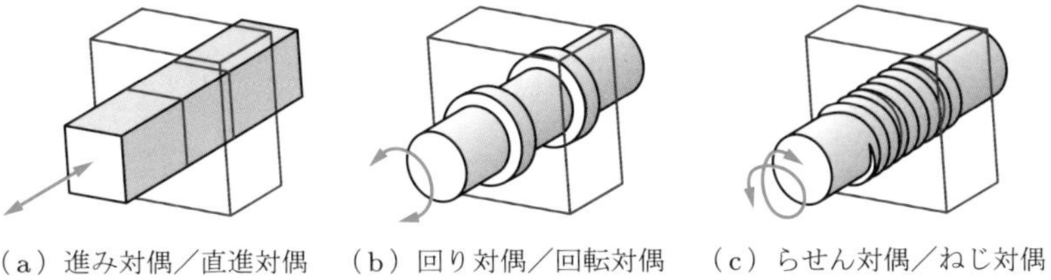

図 1.6 **限定対偶**

(2) 回り対偶／回転対偶

たとえば，図 1.6 (b) に示すように，つばのある丸棒が丸穴に隙間なくはまっているような場合，1 軸周りの回転運動だけが許容される．このような対偶を，**回り対偶**（turning pair）あるいは**回転対偶**（revolute pair）という．

(3) らせん対偶／ねじ対偶

たとえば，図 1.6 (c) に示すように，ねじ棒がねじ穴に隙間なくはまっているとき，らせん運動だけが許容される．らせん運動は，1 軸周りの回転運動と直進運動が一定の関係で結ばれている．二つの運動は関連付けられ，それぞれが独立には動けないので，自由度は一つである．このような対偶を，**らせん対偶**（helical pair）あるいは**ねじ対偶**（screw pair）という．

1.4 連 鎖

1.4.1 節の種類

複数の節を連続的に組み合わせ，環状にした機構を**連鎖**（chain）という．機構の中でもっとも簡単で，よく使われるものである．

図 1.7 に，連鎖に用いられる節の例を示す．図 (a)，(b) は，回り対偶で連鎖を構成する節で，単にリンクともいう．図のように，二つの対偶素をもつ節を**単節**（simple link），3 個以上の対偶素をもつ節を**複節**（compound link）という．

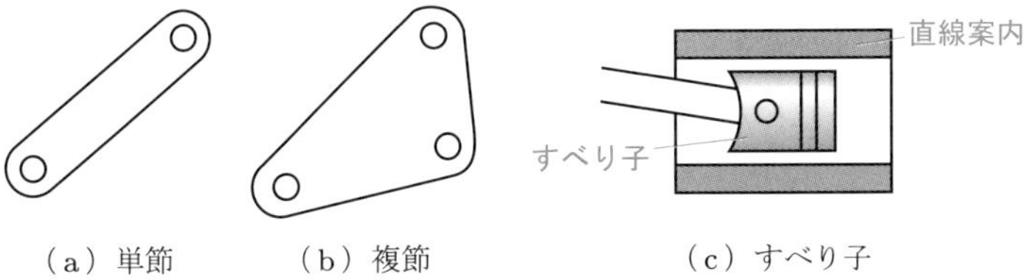

図 1.7 **単節と複節とすべり子**

図 (c) のように，連鎖が進み対偶を含む場合，直進する節を**すべり子**（slider）とよび，直進運動を支える構造を**直線案内**（linear guide）とよぶ．

1.4.2　節のはたらき

機構の外部から直接駆動される節を**原動節**（driver）あるいは**入力節**（input link），原動節によって動かされる節を**従動節**（follower），運動を取り出す節を**出力節**（output link），静止系に対し動かない節を**静止節**（stationary link, fixed link）という．ちなみに，図中では細い数本の斜線を付けることで静止節であることを表す．連鎖は一つの節を固定して運動を取り出す．固定した節が静止節であるが，同じ構造の連鎖でも，どの節を固定するかによって得られる運動が異なる．静止節を変えて異なる運動を得ることを**節の交替**（inversion of link）という．図 1.8 (a) は，節 a が静止節，節 d が原動節で，回転揺動機構である．図 (b) は同じ機構において節 b が静止節，節 a または節 c が原動節で，二重揺動機構となる．

連鎖の運動を考えるとき，重要なのは節に含まれる対偶素の位置と対偶素間の距離と方向であり，節の外形形状は重要ではない．図 1.9 (a) における単節は，外形が異な

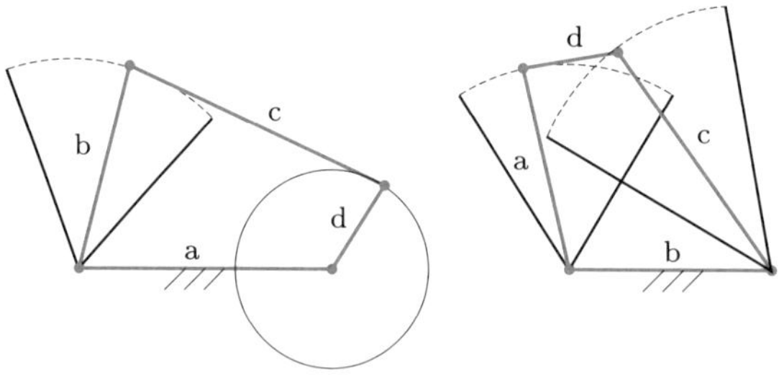

（a）節 a が静止節　　（b）節 b が静止節

図 1.8　節の交替

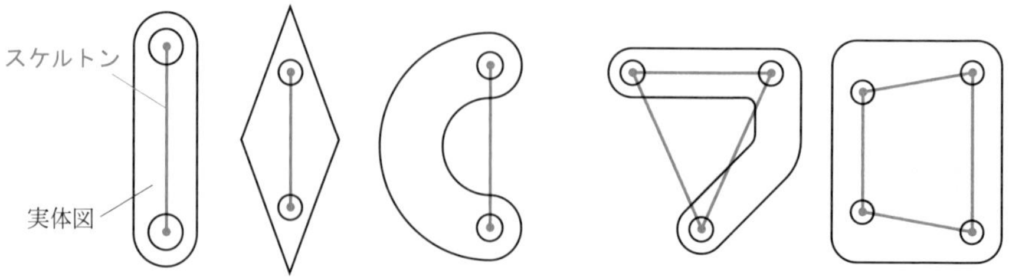

（a）単節　　（b）複節

図 1.9　実体図のスケルトン表現

るが，連鎖の中では同じ機能である．そこで，単節は対偶素とそれを結ぶ線分で表記する．これを**スケルトン**（skeleton）表示という．図 (b) は複節の例であり，網かけは，スケルトンで表される単節の相対位置が固定されていて節内では動かないことを表している．表 1.1 にスケルトン表示の例を示す．

対偶素間の相対位置関係は，その節の特性を決定するものであり，それらの値を**機構定数**（kinematic constant）とよぶ．たとえば，隣り合う回り対偶素の間隔，進み対偶相互の距離や交差角度などである．

表 1.1　スケルトン表示

名　称	スケルトン	実体図	
節		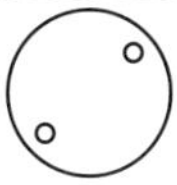	単節
	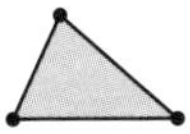	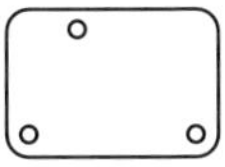	複節
連鎖（リンク）			それぞれが 自由に動く場合
	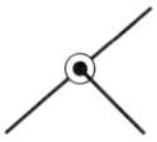	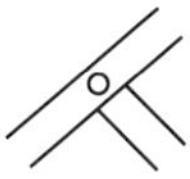	節の途中に つながっている場合
すべり子	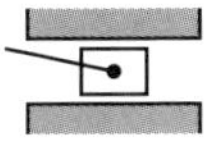	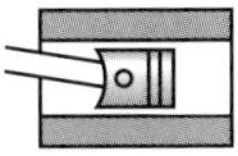	ピストンと シリンダー
			直線案内が 貫通している場合
固定軸		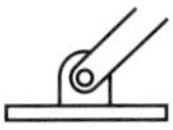	
歯　車	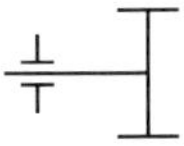	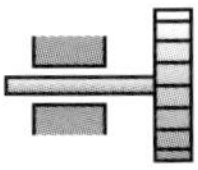	平歯車
	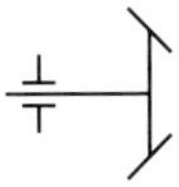	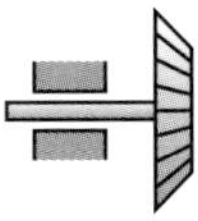	かさ歯車

1.4.3　連鎖の種類

連鎖は運動の自由度により，次のように分類される．

(a) **固定連鎖**（locked chain）：すべての運動が拘束され，どのようにも動かない連鎖

(b) **限定連鎖**（constrained chain）：一定の運動のみが可能な連鎖

(c) **不限定連鎖**（unconstrained chain）：運動が一つに限定されない連鎖

不限定連鎖は従動節に影響を与える外部環境によって得られる運動が変化するので，ごく特殊な場合に使われ，一般的には限定連鎖が用いられる．

1.4.4　平面連鎖の運動の自由度

複雑な平面連鎖を考えたとき，それが想定したように動くのかわからない場合がある．連鎖が可動か，また，不要な運動の拘束が十分かを確かめる簡単な方法がある．それは，次に示す運動の自由度を調べる方法である．

平面連鎖の運動の自由度 F は，節の種類を考慮した節の相当数 N_e と対偶の数 J とから，次式で求められる．

$$F = (2J - 3) - N_e \tag{1.1}$$

ここで，複節を含む場合の節の相当数 N_e は，i 個の対偶素をもつ節の数を n_i とした場合に，次式で得られる．

$$N_e = n_2 + 3n_3 + 5n_4 + 7n_5 + \cdots \tag{1.2}$$

式 (1.1) で示される自由度の数により，平面連鎖は次の機構に分類される．

$F \leqq 0$：固定連鎖

$F = 1$：限定連鎖

$F \geqq 2$：不限定連鎖

限定連鎖は一つの特定の運動のみができる機構で，前述したように多くの連鎖では限定連鎖が使われ，不限定連鎖は特殊な場合に使われる．なお，式 (1.1) において $F = 1$ とすると $N_e = 2(J - 2)$ となるので，限定連鎖の節の相当数 N_e はつねに偶数になる．

図 1.10 に連鎖の例を示す．図 (a)，(b) は固定連鎖で動くことができない．図 (c) は四つの節からなる限定連鎖で，一つの決まった運動だけができる．これに節を一つ追加して，図のように対偶間を拘束するようにつなげると，固定連鎖になる．図 (d) は不限定連鎖であり，運動が一つに限定されない．

不限定連鎖の応用例を図 1.11 に示す．5 節連鎖であり，運動の自由度は 2 であるが，原動節が b と e の二つあり，この二つの原動節の角度により節 c と d の対偶点の位置を前後左右に 2 次元で動かし，正確に位置決めすることができる．この機構は産業用ロボットのアームに使われており，腕の剛性が高いという特徴がある．

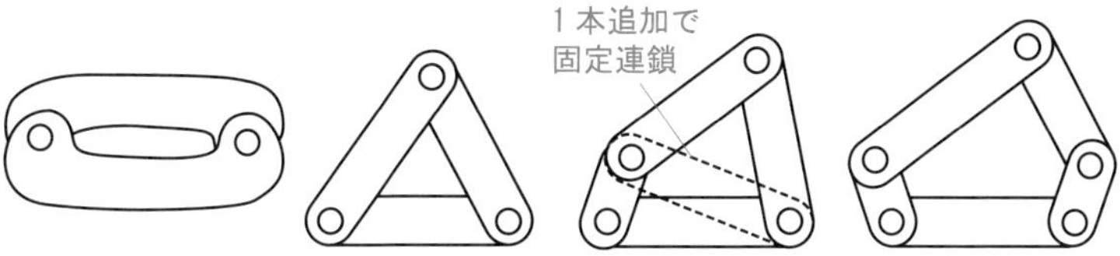

図 1.10 **連鎖の種類**

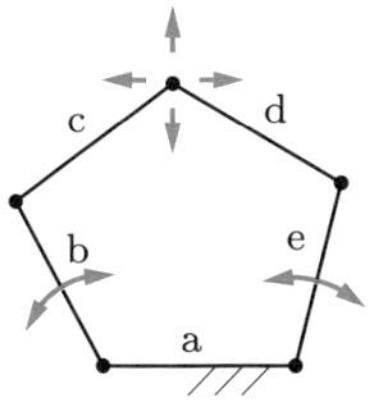

図 1.11 **5 節連鎖**

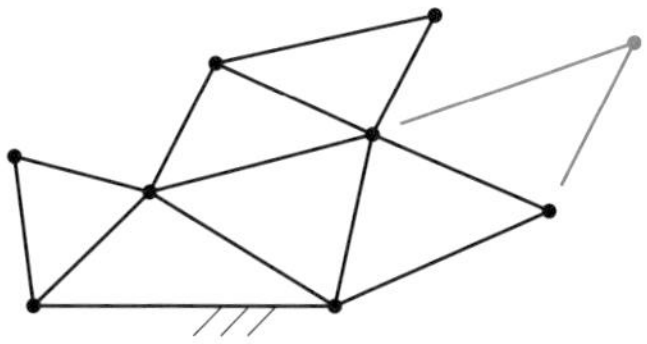

図 1.12 **連鎖の運動の自由度**

式 (1.1)，(1.2) の導出について説明しておこう．図 1.12 に示すように，単節で構成された平面の固定連鎖を考える．固定連鎖では，すべて三角形になるように対偶素が単節でつなげられている．この固定連鎖から一つの回り対偶と，それにつながる二つの単節の組を取り除いていく．すると，最後には静止節である単節が一つ残る．残された単節の回り対偶を除く $J-2$ 個の対偶には二つの節があるので，固定連鎖の場合の単節の数 N_0 と回り対偶の数 J の関係は，次式で表される．

$$N_0 = 2(J-2)+1 = 2J-3 \tag{1.3}$$

固定連鎖より節を外すと，その数だけ運動の自由度が生まれる．ただし，節の一端がどこにもつながらない開放状態の節は，1 対偶素節とみなされ単節でもなくなるので，この節は連鎖に含めない．このときの単節の数を N_e とすると，運動の自由度は次式のようになり，式 (1.1) が得られる．

$$F = N_0 - N_e = (2J-3) - N_e \tag{1.4}$$

上記の固定連鎖に複節が含まれる場合を考える．複節では内部の対偶素の相対位置が変わらない．そこで，図 1.13 に示すように，複節の対偶素を結んで三角形の集合体として考えると，複節を単節の固定連鎖とみなすことができる．

複節を単節の固定連鎖に置き換えると，節の数は図のように増えることになる．したがって，全体の節の数は，図に破線で示した仮想の単節を含めて次のように求められ，式 (1.2) と同じになる．

$$N_e = N_2 + N_3 + N_4 + N_5 + \cdots = n_2 + 3n_3 + 5n_4 + 7n_5 + \cdots \tag{1.5}$$

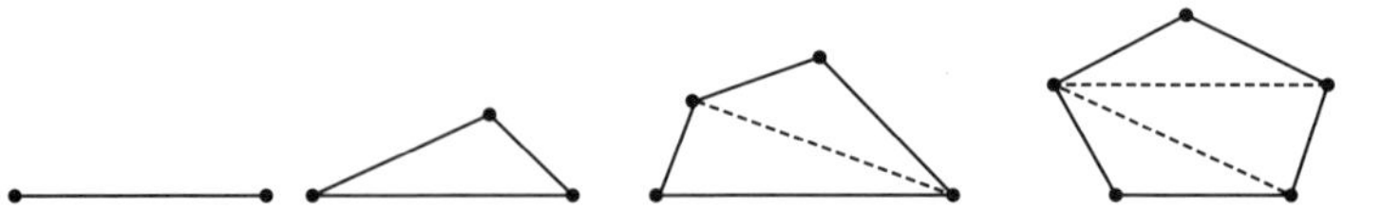

図 1.13　**複節の単節相当数**

なお，前述の式 (1.1) に当てはまらない場合がある．それは，長さが同じ節が平行に三つ以上並んでいる場合である．図 1.14 の例を考えてみよう．式 (1.1) を適用すると，次のように自由度が求められる．

$$F = (2 \times 8 - 3) - 14 = -1$$

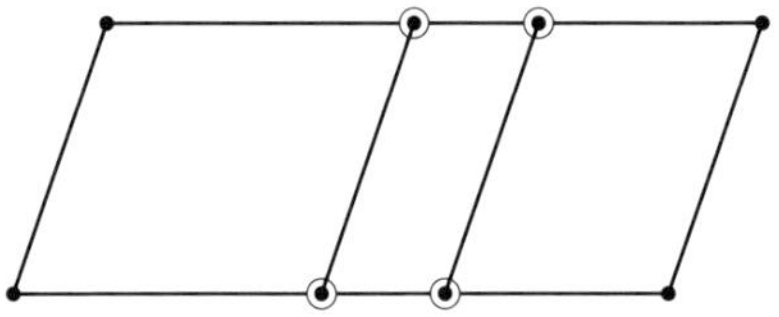

図 1.14　**例外事例**

しかし，実際の運動の自由度は 1 である．これは，式 (1.1) では各単節が独立した一つの運動を拘束するはたらきをすることで固定連鎖を構成しているのに対し，同じ長さで平行の節は，同一の運動に対応しているので独立ではないためである．このような場合は，独立でない従属した節を除いて考えなければならない．

例題 1.1　図 1.15 に実線で示す 5 節連鎖の運動の自由度を計算せよ．また，節 e を除いた場合，あるいは節 c を除いて節 f，g を付け加えた場合に，運動の自由度はどのように変わるか．

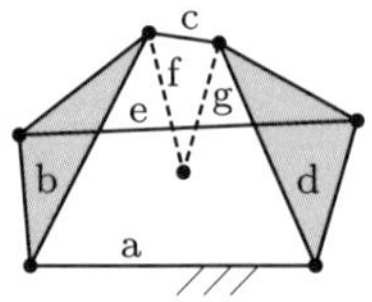

図 1.15

解答

5 節連鎖では

$$N_e = 3 + 3 \times 2 = 9, \quad F = (2 \times 6 - 3) - 9 = 0$$

となり，固定連鎖で動くことができない．節 e を除くと節 b，d は単節となり，

$$N_e = 4, \quad F = (2 \times 4 - 3) - 4 = 1$$

であるから，限定連鎖になる．また，節 c を節 f，g に置き換えた場合は，

$$N_e = 4 + 3 \times 2 = 10, \quad F = (2 \times 7 - 3) - 10 = 1$$

となり，同じく限定連鎖になる．

演習問題

1.1 次の問いに答えよ．

(1) 対偶および，高次の対偶，低次の対偶について説明せよ．また，限定対偶にはどんな種類があるか説明せよ．

(2) 連鎖および，固定連鎖，限定連鎖，不限定連鎖について説明せよ．

(3) 単節と複節の違いを説明せよ．

(4) 原動節，従動節について説明せよ．

1.2 問図 1.1 の対偶の運動の自由度を示せ．

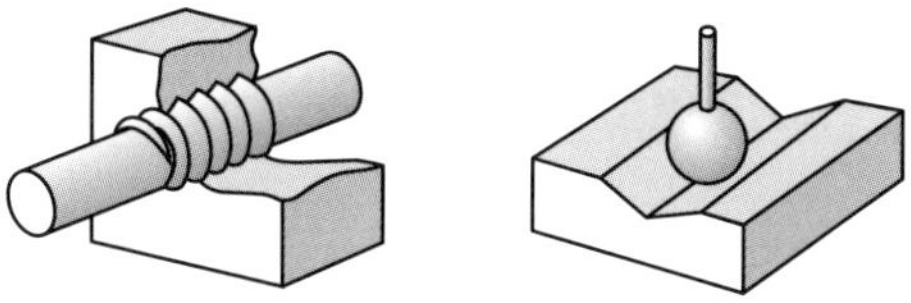

（a）　（b）

問図 1.1

1.3 問図 1.2 について，下記の問いに答えよ．ただし，考えている機構の範囲は破線で囲った内部である．

(1) 節 a，b，c，d で構成されるこの機構の名称を答えよ．

(2) 節 a，c，d は両端だけがつながれている．このような節を何というか．

(3) 節 b にはモータから運動が伝えられる．この節を何とよぶか．これに対し，その他の節 a，c，d を何とよぶか．

(4) 節 a はベースに固定されていて動かない．このような節のことを何とよぶか．

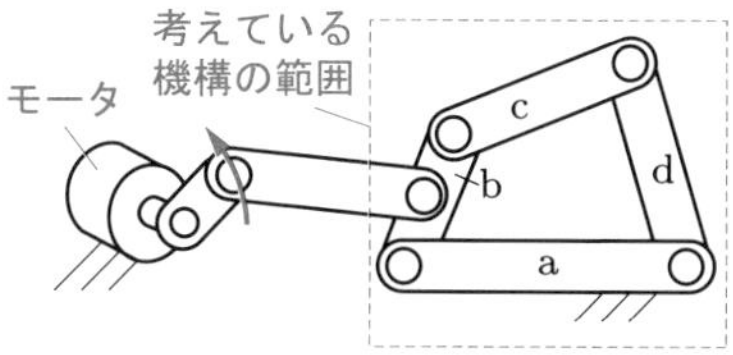

問図 1.2

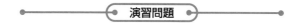

1.4　問図 1.3 に示す平面連鎖の運動の自由度を求め，固定連鎖，限定連鎖，不限定連鎖のいずれになるか判定せよ．

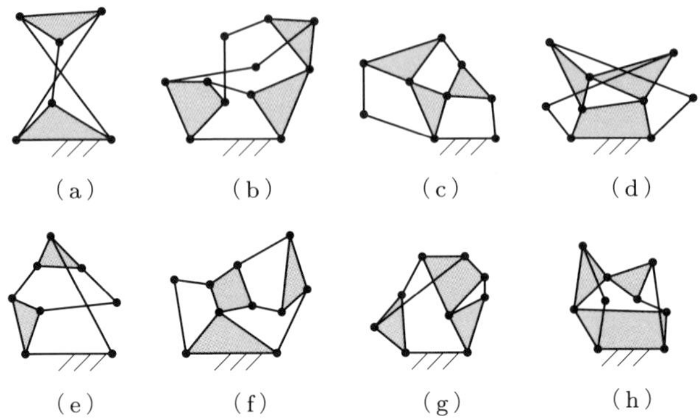

問図 1.3

2章 機構の運動

機構は，原動節に運動を入力すると，機構要素の間に運動が変化しながら伝わり，出力節から必要な運動が取り出されるものである．個々の機構要素がどのような運動をし，それがどのようにして出力節まで伝わるのかを知らなければ，新しい機構を作ることができない．本章では，大部分の機構で使われる平面運動に限定し，瞬間中心という概念を導入して機構要素間の相対運動を求める方法を明らかにする．また，図式解法で要素間の運動の伝わり方を理解する方法について学ぶ．

2.1 瞬間中心

2.1.1 瞬間中心とセントロード

瞬間中心（instantaneous center）は，機構の運動を考えるときの基本概念であり，運動を解析するときの重要な手掛かりとなる概念である．機構は機素の間に相対運動を発生する．機構を理解するためには，それがどのような運動であるかを明確にしなければならない．いま，平面運動をしている節を考え，一方の物体を基準として，もう一つの物体の相対運動を考える．なお，静止座標系から見た図を描くとき，基準となる静止節は図示しない場合がある．

平面運動では，節の運動の自由度は三つで，どのような運動も，ごく短い時間を考えると平面内の直進運動か，面に垂直な軸周りの回転運動，あるいはその組み合わせであると考えられる．このうち，直進運動を回転運動の半径が無限に大きくなったものと考えれば，すべての運動は，ある瞬間にはある点を中心とした回転運動をしていると統一した考え方ができる．図 2.1 に示すように，このときの回転中心の位置を瞬間中心とよぶ．

瞬間中心は，節上の着目点における速度ベクトルに垂直かつその点を通る直線上にある．回転運動であれば，回転半径の大きさは有限で瞬間中心の位置は特定されるが，直進運動の場合は，着目点の速度ベクトルに垂直の方向（両方向）ということだけが決まり，瞬間中心が乗っている直線や瞬間中心の位置は特定されない．

節が平面内で自由曲線上を移動する場合を考えると，この運動は瞬間中心周りに回転運動をしながら，同時にその瞬間中心が移動しているものと考えられる．図 2.2 に

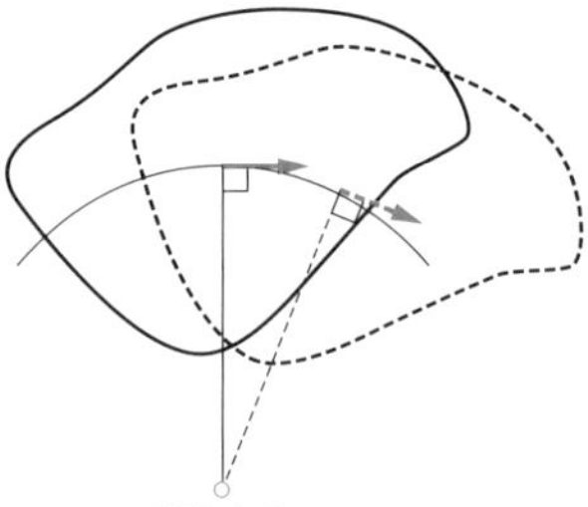

図 2.1　瞬間中心

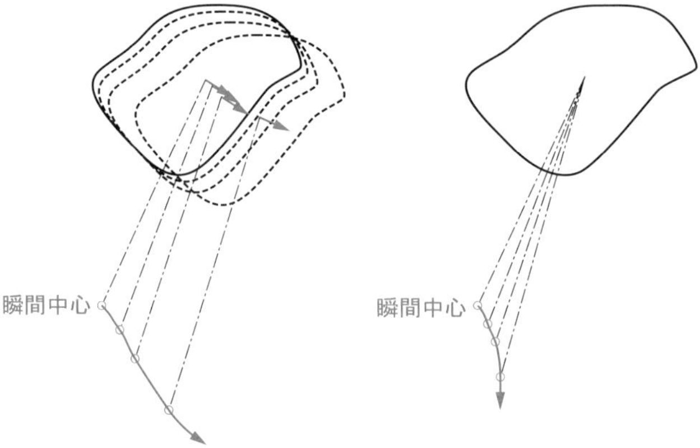

（a）静止セントロード　　（b）移動セントロード

図 2.2　瞬間中心とセントロード

示すように，瞬間中心が移動した軌跡を**セントロード**（centrode）とよぶ．

静止節，すなわちわれわれがいる静止座標系から見た瞬間中心の移動軌跡を**静止セントロード**（fixed centrode），特定の節に固定した座標系から見た瞬間中心の移動軌跡を**移動セントロード**（moving centrode）という．移動セントロードは，特定の節を静止節として固定し，それまで静止節だった節も含め，ほかの節がその周りを移動するときの瞬間中心の軌跡と考えるとわかりやすい．つまり，何を基準にして瞬間中心の動きを考えるかで，セントロードの見え方が異なるということである．移動セントロードは特定の部品を設計するとき，周囲の部品の動きを知るのに有効である．

2.1.2　瞬間中心の数

機構を構成する節の動きは二つの節の間の相対運動の集まりであるから，静止節も含め，すべての動きうる節の中から二つを取り出す組み合わせの数だけ瞬間中心が存

在する．瞬間中心の数を n_c，静止節も含めて動きうる節の個数を N とすると，

$$n_c = {}_N\mathrm{C}_2 = \frac{N(N-1)}{2} \tag{2.1}$$

が成り立つ．この場合の節の個数 N は，運動の自由度の場合の節の相当数 N_e とは異なり，単節や複節の区別はなく，単純に機構を構成する部品の数である．

2.1.3　ケネディの定理（3 瞬間中心の定理）

瞬間中心の位置は，すぐわかるものとそうでないものがある．その位置を求める手掛かりとなるものが，**ケネディの定理**（Kennedy's theorem），あるいは **3 瞬間中心の定理**（theorem of three centers）である．

a，b，c の三つの節の間の運動を考える．三つの瞬間中心 $\mathrm{O_{ab}}$，$\mathrm{O_{bc}}$，$\mathrm{O_{ac}}$ は一直線上にあるというのがこの定理である．その証明は，次のように行うことができる．

三つの瞬間中心 $\mathrm{O_{ab}}$，$\mathrm{O_{bc}}$，$\mathrm{O_{ac}}$ の配置が図 2.3 のようになっているとする．節 b，c の間の瞬間中心 $\mathrm{O_{bc}}$ は，節 b と一定の位置関係にあり，節 a，b の間の瞬間中心 $\mathrm{O_{ab}}$ の周りに節 b とともに回転するので，直線 $\mathrm{O_{ab}O_{bc}}$ に垂直の方向に速度ベクトル $\boldsymbol{V}_{\mathrm{ab}}$ が発生する．また同時に，瞬間中心 $\mathrm{O_{bc}}$ は，節 c とともに節 a，c の間の瞬間中心 $\mathrm{O_{ac}}$ の周りに回転するので，直線 $\mathrm{O_{ac}O_{bc}}$ に垂直の方向に速度ベクトル $\boldsymbol{V}_{\mathrm{ac}}$ が発生する．点 $\mathrm{O_{bc}}$ の運動は一つなので，速度ベクトル $\boldsymbol{V}_{\mathrm{ab}}$ と $\boldsymbol{V}_{\mathrm{ac}}$ は一致しなければならない．この条件を満たすのは，瞬間中心 $\mathrm{O_{bc}}$ が，直線 $\mathrm{O_{ab}O_{ac}}$ 上にあるときだけである．

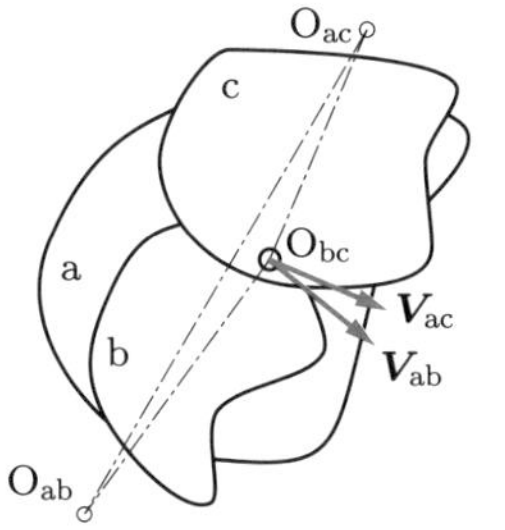

図 2.3　3 瞬間中心の定理

2.2　図を用いた運動の解析

2.2.1　瞬間中心の位置

図 2.4 に示す 4 節連鎖を例にとる．ちなみに，式 (2.1) より，この機構の瞬間中心の数は六つある．このうち，隣り合う節の瞬間中心はつねに回り対偶の位置にある．これらは節に対して位置が変化しないので，**永久中心**（permanent center）という．ま

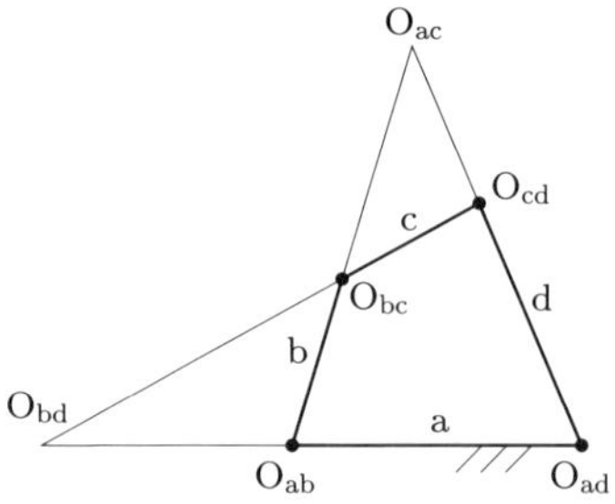

図 2.4　瞬間中心の位置

た，静止節 a の両端にある瞬間中心は，静止座標系に対して位置が変わらないので，**静止中心**（fixed center）という．四つの瞬間中心の位置は明らかであるが，残り二つの瞬間中心，すなわち，対向する節 a，c に関する瞬間中心 O_{ac} と，節 b，d に関する瞬間中心 O_{bd} はケネディの定理を用いて求めることができる．

節 a，b，c にケネディの定理を適用すると，瞬間中心 O_{ac} は O_{ab}，O_{bc} を結ぶ直線上にある．同時に節 a，d，c にケネディの定理を適用すると，瞬間中心 O_{ac} は O_{cd}，O_{ad} を結ぶ直線上にある．したがって，瞬間中心 O_{ac} は上記の 2 直線の交点の位置にある．同様にして O_{bd} も求めることができる．

上記の例では，節 b，d が，節 a，c の瞬間中心 O_{ac} を求める仲介をしている．この仲介節を見つけることができれば，ケネディの定理を適用して瞬間中心の位置を求めることは容易であるが，節の数が増えると仲介節を見つけることが難しくなる．そこで，図 2.4 の連鎖を例にして，表を用いた仲介節の発見方法を説明しよう．

図 2.5 に示すように，対角線の位置に節の名称を記入した表を作成する．対角線より下側に節のすべての組み合わせがある．まず，見ただけですぐ発見できる永久中心 O_{ab}，O_{bc}，O_{cd}，O_{ad} を，表の該当する位置に記入する．ここで，各要素を頂点とする折れ線を使用する．残りの瞬間中心のうち，まず O_{ac} を求めることにしよう．最初に O_{ac} を通る基準折れ線 A と B を描く．次に，それ以外の節に対する折れ線を探索折れ線と

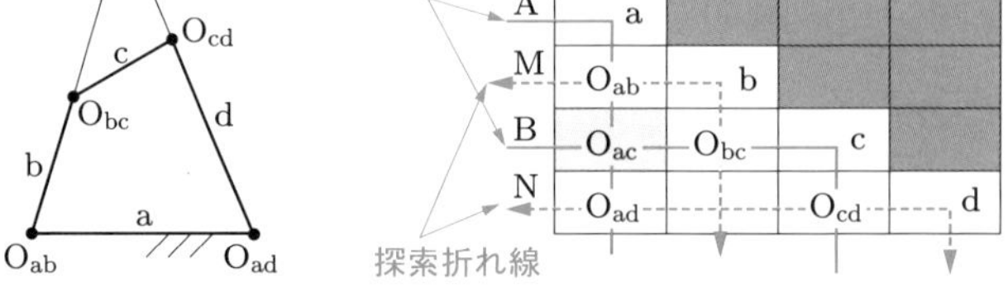

図 2.5　瞬間中心を求める表の使い方

し，基準折れ線 A，B との交点に，それぞれ既知の瞬間中心があるかどうかを調べる．探索折れ線 M は，基準折れ線 A，B との交点の位置に瞬間中心 O_{ab}，O_{bc} をもつ．これらを機構図上で探し，その点を結ぶ直線を描く．同様に，探索折れ線 N についても交点の位置にある瞬間中心 O_{ad}，O_{cd} を機構図上で探し，その点を結ぶ直線を描く．機構図上に描かれた 2 本の直線の交点の位置が，瞬間中心 O_{ac} の位置である．このようにして求めた瞬間中心は表中に記入し，次の瞬間中心を求めるための手掛かりとする．

上記の例では仲介節がすぐに見つかったが，節の数が多くなると，探索折れ線の数が増え，基準折れ線と探索折れ線の交点の位置に検出された瞬間中心が二つ存在しないことがある．少なくとも二つの仲介節を見つけなければ，瞬間中心の位置が定まらない．その場合は，ほかの未知の瞬間中心の位置を先に求め，二つの仲介節が見つかるまで順番を遅らせればよい．このようにしてすべての瞬間中心の位置を求めることができる．

瞬間中心 O_{ac} を求めるための直線を決める瞬間中心 O_{ab} と O_{bc} の添え字には，仲介節となる b がどちらにも含まれている．つまり，組み合わせる節と仲介節の記号を含む瞬間中心を二つ見つければよい．上記の表と折れ線はそれを機械的に発見する手段である．

2.2.2　進み対偶を含む機構の瞬間中心

進み対偶の場合は，瞬間中心の位置が特定されず方向だけが決まるが，進み対偶と回り対偶を組み合わせると，ケネディの定理を利用して瞬間中心の位置を特定できる．

例題 2.1　直交軸に沿って移動する二つのすべり子 b，d を単節 c でつないだ図 2.6 に示す 4 節機構について，瞬間中心 O_{ac} の静止セントロードと節 c に対する移動セントロードを求めよ．

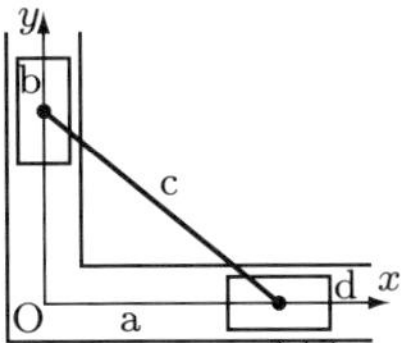

図 2.6

解答

この場合，静止節は直線案内 a である．まず，図 2.7 に示す静止節 a と節 c の瞬間中心 O_{ac} の移動軌跡である静止セントロードを求める．節 a，b の瞬間中心は直線案内に垂直の方向にある．また，節 b，c の瞬間中心 O_{bc} は両者の回り対偶点にある．したがって，瞬間中

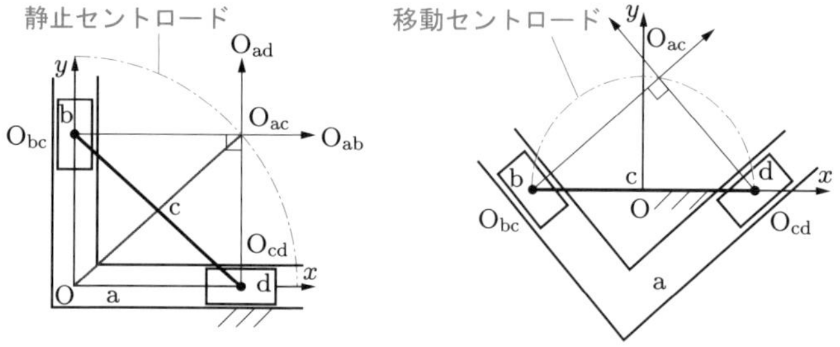

（a）静止セントロード　　（b）節 c に対する移動セントロード

図 2.7　**静止セントロードと移動セントロード**

心 O_{ac} は，回り対偶点 O_{bc} を通り直線案内に垂直な直線上にあることになる．同様にして，瞬間中心 O_{ac} は，点 O_{cd} を通り直線案内に垂直な直線上にある．これより，瞬間中心 O_{ac} は，二つの条件を満足できる両直線の交点の位置にある．二つの直線案内は直交しているので，図 2.7 (a) より四角形 $OO_{bc}O_{ac}O_{cd}$ は長方形になる．このとき，対角線 OO_{ac} の長さは線分 $O_{bc}O_{cd}$ の長さ，つまり節 c の長さ（これを c で表す）に等しく一定値になる．以上より，瞬間中心 O_{ac} は，静止節の座標原点 O から一定の距離にあり，静止セントロードは点 O を中心とする半径 c の円弧となる．

次に，節 c に対する移動セントロードを考える．図 2.7 (b) に示すように，節 c の中点に固定された移動座標系 xy を一時的に静止させて，瞬間中心 O_{ac} の運動を考える．長方形の性質より，角 $O_{bc}O_{ac}O_{cd}$ はつねに直角である．この条件を満たす点 O_{ac} の運動軌跡は，線分 $O_{bc}O_{cd}$ を直径とする円弧になる．つまり，この円弧が移動セントロードである．この場合，静止している節 c に対して節 a が回転する．このように，移動セントロードは，特定の節に対してほかの節がどう動くかを見るものである．

2.2.3　節の対偶点の速度

節は瞬間中心の周りを回転するので，節の各点の速度は半径線に垂直の方向で，瞬間中心からの距離に比例する．瞬間中心の位置と節の対偶点の速度がわかれば，そこから各点の速度が求められる．複数の節が組み合わされた状態では，二つの節が接合している対偶点の速度が一致することを利用して，ほかの節の速度を求めることができる．その方法としては，移送法，連結法，分解法，写像法がある．以下に，単節 a（静止節），b，c，d で構成される 4 節連鎖を例とし，対偶点 O_{bc} に速度ベクトル $\boldsymbol{V}_{bc}$ が与えられたとき，対偶点 O_{cd} の速度ベクトル $\boldsymbol{V}_{cd}$ を求める方法を示す．

(1)　移送法

移送法（transfer method）の手順を図 2.8 に示す．まず，瞬間中心 O_{ac} を求める．節 c は瞬間中心 O_{ac} を中心に回転するので，節 c の各点の速度は，O_{ac} からの半径の大きさで $\boldsymbol{V}_{bc}$ を比例配分すればよい．O_{ac} を中心に O_{cd} を回転して直線 $O_{ac}O_{bc}$ の上に置き，この点の速度ベクトル $\boldsymbol{V}'_{cd}$ を $\boldsymbol{V}_{bc}$ の比例配分で求める．この速度ベクトル $\boldsymbol{V}'_{cd}$ を，O_{ac} を中心に回転して元の O_{cd} の位置に戻せば，$\boldsymbol{V}_{cd}$ が得られる．

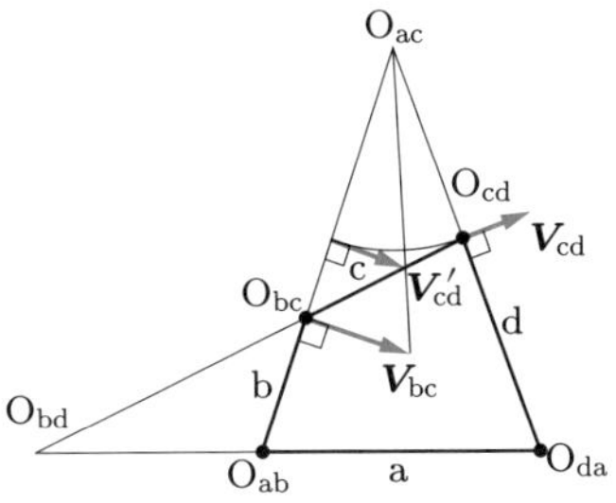

図 2.8　移送法

(2)　連結法

連結法（connecting link method）の手順を図 2.9 に示す．まず，ベクトル $\boldsymbol{V}_{bc}$ を 90 度回転する．次に，回転したベクトルの先端を通り，節 c に平行な線を引く．さらに，この平行線と節 d の延長線の交点をとり，この点を O_{cd} を中心に 90 度逆回転して点 O_{cd} と結ぶと，その線分が速度ベクトル $\boldsymbol{V}_{cd}$ を表す．

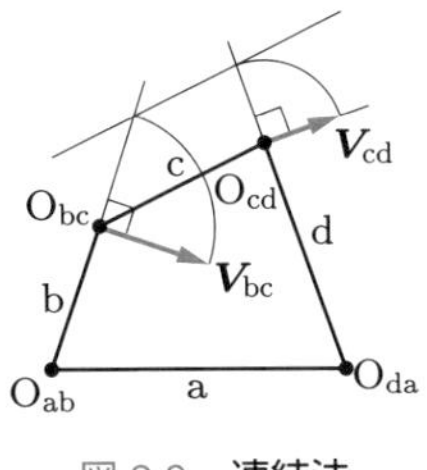

図 2.9　連結法

(3)　分解法

分解法（component method）の手順を図 2.10 に示す．まず，節 c に対する速度ベクトル $\boldsymbol{V}_{bc}$ の並進速度成分をとり，それを点 O_{bc} から点 O_{cd} に移す．次に，O_{cd} を通り節 d に垂直な線を引く．移した並進速度成分の先端を通り，節 c に垂直な線と節 d の垂線との交点をとり，O_{cd} と結ぶと，この線分が速度ベクトル $\boldsymbol{V}_{cd}$ を表す．

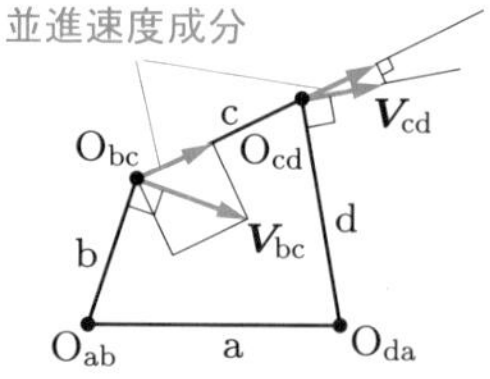

図 2.10　**分解法**

(4)　写像法

写像法（image method）は，図 2.11 に示すように，速度ベクトルを任意の場所に平行移動して集める方法である．まず，ベクトル $\boldsymbol{V}_{bc}$ を任意の点 Q に移動する．次に，移動したベクトルの先端を通り，節 c に垂直な線を引く．次に，移したベクトル $\boldsymbol{V}'_{bc}$ の根元を通り，節 d に垂直な線が節 c に垂直な線と交わる点を求めると，その点と移したベクトル $\boldsymbol{V}'_{bc}$ の根元の点 Q を結ぶ線が速度ベクトル $\boldsymbol{V}'_{cd}$ を表す．これを根元が O_{cd} の位置に一致するように移せば，速度ベクトル $\boldsymbol{V}_{cd}$ が得られる．

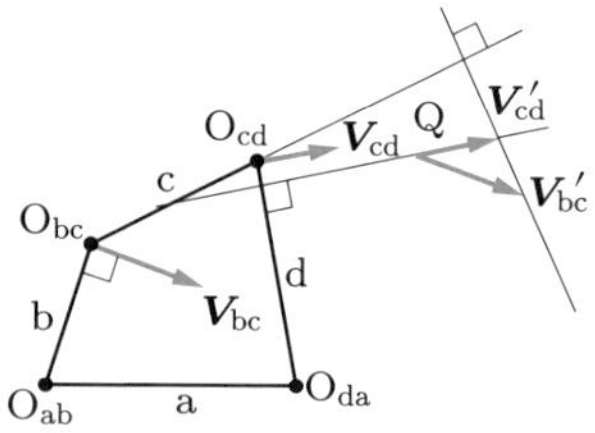

図 2.11　**写像法**

例題 2.2　図 2.12 のように，長さが 3，2，4，5 の比率で構成され，左辺と底辺の角度を 70° とする 4 節連鎖の点 P に長さ 1.5 の速度ベクトルを与えたとき，点 Q の速度ベクトルを移送法，連結法，分解法，写像法で作図し，結果が一致することを確認せよ．

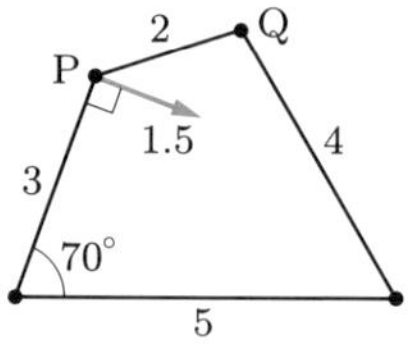

図 2.12

解答

図 2.13 のようになる．

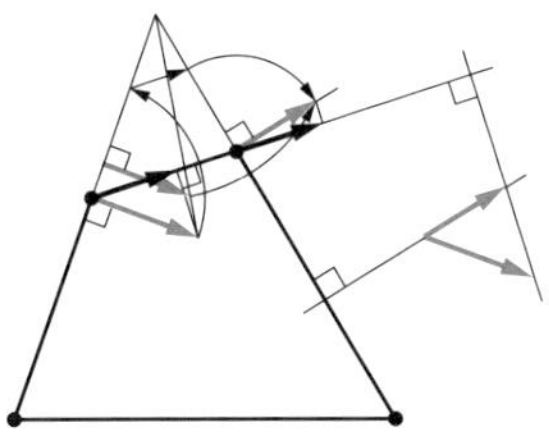

図 2.13

2.2.4　節の内部の速度分布

前述したように，節の運動は瞬間中心 O を中心とする回転運動である．このとき，節の内部に注目すると，図 2.14 に示すように，たとえば，節上の点 A は，この点と瞬間中心 O を結ぶ直線 AO に垂直な接線速度ベクトル $\boldsymbol{V}_{\mathrm{a}}$ をもつ．そのベクトルの延長上の点 B では，同じく瞬間中心 O と結ぶ直線 BO に垂直な接線速度ベクトル $\boldsymbol{V}_{\mathrm{b}}$ をもつが，このベクトルは直線 AB 方向の並進速度成分 $\boldsymbol{V}_{\mathrm{b}p}$ と，それに垂直方向の回転速度成分 $\boldsymbol{V}_{\mathrm{b}r}$ に分解することができる．このとき，節が剛体で変形しないことを考慮すれば，$\boldsymbol{V}_{\mathrm{b}p}$ は $\boldsymbol{V}_{\mathrm{a}}$ に等しくなければならない．また，任意点 C についてみると，同じく瞬間中心 O と結ぶ線 OC の垂直方向に接線速度ベクトル $\boldsymbol{V}_{\mathrm{c}}$ をもつが，それは直線 AB と平行な並進速度成分 $\boldsymbol{V}_{\mathrm{c}p}$ と直線 AC に垂直な方向の回転速度成分 $\boldsymbol{V}_{\mathrm{c}r}$ に分解できる．ここでも同じ理由で $\boldsymbol{V}_{\mathrm{c}p}$ は $\boldsymbol{V}_{\mathrm{a}}$ に等しくなければならない．以上より，直線 AB 方向の並進速度成分の大きさはすべて等しく，回転速度成分は点 A からの距離に

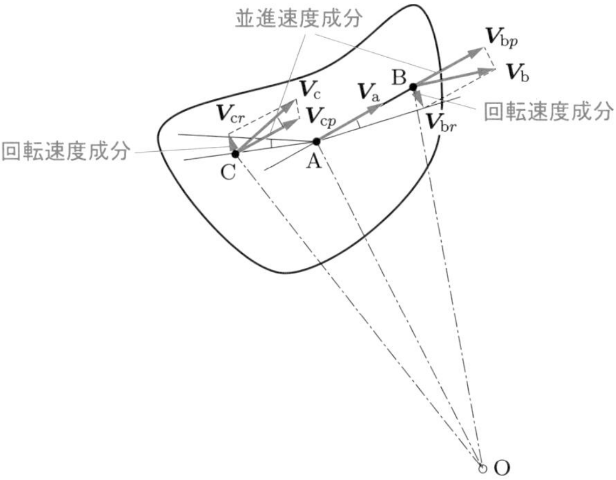

図 2.14　**節の運動**

比例する．すなわち，点B，Cの回転角速度は，瞬間中心Oに対する節の回転角速度と一致する．

これは以下のようにして証明できる．各点の速度ベクトルの大きさは瞬間中心Oからの距離に比例するので，点Bについて次式が成り立つ．

$$\frac{|\boldsymbol{V}_{\mathrm{b}}|}{|\boldsymbol{V}_{\mathrm{a}}|}=\frac{\overline{\mathrm{OB}}}{\overline{\mathrm{OA}}} \tag{2.2}$$

ベクトル $\boldsymbol{V}_{\mathrm{b}}$ とベクトル $\boldsymbol{V}_{\mathrm{b}p}$ が作る直角三角形は，余角の関係から直角三角形BOAと相似になるので，式(2.2)より，

$$|\boldsymbol{V}_{\mathrm{b}p}|=|\boldsymbol{V}_{\mathrm{b}}|\frac{\overline{\mathrm{OA}}}{\overline{\mathrm{OB}}}=|\boldsymbol{V}_{\mathrm{a}}| \tag{2.3}$$

となり，並進速度は一致する．また，点Cについても同様に，

$$\frac{|\boldsymbol{V}_{\mathrm{c}}|}{|\boldsymbol{V}_{\mathrm{a}}|}=\frac{\overline{\mathrm{OC}}}{\overline{\mathrm{OA}}} \tag{2.4}$$

となり，ベクトル $\boldsymbol{V}_{\mathrm{c}}$ と $\boldsymbol{V}_{\mathrm{a}}$ に平行なベクトル $\boldsymbol{V}_{\mathrm{c}p}$ が作る三角形は三角形AOCと相似になるので，式(2.4)より，

$$|\boldsymbol{V}_{\mathrm{c}p}|=|\boldsymbol{V}_{\mathrm{c}}|\frac{\overline{\mathrm{OA}}}{\overline{\mathrm{OC}}}=|\boldsymbol{V}_{\mathrm{a}}| \tag{2.5}$$

となり，並進速度はここでも一致する．回転速度成分はそれぞれ，

$$|\boldsymbol{V}_{\mathrm{b}r}|=|\boldsymbol{V}_{\mathrm{b}p}|\frac{\overline{\mathrm{AB}}}{\overline{\mathrm{OA}}}=|\boldsymbol{V}_{\mathrm{a}}|\frac{\overline{\mathrm{AB}}}{\overline{\mathrm{OA}}} \tag{2.6}$$

$$|\boldsymbol{V}_{\mathrm{c}r}|=|\boldsymbol{V}_{\mathrm{c}p}|\frac{\overline{\mathrm{AC}}}{\overline{\mathrm{OA}}}=|\boldsymbol{V}_{\mathrm{a}}|\frac{\overline{\mathrm{AC}}}{\overline{\mathrm{OA}}} \tag{2.7}$$

となり，これより，

$$\frac{|\boldsymbol{V}_{\mathrm{b}r}|}{|\boldsymbol{V}_{\mathrm{c}r}|}=\frac{\overline{\mathrm{AB}}}{\overline{\mathrm{AC}}} \tag{2.8}$$

となるので，回転速度成分の大きさは点Aからの距離に比例することがわかる．

各点の位置は任意にとれることから，節上の各点の速度は，参照する任意点の速度ベクトルを並進速度とし，その点を中心とする回転ベクトルと合成した速度ベクトルになることがわかる．図2.15(a)は基準点の速度ベクトル方向に移動した点の速度の変化を表しており，図(b)はその線から外れた場合を示している．

ところで，運動している一つの節の中の任意の3点において，各点の速度ベクトルの先端を結んだ三角形は，各点を結ぶ三角形と相似形になる．これを速度の相似則という．これは次のように説明できる．

図2.16において，一つの節の中の3点A，B，Cの速度ベクトルをAA′，BB′，CC′とする．各点A，B，Cは瞬間中心Oを中心に回転しており，その速度ベクトルの大

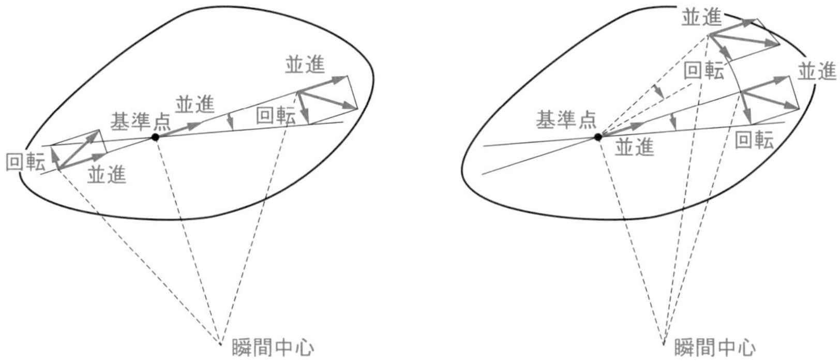

（a）基準点の速度方向の変化　（b）基準点の速度方向以外の変化

図 2.15　**速度分布**

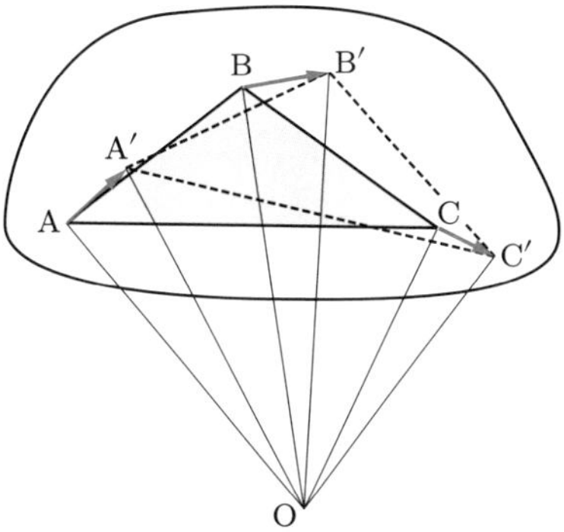

図 2.16　**速度の相似則**

きさは瞬間中心からの距離に比例する．すなわち，三角形 OAA′，OBB′，OCC′ は相似形になり，各三角形の対応する角度は等しい．いま，三角形 OAB と OA′B′ を考えると，

$$\angle \mathrm{A'OB'} = \angle \mathrm{AOB'} - \angle \mathrm{AOA'} = \angle \mathrm{AOB'} - \angle \mathrm{BOB'} = \angle \mathrm{AOB} \tag{2.9}$$

となる．ここで，辺の長さの比をとると，次のようになる．

$$\frac{\overline{\mathrm{OA'}}}{\overline{\mathrm{OA}}} = \frac{\overline{\mathrm{OB'}}}{\overline{\mathrm{OB}}} \tag{2.10}$$

したがって，三角形 OAB と三角形 OA′B′ は相似形である．同様に考えれば，隣り合う三角形 OBC も三角形 OB′C′ と相似形であり，三角形 OAC も三角形 OA′C′ と相似形である．しかも大きさの比率も等しい．したがって，三角形 ABC は三角形 A′B′C′ と 3 辺の長さの比率が等しく，相似形である．以上より，速度の相似則が成り立つ．

2.2.5　加速度

(1)　求心加速度

図 2.17 に示すように，一つの単節の一端が回り対偶 O で静止節に支えられているとする．単節の他端 A が回転運動するときには，ここに求心加速度が発生している．この求心加速度 α は，図式解法で求めることができる．

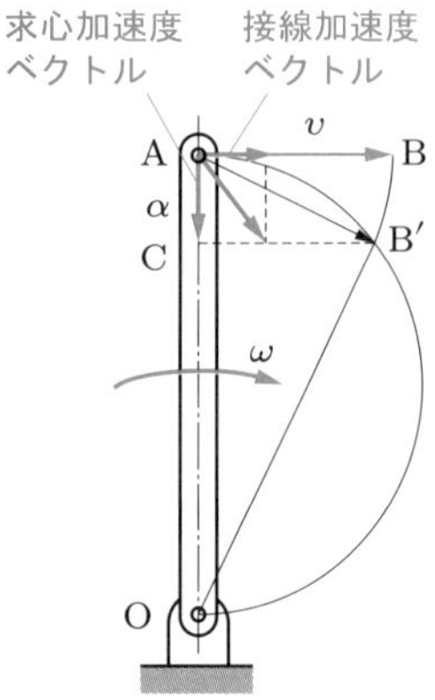

図 2.17　加速度の求め方

一定の回転角速度 ω に対応する接線速度 v をリンク端に描く．このとき，リンクの長さと速度の長さの単位長さは等しくとらなければならない．次に，単節の回り対偶の中心間距離 AO を直径とする半円を描く．さらに，速度 v の長さ AB を半径とする円弧を描き，先に描いた半円との交点 B′ を求めて単節の軸線に垂線を下ろす．先端の点 A からこの垂線の足へのベクトルが求心加速度 α を表す．

これは次のように説明できる．三角形 AB′O と ACB′ は，1 角を共有する直角三角形であるから相似形である．このことより次式が得られる．

$$\frac{\overline{\mathrm{AB'}}}{\overline{\mathrm{AO}}} = \frac{\overline{\mathrm{AC}}}{\overline{\mathrm{AB'}}} \tag{2.11}$$

また，速度 v は角速度 ω により，次のように表される．

$$v = \overline{\mathrm{AB}} = \overline{\mathrm{AB'}} = \overline{\mathrm{AO}}\,\omega \tag{2.12}$$

これより，

$$\alpha = \overline{\mathrm{AC}} = \frac{(\overline{\mathrm{AB'}})^2}{\overline{\mathrm{AO}}} = \frac{v^2}{\overline{\mathrm{AO}}} = \overline{\mathrm{AO}}\,\omega^2 \tag{2.13}$$

となり，α は回転中心 O からの半径と角速度 ω の二乗との積になるので，求心加速度であることがわかる．

なお，求心加速度ベクトルは回転中心 O のほうに向くが，ω が一定でなく角加速度がある場合は接線方向に加速度ベクトルが生じ，全体の加速度ベクトルは求心加速度ベクトルと接線加速度ベクトルの合ベクトルとなる．

(2) コリオリの加速度

回転する物体の上で径方向に移動すると，移動方向と垂直の方向に加速度が加わる．これは**コリオリの加速度**（Coriolis' acceleration）とよばれている．コリオリの加速度が生じる原因は，径方向への移動に伴い接線加速度が加わることと，回転運動によって径方向速度ベクトルの方向が変わることである．

図 2.18 に示すように，移動物体が半径方向に速度 v で移動し，その回転半径 r が微小時間 dt の間に dr だけ大きくなったとき，接線速度が u から u' に変化したとすると，その変化に対応する加速度 a_1 は次式のようになる．

$$a_1 = \frac{u' - u}{dt} = \frac{(r + dr)\omega - r\omega}{dt} = \frac{dr}{dt}\omega = v\omega \tag{2.14}$$

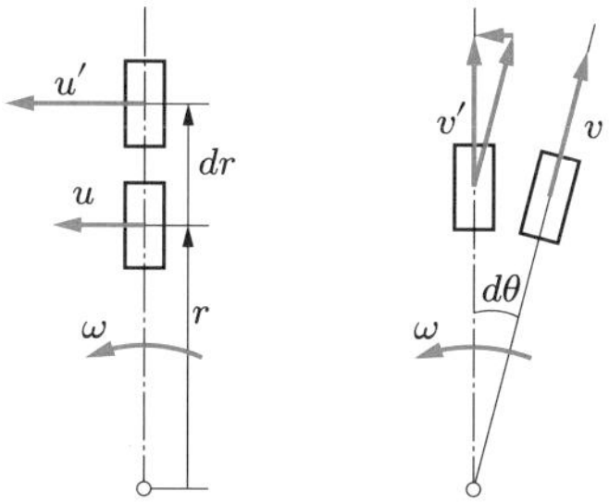

図 2.18 コリオリの加速度

また，微小時間 dt の間に，回転によって径方向速度ベクトル v の方向が $d\theta$ だけ変化する場合の加速度 a_2 は，次式のようになる．

$$a_2 = \frac{v\,d\theta}{dt} = v\omega \tag{2.15}$$

式 (2.14)，(2.15) より，コリオリの加速度 a_c は次のように得られる．

$$a_c = a_1 + a_2 = 2v\omega \tag{2.16}$$

(3) 任意点の加速度

節の中の任意の点の平面運動は並進運動と回転運動であり，加速度も並進の加速度と回転による接線加速度を考えればよい．図 2.19 に示すように，節の中の点 O に，並進加速度と点 O を中心とした角加速度が加わっているとする．点 A の加速度ベクトル $\boldsymbol{a}$ は，並進加速度と直線 OA に垂直な接線加速度の合ベクトルとなる．次に，直線

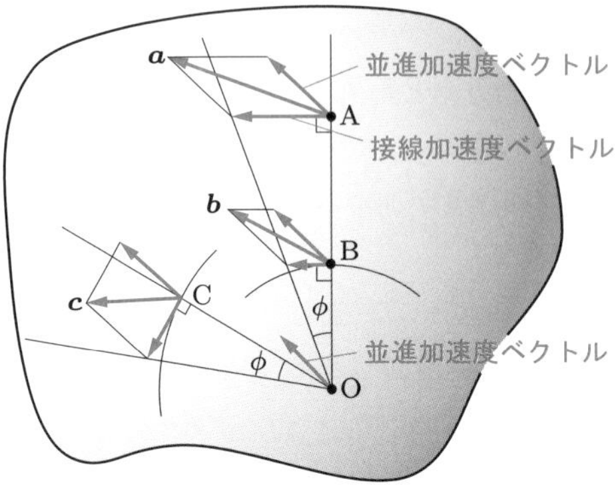

図 2.19　**節上の点の加速度**

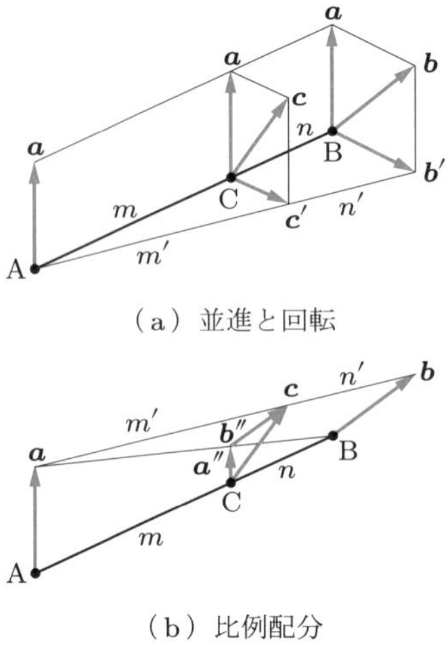

図 2.20　**途中点の加速度ベクトル**

OA 上の任意点 B を考える．ここにも並進加速度は同じように作用するが，接線加速度の大きさは点 O からの距離に比例して変化する．したがって，点 B の加速度ベクトル $\boldsymbol{b}$ は，この変化した接線加速度と点 O に加わる並進加速度との合ベクトルである．さらに，直線 OB 上にはない任意点 C を考える．ここでも並進加速度は同じであるが，接線加速度は直線 OC に垂直な方向となる．したがって，点 C にかかる加速度ベクトル $\boldsymbol{c}$ は，点 O からの距離に比例し角度も変化した接線加速度と，並進加速度の合ベクトルとなる．

図 2.20 に示すように，一般に，点 B の加速度ベクトル $\boldsymbol{b}$ は点 A における加速度ベクトル $\boldsymbol{a}$ と点 A からの距離に比例して変化する加速度ベクトル $\boldsymbol{b}'$ に分解できる．いま，線分 AC の長さを m，線分 BC の長さを n とする，ベクトル $\boldsymbol{b}'$ と $\boldsymbol{c}'$ は平行であるから，点 A からベクトル $\boldsymbol{c}'$ の先端までの長さ m' と二つのベクトル $\boldsymbol{b}'$，$\boldsymbol{c}'$ の先端を結ぶ長さ n' の比は，m と n の比に等しくなり，これはそのまま平行移動して，ベクトル $\boldsymbol{a}$ と $\boldsymbol{c}$ を結ぶ長さとベクトル $\boldsymbol{c}$ と $\boldsymbol{b}$ を結ぶ長さになる．つまり，点 C の加速度ベクトルの先端は，点 A の加速度ベクトルと点 B の加速度ベクトルを結ぶ線分を，線分 AC と CB の長さの比に分割した点として得られる．図 (b) に示すように，ベクトル $\boldsymbol{a}$，$\boldsymbol{b}$，$\boldsymbol{c}$ の先端を直線で結び，さらに，ベクトル $\boldsymbol{a}$ の先端と点 B も直線で結んでみると，点 C の加速度ベクトル $\boldsymbol{c}$ は，ベクトル $\boldsymbol{a}$ と平行な縮小したベクトル $\boldsymbol{a}''$ と，$\boldsymbol{b}$ に平行な縮小したベクトル $\boldsymbol{b}''$ を合成したベクトルであることがわかる．

ところで，図 2.21 において，各加速度ベクトルの先端を結んだ三角形 A′B′C′ と，三角形 ABC を考える．三角形 A′B′C′ を点 A′ が点 A に重なるように平行移動する

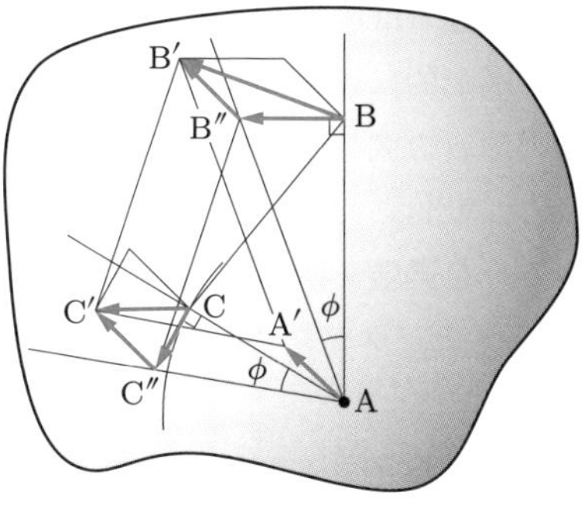

図 2.21　加速度の相似則

と，点 B′ は点 B における接線加速度の先端点 B″ に重なり，点 C′ は点 C における接線加速度の先端点 C″ に重なる．つまり，三角形 A′B′C′ は，三角形 AB″C″ と合同である．したがって，次式が成り立つ．

$$\overline{\mathrm{A'B'}} = \overline{\mathrm{AB''}}, \quad \overline{\mathrm{A'C'}} = \overline{\mathrm{AC''}} \tag{2.17}$$

また，∠BAB″ と ∠CAC″ とは等しい．したがって，直角三角形 ABB″ と ACC″ は相似である．このことから次式が得られる．

$$\frac{\overline{\mathrm{AB}}}{\overline{\mathrm{AB''}}} = \frac{\overline{\mathrm{AC}}}{\overline{\mathrm{AC''}}}, \quad \frac{\overline{\mathrm{AB}}}{\overline{\mathrm{A'B'}}} = \frac{\overline{\mathrm{AC}}}{\overline{\mathrm{A'C'}}}, \quad \angle \mathrm{BAC} = \angle \mathrm{B''AC''} = \angle \mathrm{B'A'C'} \tag{2.18}$$

式 (2.18) より 2 辺の比とその間の角が等しいので，加速度ベクトルの基点を結ぶ三角形 ABC と加速度ベクトルの先端を結ぶ三角形 A′B′C′ は相似であることがわかる．これを加速度の相似則という．

2.3　変位線図，速度線図，加速度線図

従動節の変位や速度，加速度を原動節を基準にグラフ化すれば，機構の運動を理解しやすい．図 2.22 は横軸に原動節の回転角度をとり，縦軸に従動節の変位，速度，加速度をとったグラフであり，それぞれ**変位線図**（displacement diagram），**速度線図**

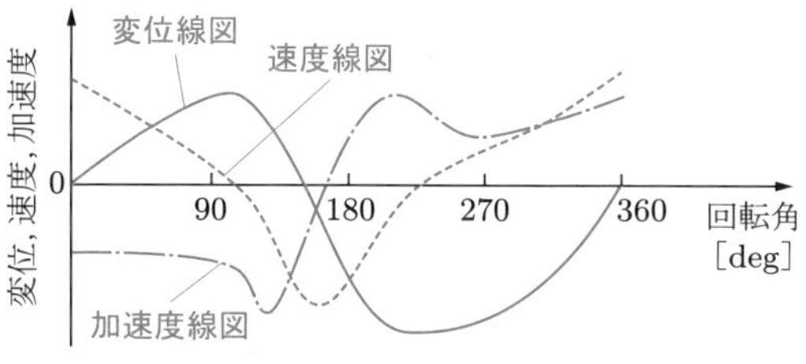

図 2.22　変位/速度/加速度線図

(velocity diagram)，**加速度線図**（acceleration diagram）という．速度線図は変位線図の微分のグラフであり，図形的には変位線図の傾斜の大きさを表している．同様に，加速度線図は速度線図の傾斜の大きさを表している．

これらのグラフは原動節の回転角との関係を表しているが，従動節のその位置での速度を示すグラフがある．これを**速度－変位線図**（velocity-displacement curve）という．例として，3章で学ぶピストンクランク機構の速度－変位線図の描き方を図 2.23 に示す．

クランクとピストンをつなぐコネクティングロッドの中心軸の延長線と，クランク軸の中心を通る基準線の垂線との交点を求める．この交点から水平線を引き，ピストンの中心を通る垂線との交点をとる．同じことをクランクの回転角を少しずつずらしながら行い，得られた点をつなぐと，速度－変位線図が得られる．

図 2.24 でその原理を説明する．図に示すように記号をとり，原動節であるクランクの接線速度 V_c からピストンの速度 V_p を移送法で求める．幾何学的関係から三角形 OFN と MFP は相似である．これより次式を得る．

$$\frac{V_p}{V_c}=\frac{\overline{MP}}{\overline{MF}}=\frac{\overline{ON}}{\overline{OF}}$$

線分 OF はクランクの半径なので一定である．クランクの接線速度 V_c を一定とすれば，線分 ON はピストンの速度 V_p と比例関係にある．したがって，点 N から水平線を引き，ピストンの位置を示す点 P を通る垂線との交点を N′ とすれば，線分 PN′ はその点の速度を表すものとみなすことができる．

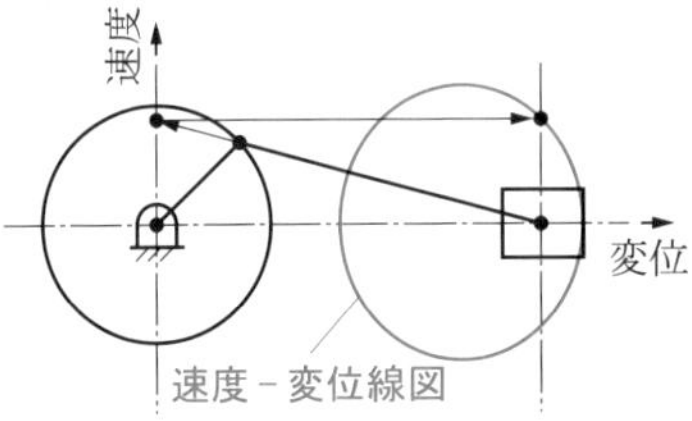

図 2.23　速度－変位線図の描き方

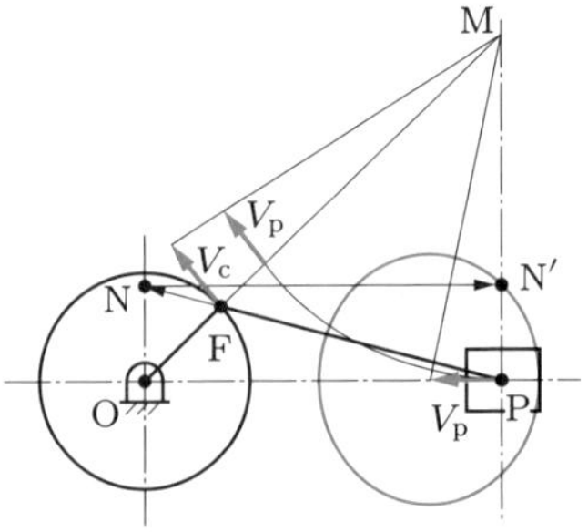

図 2.24　速度－変位線図の説明

演習問題

2.1　次の問いに答えよ．

(1) 平面運動機構における瞬間中心について説明せよ．また，永久中心，静止中心とはどういうものを指すのか説明せよ．

(2) 静止セントロードと移動セントロードとの違いを説明せよ.

(3) 移送法，連結法，分解法，写像法，および速度の相似則について説明せよ.

(4) 変位線図，速度線図と速度－変位線図との違いを説明せよ.

2.2 問図 2.1 に示す機構について，運動の自由度 F と瞬間中心の数 n を求めよ.

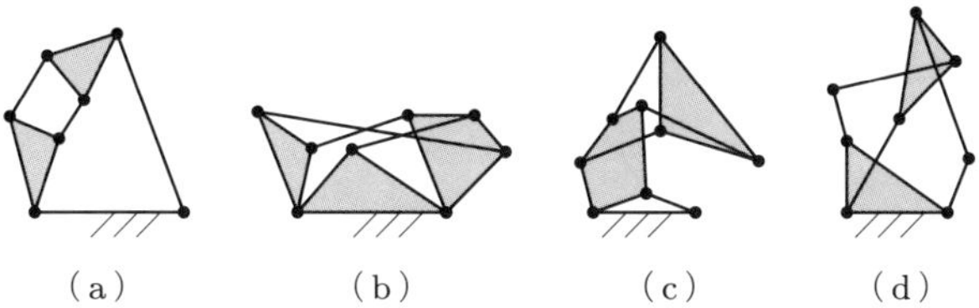

問図 2.1

2.3 問図 2.2 に示す平面連鎖機構について，次の問いに答えよ.

(1) 瞬間中心の数を求めよ.

(2) 運動の自由度を求めよ.

(3) この連鎖は固定連鎖，限定連鎖，不限定連鎖のどれに該当するか.

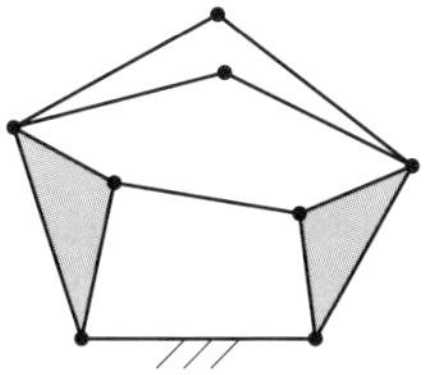

問図 2.2

2.4 問図 2.3 に示す 6 節連鎖について，問表 2.1 にはすでに七つの永久中心が記入されている．残った瞬間中心の位置を求め，その位置に記号を記入せよ.

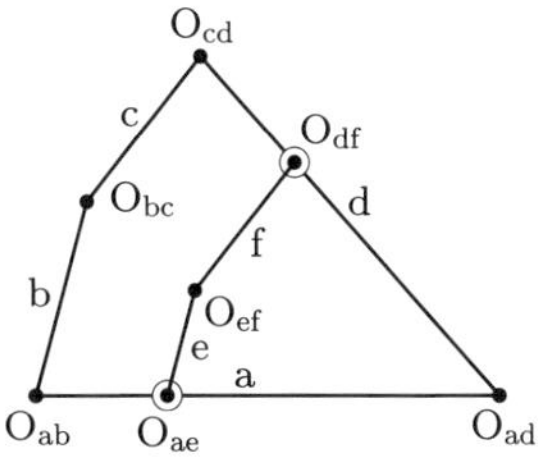

問図 2.3

問表 2.1

a					
O_{ab}	b				
	O_{bc}	c			
O_{ad}		O_{cd}	d		
O_{ae}				e	
			O_{df}	O_{ef}	f

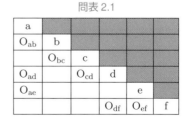

2.5 問図 2.4 に示す 4 節連鎖について，図式解法により点 C の速度ベクトルを描け．ただし，原動節 AB の速度ベクトルの長さを 1 として，各節の長さを図に示す値になるようにとり，∠BAD を 52° にとること．

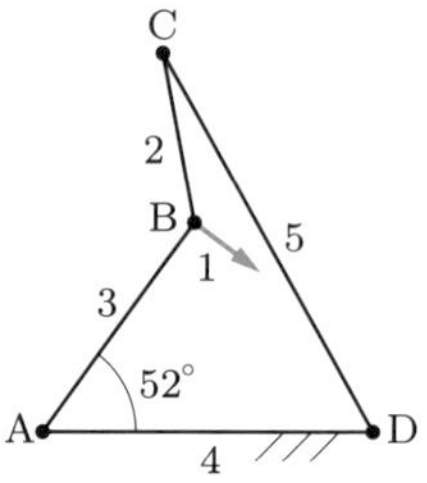

問図 2.4

2.6 前問の問図 2.4 に示した機構について，節 AB の角度を変えながらすべての瞬間中心の位置の動きを確認し，瞬間中心が大きく動くものについてセントロードを描け．

2.7 問図 2.5 に示す，オフセットクランク機構について，次の問いに答えよ．

(1) オフセットした場合も，オフセットしない場合と同様の方法で変位－速度線図が描けることを証明せよ．

(2) クランク角度を 15° ずつずらしながら，ピストンの各位置でのピストン速度を表す点をプロットし，変位－速度線図を描け．

(3) ピストンをもっとも引き出した位置 x_u（上死点）およびもっとも押し込んだ位置 x_d（下死点）を求めよ．ただし，クランク長さを b，コネクティングロッドの長さを c，オフセット量を d とする．

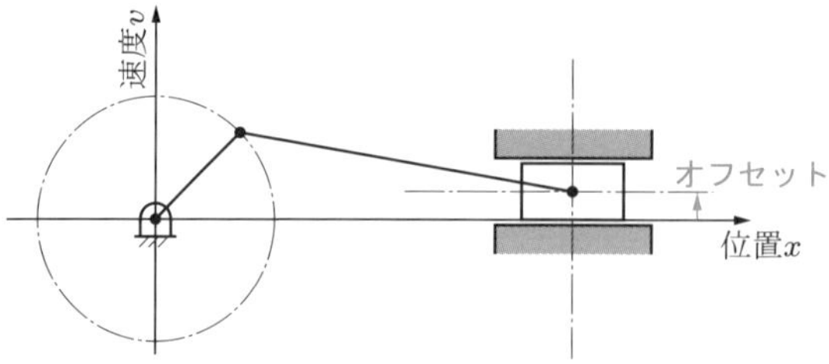

問図 2.5

3章 リンク機構

リンク機構（link mechanism）は連鎖機構そのものであるが，この章では，機能に注目して説明を行う．リンク機構は構造が簡単であるにもかかわらず，リンク長さを等しくすることによって角度を離れたところに伝達したり，トグル動作で力を大きくしたりするなど，変化に富んだ多くの機能があり，その利用範囲はきわめて広い．また，信頼性が高く，コストも抑えられるので，特性を知ってうまく活用すればメリットは大きい．本章では，まず，もっとも広く使われる4節リンク機構の使い方とその特性および解析を理解する．次に，連鎖にすべり子を含む機構や多節連鎖機構について学ぶ．さらに，直線やだ円などの軌道を作りだす連鎖機構や，立体連鎖である十字継手の特性について学ぶ．

3.1 リンク機構の分類

リンク機構はリンクの数によって分類できるが，運動できるのは4節以上である．リンク機構を構成する対偶として，一番多いのが回り対偶である．回り対偶は，動きが軽く作りやすいという特徴がある．進み対偶は，回り対偶ではできない特徴ある機構が構成できる．リンク機構の分類を，図3.1に示す．

- リンク機構
  - 4節回転連鎖機構
    - 回転揺動機構
    - 二重回転機構
    - 二重揺動機構
    - トグル機構
  - すべり子連鎖機構
    - 往復すべり子クランク機構
    - 回転すべり子クランク機構
    - 揺動すべり子クランク機構
    - 二重すべり子連鎖機構
    - 多重すべり子連鎖機構
  - 多節連鎖機構
    - 平面多節連鎖機構
  - 軌道生成機構
    - 直線運動機構
    - だ円運動機構
  - 立体連鎖機構
    - 球面機構

図3.1 **リンク機構の分類**

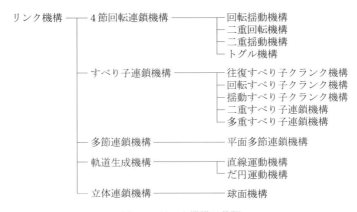

3.2 4節回転連鎖機構

連鎖の中で，3節連鎖は固定連鎖であるから，運動ができるのは4節以上である．なかでも，すべて回り対偶で構成された4節連鎖を**4節回転連鎖**（quadric crank chain）という．4節連鎖はもっとも単純な連鎖機構であるが，その用途は非常に広く，様々なところに使われている．ここでは，いくつかに分類してその特徴と応用例を示し，その後，解析について述べる．

3.2.1 回転揺動機構

回転揺動機構は，図3.2に示すように，a，b，c，dの四つの節で構成され，一つの節が回転する**クランク**（crank）で，対向する節が**揺腕**（rocker），すなわち往復回転する機構である．昔は各家庭に足踏み式ミシンがあり，図3.3のように，ペダルの揺動運動でミシンの回転運動を生じさせていた．

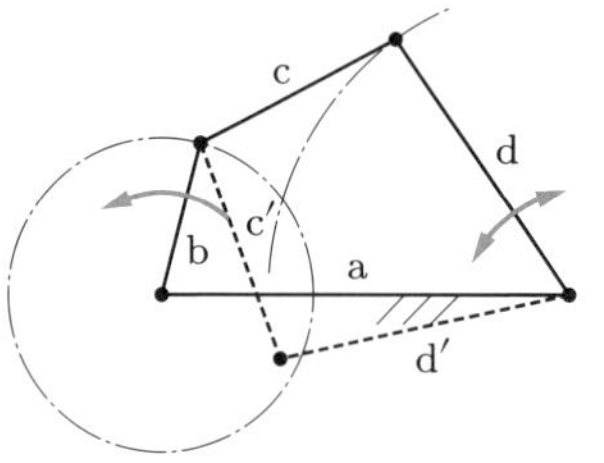

図3.2 回転揺動機構

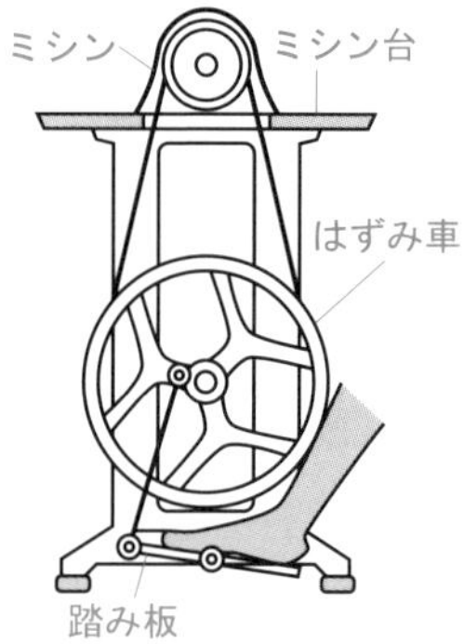

図3.3 足踏みミシン

節bが連続回転運動を行うには，四つのリンク長さが一定の条件を満たさなければならない．節bが回転ができない場合を図3.4に示す．図(a)は，節c，dの長さの和が短く，節bの回転を止める場合である．図(b)は，節cが短すぎるか節dが長すぎるために，節bの回転を妨げる場合である．図(c)は，節dが短すぎるか節cが長すぎるために，節bが回転できない場合である．

したがって，節bが連続回転できるためには，四つの節の長さa，b，c，dは次の条件を満たさなければならない．

$$\begin{cases} b \leqq c + d - a \\ b \leqq a + c - d \\ b \leqq a + d - c \end{cases} \tag{3.1}$$

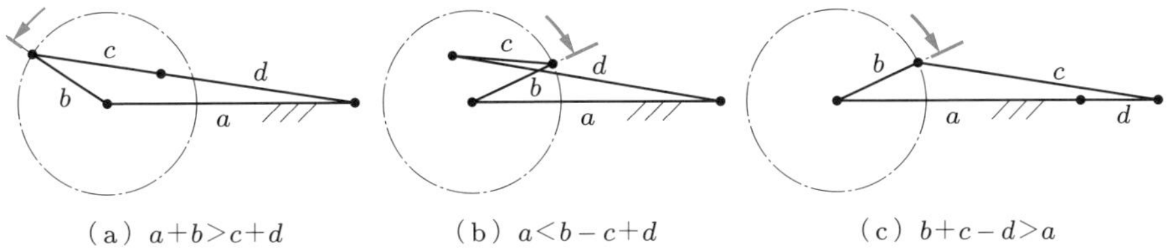

図 3.4　節 b が回転できない場合

この条件を**グラスホフの定理**（Grashof's theorem）という．

なお，回転する節 b に対する節 c，d の位置は，図 3.2 の破線で示したような位置もとり得るので，解析の場合は注意が必要である．

例題 3.1　長さの比が 1，2，3，4 の四つの節で構成される図 3.2 に示すような 4 節連鎖を考える．一番長い節を静止節 a として，ほかの三つの節をどのように配置したら回転揺動機構ができるかを式 (3.1) で示すグラスホフの定理で調べ，それを図示せよ．

解答

表 3.1 に三つの条件を計算した結果を示す．図示すると図 3.5 のようになる．

表 3.1

a	b	c	d	$b \leqq c+d-a$	$b \leqq a+c-d$	$b \leqq a+d-c$
4	1	2	3	成立	成立	成立
4	1	3	2	成立	成立	成立
4	2	1	3	不成立	成立	成立
4	2	3	1	不成立	成立	成立
4	3	1	2	不成立	成立	成立
4	3	2	1	不成立	成立	成立

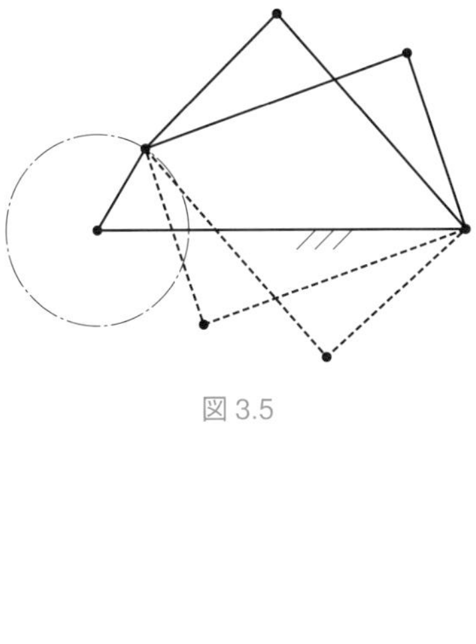

図 3.5

3.2.2 二重回転機構

二重回転機構または**二重クランク機構**（double crank mechanism）は，対向する2組の節がどちらも回転ができるものである．その中でも次のような種類がある．

(1) 平行リンク機構

図3.6に示すように，対向する節が同じ長さ，つまり $a=c$，$b=d$ とすると，式(3.1)を満たすので，静止節を含まない組の節はどちらも回転する．対向する節が平行なものを**平行リンク機構**（parallel link mechanism），あるいは**平行クランク機構**（parallel crank mechanism）という．

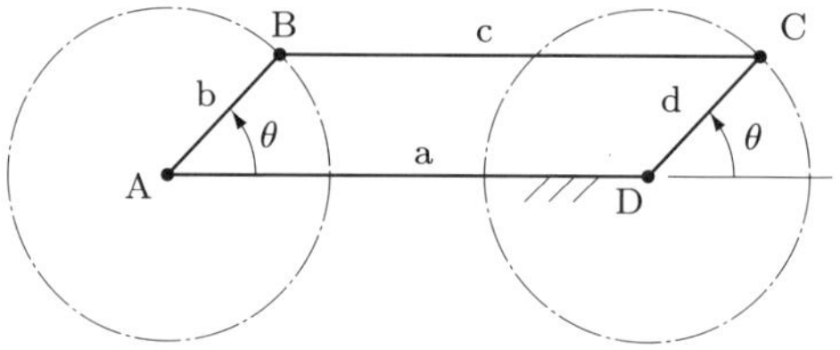

図3.6 平行リンク機構

ちなみに，図3.7に示すように，節dが静止節aと同一直線上にあるとき，節cと節dの接続点の位置を**思案点**（change point）といい，ここから節dはどちらの方向にも回転できる状態になる．一般に，平行リンク機構は思案点を通過しない角度範囲で使う．節aと節cが交差するものをZリンク機構とよぶことにしよう．

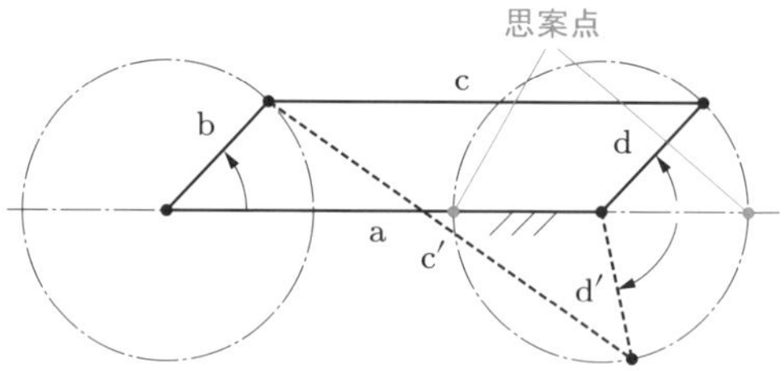

図3.7 思案点

図3.6において節bを原動節とすると，節aに対する節bの角度 θ は，節aに対する節dの角度と等しくなる．したがって，節dの角度を節bの角度で調整でき，遠隔駆動ができる．この性質は垂直多関節型産業用ロボットに適用されている．図3.8にその例を示す．上腕駆動モータは回転ベースの上にあり，上腕部を駆動しているが，前腕駆動モータを上腕の先端に取り付けると，上腕駆動モータは，重い前腕駆動モー

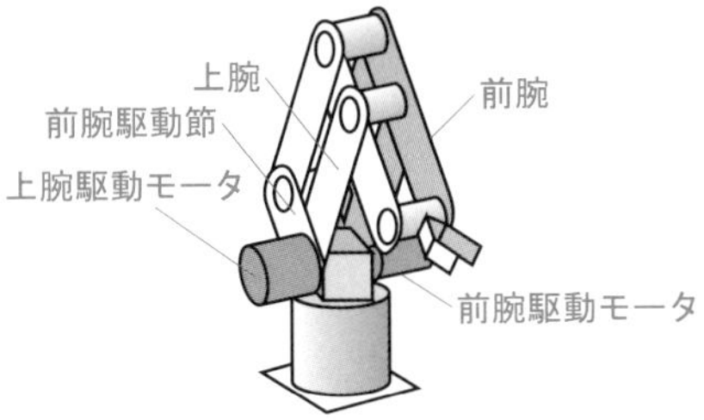

図 3.8　**垂直多関節ロボット**

タを取り付けた上腕を駆動しなければならず，負担が大きい．しかし，前腕の後端を延長して平行リンクを構成し，遠隔駆動できるようにすると，前腕駆動モータは回転ベースの上に設置でき，その重量は上腕部の負担とならない．

(2)　パンタグラフ機構

平行リンク機構の応用として**パンタグラフ**（pantograph）がある．パンタグラフは，本来は図 3.9 に示すように，図の拡大，縮小を行う道具である．固定ピンを図板に刺し，針で図形をなぞると，筆記具が拡大した図を描く．針と筆記具を入れ替えると縮小ができる．

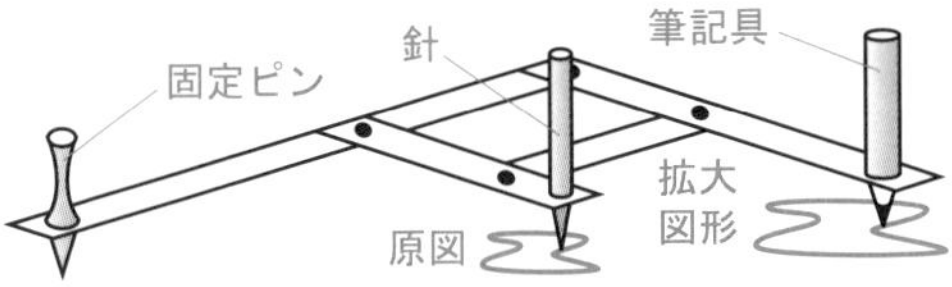

図 3.9　**パンタグラフ**

その構造は，図 3.10 に示すように，節 a と節 c，および節 b と節 d が平行になっている．また，端点 A，B，C が一直線上にある．これより，三角形 ABD と三角形 ACE は相似形であるから，変化する長さ AB と AC の比率は，長さ AD と AE の固定した比率に等しく一定である．したがって，相似形の図形が描ける．

この機構をそのまま移動ロボットの脚に応用した例がある．図 3.11 に示すパントメックとよばれるものである．これは，点 B を水平面内で前後左右に動かすことにより，脚先点 C に拡大した水平面内の運動が伝わるものである．上下の運動については，支持点 A を上下に移動させると，支持点 B に対して点対称の上下運動が脚先に発生する．したがって，脚先点 C は 3 次元の運動を行うことができる．各座標軸は独立して駆動制御できる．

実際に使われるパンタグラフ機構には，平行リンクを多数組み合わせた直動型と回

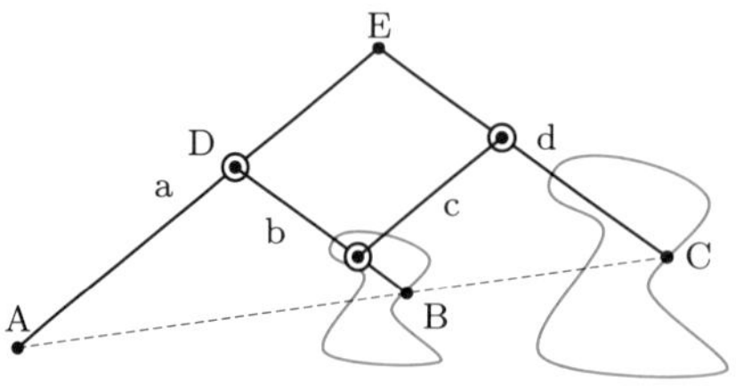

図 3.10　パンタグラフの原理

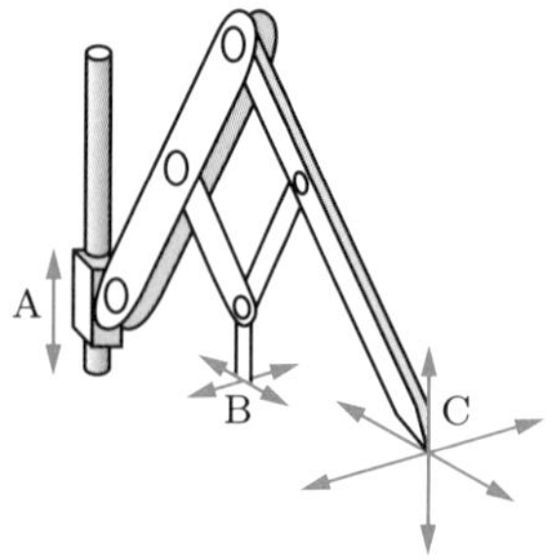

図 3.11　パントメック機構

転型が多い．直動パンタグラフは，図 3.12 に示すように端部の 2 節の端を近づけると，他端部が直角方向に展開するものである．節の交点の間隔を均等に変化させる機能があり，フェンスの伸縮扉などに応用される．

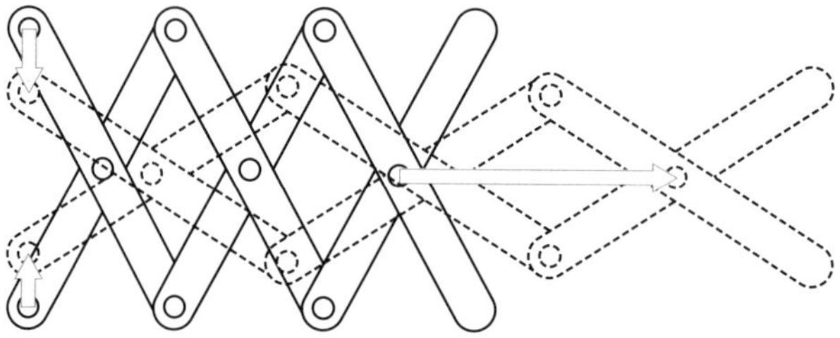

図 3.12　直動パンタグラフ

一方，同じ構造のパンタグラフの使い方を変えると回転型になる．図 3.13 に示すように，パンタグラフの端の一つの節 a を静止節にし，それに組み合わせる節 b を回転させると，節 f はつねに点 O_1 を中心とした円運動を行う．また，節 h は点 O_2 を中心とした円運動を行う．これは芯なし回転である．つまり，空間点を中心に，節に回転運動をさせることができる．この応用としては，配管溶接機がある．配管の中には回転軸を置くことができないが，たとえば，節 h の位置に溶接トーチを取り付け，O_2 を配管の中心に一致するようにセットすれば，溶接トーチは配管の表面に沿って円運動を行い溶接ができる．

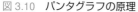

(3)　不等長二重回転機構

連鎖を構成する四つの節の長さが等しくないが，対向する二つの節が回転できる 4 節連鎖がある．図 3.14 に示すように，節 a が静止節で，両隣の節 b，d が節 c でつながった状態で連続的に回転する．

節 b，d が一回転する間に，節 d に対する節 c の角度は変化する．節 c に翼を取り

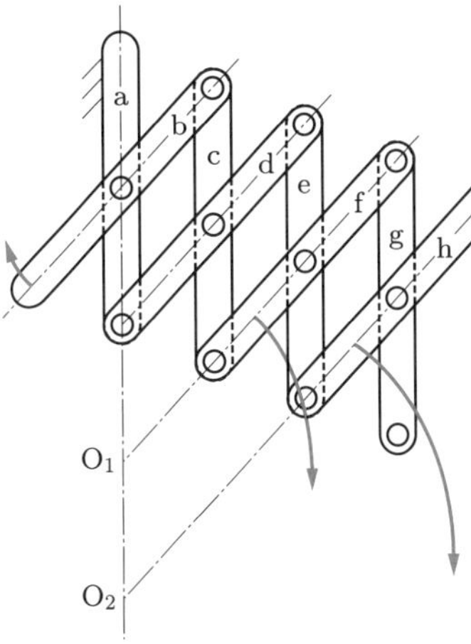

図 3.13　回転パンタグラフ

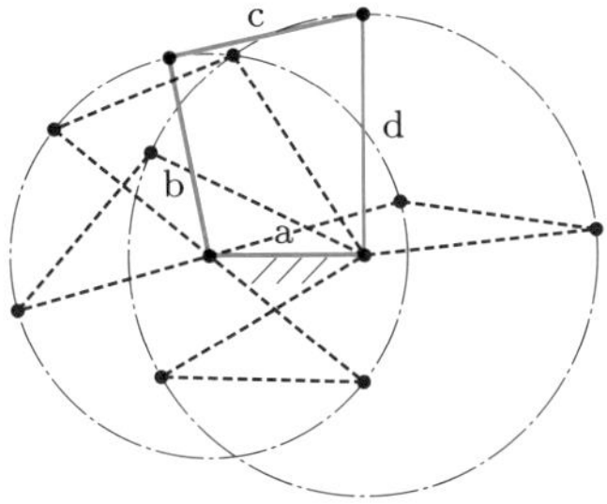

図 3.14　不等長二重回転機構

付けると，翼は回転しながら周期的に角度を変化させる．この特徴を車輪に応用したものが図 3.15 に示す可変翼車輪であり，それを用いたロボットビークルを図 3.16 に示す．これは車輪の外周の特定方向に翼が出るので，それを使って崖を登ったり雪道でのスリップを防止したり，泥道で沈下を防止することができる．また，水中でも推進力を発生することができる．これは，3.3.5 項で述べる**フォイト‐シュナイダープロペラ**（Voith-Schneider propeller）と同じような動作である．

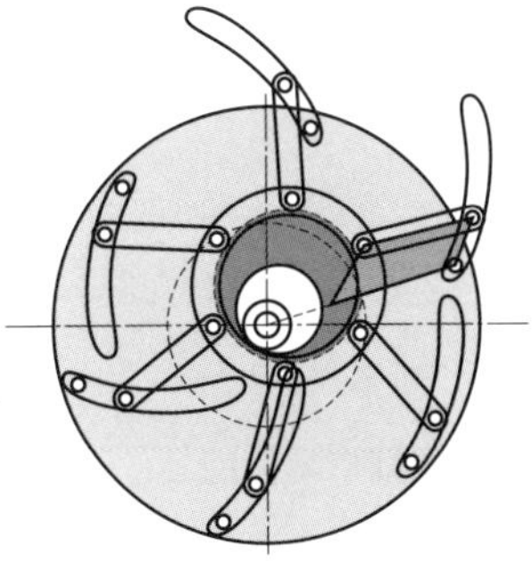
図 3.15　可変翼車輪機構

図 3.16　可変翼車輪ビークル

3.2.3　二重揺動機構

節 b，d の長さが等しく，節 a，c の長さが異なる台形のリンクは，節 b，d が揺動する**二重揺動機構**（double rocker mechanism）になる．このとき，節 a に対し節 c が短い台形のリンクでは，静止節 a に対し節 c は内向きに角度が変化する．この角度変化を利用する面白い用途がある．図 3.17 に座面が収納できる座席を示す．持ち上げられた座面が傾きコンパクトに収納され，通路が確保できる．

逆に，節 b，d の長さが等しく，節 a に対し節 c が長い台形のリンクでは，静止節 a に対し節 c は外向きに角度が変化する．この角度変化を利用すると，図 3.18 に示す電車の転換座席のように，進行方向に応じて座席の背もたれの角度を調整することができる．また，図 3.19 に示す建設機械のバケットと油圧シリンダの間にこのリンク機構が組み込まれており，バケットの角度の拡大効果がある．

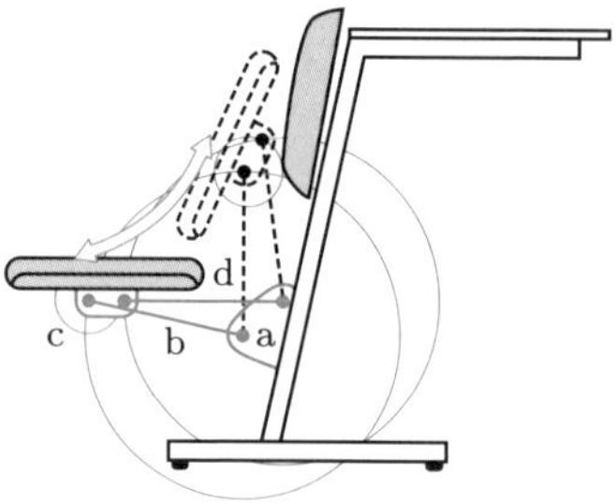

図 3.17　座面が収納できる座席

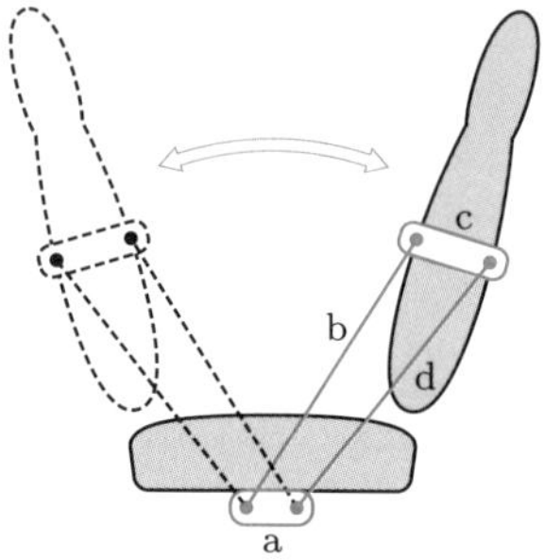

図 3.18　転換座席

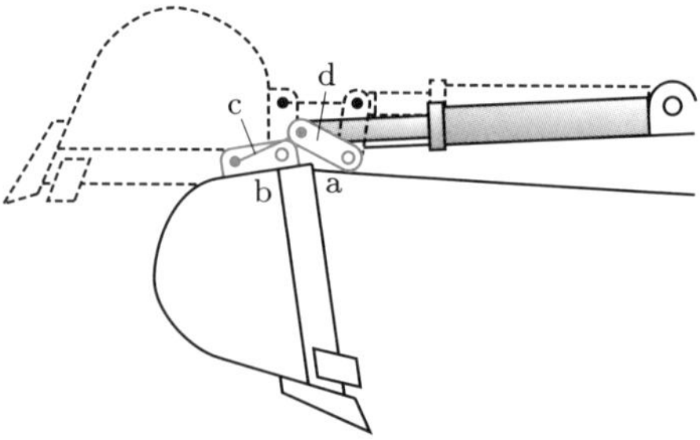

図 3.19　建設機械

3.2.4　トグル機構

トグル機構（toggle joint）は，倍力機構として力を増幅する機能と，特異点を境に動作を反転させ安定に維持する機能という，二つの機能がある．

応用例としては，図 3.20 に示す留め金具や，図 3.21 に示すバイスプライヤがある．容器のフタの留め金具では，レバーを倒していくと力が大きくなり，ある点を境にレバーにはたらく力が逆転する．したがって，手を放してもレバーが戻ることはない．バイスプライヤも同じように，ハンドルを握ると把持力が大きくなり，あるところから力が抜けて，手を放してもハンドルが戻らない．これがトグル作用である．図 3.22 にその原理を示す．点 B，C，D が一直線に並ぶところを境に，点 C に作用する力が

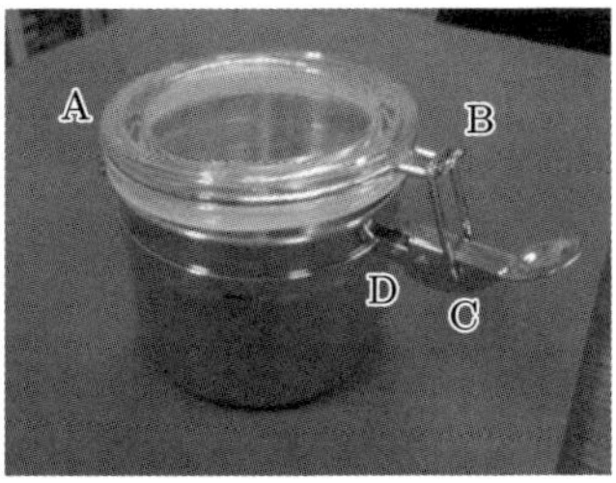

図 3.20　**留め金具**

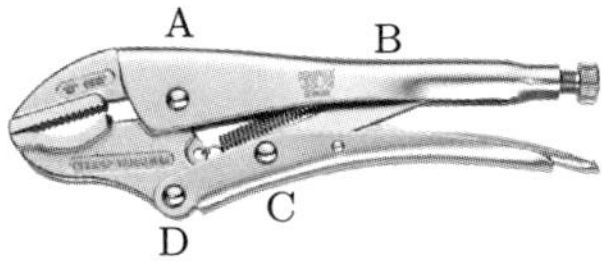

図 3.21　**バイスプライヤ**

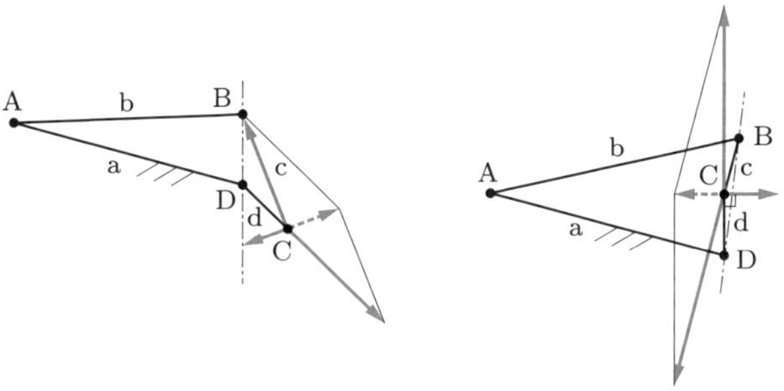

（a）留め金具　　（b）バイスプライヤ

図 3.22　**トグルリンクのはたらき**

逆転する．またこのとき，節 c，d に作用する力は理論上無限に大きくなる．図に示すように，点 B，C，D の並び方には 2 種類ある．図 (a) が留め金具に相当し．点 B，D の間に強い圧縮力を発生する．図 (b) はバイスプライヤに相当し，点 B，D の間隔を押し広げる力が発生する．

3.2.5　4 節回転連鎖機構の解析

(1)　角度の関係式

図 3.23 に示す一般形の平面 4 節リンク機構において，節 a を静止節，節 b を原動節とし，節 a，b のなす角 α を独立変数としたとき，従属変数である角 β，γ の大きさを，角 α で表す式を求めよう．

各節の長さをそれぞれ a，b，c，d とすると，縦，横の長さの関係から次式を得る．

$$\begin{cases} b\cos\alpha + c\cos\gamma - d\cos\beta = a \\ b\sin\alpha + c\sin\gamma = d\sin\beta \end{cases} \tag{3.2}$$

まず，γ を消去して，β を α の関数として求める．式 (3.2) より，

$$\begin{cases} c\cos\gamma = a + d\cos\beta - b\cos\alpha \\ c\sin\gamma = d\sin\beta - b\sin\alpha \end{cases} \tag{3.3}$$

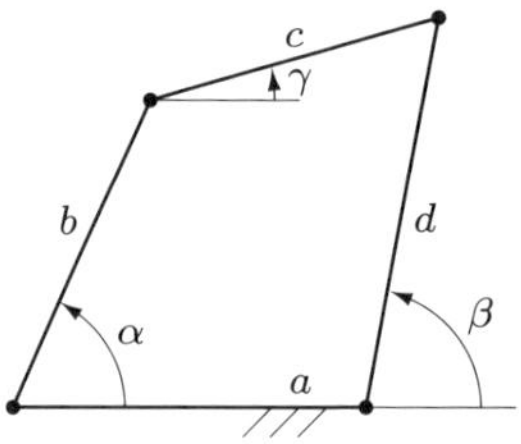

図 3.23　4 節リンク機構

となる．両辺を二乗した 2 式の和をとり，β の式としてまとめる．

$$(2bd\sin\alpha)\sin\beta = 2d(a - b\cos\alpha)\cos\beta + a^2 + b^2 + d^2 - c^2 - 2ab\cos\alpha \tag{3.4}$$

ここで，次のように変数をおく．

$$\begin{cases} A = 2bd\sin\alpha \\ B = 2d(a - b\cos\alpha) \\ C = a^2 + b^2 - c^2 + d^2 - 2ab\cos\alpha \end{cases} \tag{3.5}$$

変数 A，B，C は，定数である節の長さと独立変数である α で表されている．これらを式 (3.4) に代入し，両辺を二乗して $\cos\beta$ で整理する．

$$(A^2 + B^2)\cos^2\beta + 2BC\cos\beta + C^2 - A^2 = 0 \tag{3.6}$$

これは $\cos\beta$ に関する 2 次方程式なので，解の公式を用いて β を求めることができる．

$$\beta = \cos^{-1}\frac{-BC \pm A\sqrt{A^2 + B^2 - C^2}}{A^2 + B^2} \tag{3.7}$$

したがって，β の値は，定数である節の長さと，独立変数である α の値によって決まる．式 (3.7) に示す解は符号により二つあるが，機構としても 2 種類あり，それに対応する．一方，γ については，式 (3.3) より次のように求めることができる．

$$\gamma = \tan^{-1}\frac{d\sin\beta - b\sin\alpha}{a + d\cos\beta - b\cos\alpha} \tag{3.8}$$

ここでも，γ の値は，定数である節の長さと，独立変数である α の値によって決まる．

(2)　力の関係式

回り対偶（自由に回転する接続部分）以外に拘束がない単節に作用する力は，回り対偶を結ぶ軸線方向の引張力あるいは圧縮力になる．節 b を原動節（外部から駆動される節）とする 4 節連鎖に作用する力を，図 3.24 に示す．

原動節 b に外力としてトルク τ_1 を与えたとき，従動節 d の負荷トルク τ_2 とつり合うとして，次の関係式が成り立つ．ただし，節 b，c，d に作用する力をそれぞれ f_{b}，f_{c}，f_{d} とする．また，節 b，c の対偶点に作用する力を F_1，節 c，d との対偶点に作

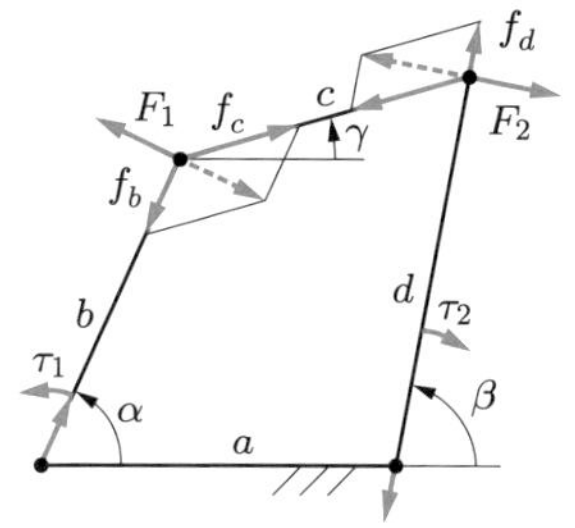

図 3.24 4節連鎖に作用する力

用する力を F_2 として，トルクを接線力に置き換える．

$$\tau_1 = bF_1, \quad \tau_2 = dF_2 \tag{3.9}$$

節 b，c 間の対偶に対する縦，横の力のつり合いから，

$$\begin{cases} f_\mathrm{c}\cos\gamma = F_1\sin\alpha + f_\mathrm{b}\cos\alpha \\ F_1\cos\alpha + f_\mathrm{c}\sin\gamma = f_\mathrm{b}\sin\alpha \end{cases} \tag{3.10}$$

となる．同様に，節 c，d 間の対偶に対する縦，横の力のつり合いから，

$$\begin{cases} f_\mathrm{d}\cos\beta + F_2\sin\beta = f_\mathrm{c}\cos\gamma \\ f_\mathrm{d}\sin\beta = f_\mathrm{c}\sin\gamma + F_2\cos\beta \end{cases} \tag{3.11}$$

が得られる．ここで，式 (3.10) を移項して比をとると，

$$\frac{f_\mathrm{b}\sin\alpha - F_1\cos\alpha}{f_\mathrm{b}\cos\alpha + F_1\sin\alpha} = \tan\gamma$$

$$\therefore\ f_\mathrm{b} = \frac{\cos\alpha + \sin\alpha\tan\gamma}{\sin\alpha - \cos\alpha\tan\gamma}\,F_1 \tag{3.12}$$

となり，角度に関する (1) の結果を踏まえると，f_b は独立変数である外力 F_1 に比例し，定数である節の長さと，独立変数である角度 α によって決まることがわかる．また，式 (3.10) の γ の項のみを左辺に移項して二乗和をとると，

$$f_\mathrm{c}{}^2 = F_1{}^2 + f_\mathrm{b}{}^2 \tag{3.13}$$

となる．これに式 (3.12) を代入すると，

$$f_\mathrm{c}{}^2 = \frac{1+\tan^2\gamma}{(\sin\alpha - \cos\alpha\tan\gamma)^2}\,F_1{}^2 \tag{3.14}$$

となり，角度に関する (1) の結果を踏まえると，f_c は独立変数である外力 F_1 と，定数である節の長さと，独立変数である角度 α によって決まる．

同様に，式 (3.11) を移項して比をとると，

$$\frac{f_\mathrm{d}\sin\beta - F_2\cos\beta}{f_\mathrm{d}\cos\beta + F_2\sin\beta} = \tan\gamma$$

$$\therefore\ f_{\mathrm{d}} = \frac{\cos\beta + \sin\beta\tan\gamma}{\sin\beta - \cos\beta\tan\gamma} F_2 \tag{3.15}$$

となる．式 (3.15) より，f_{d} は負荷力 F_2 に比例することがわかる．ここで，式 (3.11) の γ の項のみを左辺に移項して二乗和をとると，

$$f_{\mathrm{c}}{}^2 = f_{\mathrm{d}}{}^2 + F_2{}^2 \tag{3.16}$$

となり，式 (3.13) と同様の式が得られる．この式 (3.16) に式 (3.15) を代入して，

$$f_{\mathrm{c}}{}^2 = \frac{1 + \tan^2\gamma}{(\sin\beta - \cos\beta\tan\gamma)^2} F_2{}^2 \tag{3.17}$$

を得る．ここで，式 (3.14) と式 (3.17) より，

$$\left(\frac{F_2}{F_1}\right)^2 = \left(\frac{\sin\beta - \cos\beta\tan\gamma}{\sin\alpha - \cos\alpha\tan\gamma}\right)^2 \tag{3.18}$$

となり，入力 F_1 と出力 F_2 の関係が示される．この結果を利用し，式 (3.15)，(3.17) と式 (3.18) から F_2 を消去すると，

$$f_{\mathrm{d}}{}^2 = \left(\frac{\cos\beta + \sin\beta\tan\gamma}{\sin\alpha - \cos\alpha\tan\gamma}\right)^2 F_1{}^2 \tag{3.19}$$

$$f_{\mathrm{c}}{}^2 = \frac{(1 + \tan^2\gamma)}{(\sin\alpha - \cos\alpha\tan\gamma)^2} F_1{}^2 \tag{3.20}$$

となり，従動節 c，d の力を，入力 F_1 により表すことができる．

例題 3.2　図 3.23 において $a = c = 20\,\mathrm{cm}$，$b = d = 10\,\mathrm{cm}$，$\alpha = \pi/3\,\mathrm{rad}$ としたとき，角度 β，γ を求めよ．角度 β，γ の解は二つある．

解答

式 (3.5) より，

$$\begin{cases} A = 2bd\sin\alpha = 100\sqrt{3} \\ B = 2d(a - b\cos\alpha) = 300 \\ C = a^2 + b^2 - c^2 + d^2 - 2ab\cos\alpha = 0 \end{cases}$$

となる．式 (3.7) より，

$$\cos\beta = \frac{-BC \pm A\sqrt{A^2 + B^2 - C^2}}{A^2 + B^2} = \pm\frac{1}{2}$$

となる．これより，

$$\sin\beta = \pm\frac{\sqrt{3}}{2}$$

が得られる．また，式 (3.8) より，

$$\tan\gamma = \frac{d\sin\beta - b\sin\alpha}{a + d\cos\beta - b\cos\alpha} = 0,\ -\sqrt{3}$$

となる．以上を満たす角度のうち，図 3.25 から，次の組み合わせが得られる．

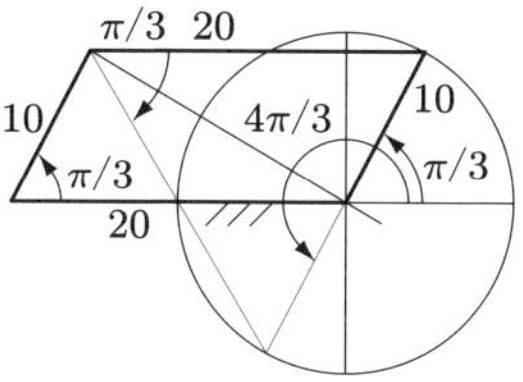

図 3.25

$\beta = \pi/3\,\mathrm{rad},\ \gamma = 0\,\mathrm{rad}$，または $\beta = 4\pi/3\,\mathrm{rad},\ \gamma = -\pi/3\,\mathrm{rad}$

3.3 すべり子連鎖機構

3.3.1　往復すべり子クランク機構

(1)　ピストンクランク機構

往復すべり子クランク機構（slider-crank mechanism）は，一つの往復直線運動を行う**すべり子**（slider）と，回転運動を行うクランクを，リンクで接合した構造をもつ機構である．すべり子が気体の圧力を受けて力を得るピストンである場合は，ピストンクランク機構という．このピストンクランク機構は，ガソリン機関やディーゼル機関などの内燃機関や，蒸気機関，スターリングエンジンなどの外燃機関に用いられ，石油などのエネルギー源から回転動力を得る原動機においてもっともよく使われる機構である．

ピストンクランク機構には，図 3.26 に示すように，内燃機関などピストンの片側からのみ圧力を受ける単動機関と，蒸気機関のようにピストンの両面から圧力を受ける複動機関がある．複動機関の場合はピストン軸のシールも必要なため，**コネクティン**

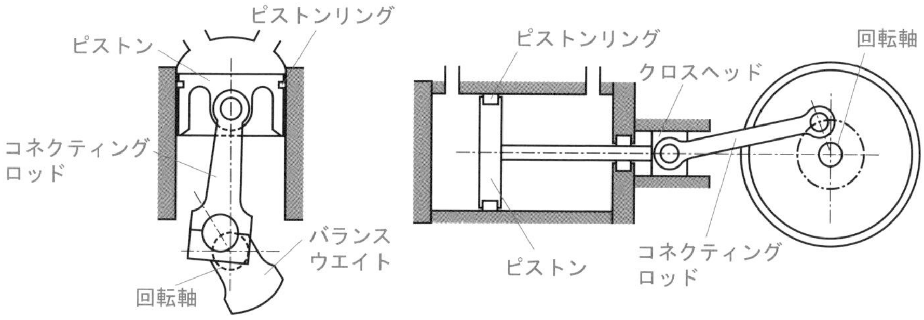

（a）単動機関　（b）複動機関

図 3.26　**単動機関と複動機関**

グロッド（connecting rod；連接棒）を**クロスヘッド**（crosshead）を介してピストン軸に結合する．

(2) 死　点

ピストンクランク機構は，回転機構として一つの問題を抱えている．ピストンの力がクランクの回転力に転換できない**死点**(dead point)が存在することである．図3.27(a)に示すように，ピストンを一番引き出した位置（上死点），あるいは一番押し込んだ位置（下死点）では，クランク軸，クランクピン，ピストンピンが一直線上に並ぶ．この位置では，ピストンに作用する力の回転に寄与する分力が0になり，回転力を生み出さない．また，回転方向が定まらないことから，思案点ともよばれる．

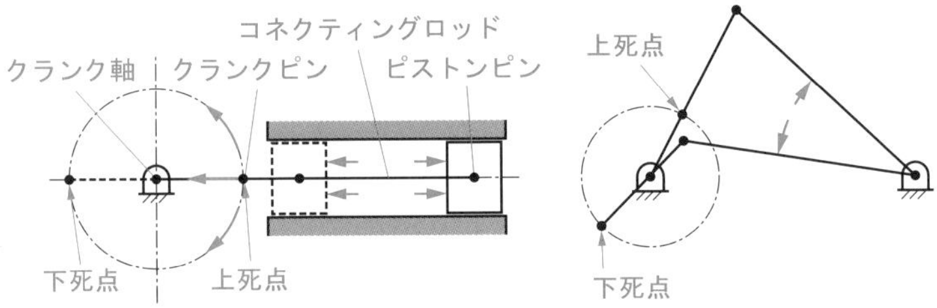

(a)ピストンクランク機構　(b)回転揺動機構

図3.27　**上死点，下死点**

このような現象は，ピストンを原動節とするため生じていて，往復ポンプのようにクランク軸を原動節とした場合には発生しない．この死点あるいは思案点はピストンクランク機構に限定されず，図(b)に示すような回転揺動機構にも見られる現象である．

死点を回避する方法として，図3.28に示すように，慣性モーメントを利用して死点をやり過ごす**フライホイール**（flywheel）をクランク軸に備える．このフライホイー

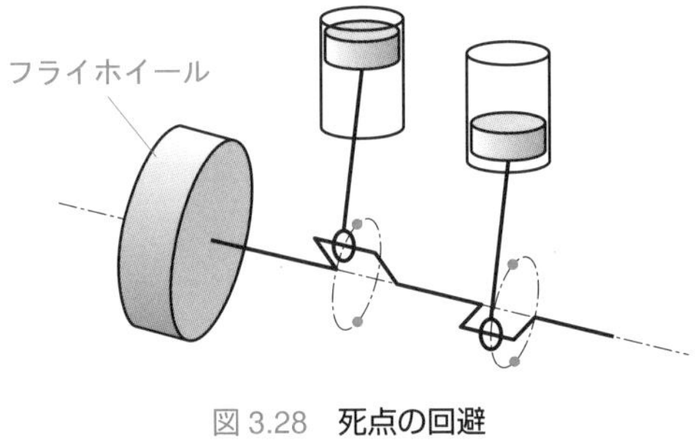

図3.28　**死点の回避**

ルは，回転速度を均一にする効果もある．また，複数のピストンクランク機構を組み合わせ，互いにその死点の位置をずらすことによって，一方が死点にあっても他方が回転力を発生する方法がよくとられる．単独では死点の位置から自力で回転を始動できない場合でも，複数のピストンクランク機構にすることによって，どの位置からでも始動でき，また，回転力の均一化を図ることができる．

(3)　オフセットクランク機構

通常，ピストンピンはクランク軸を通る中心線上で往復するが，図 3.29 に示すように，この線をずらした**オフセットクランク機構**（offset crank mechanism）がある．このようにすると，一方でコネクティングロッドとピストンの中心線がなす角度が小さくなり，ここを爆発行程とすればピストンがシリンダ内壁を押すサイドフォースが小さくなるので，摩擦損失を軽減できる．ただし，実際には数ミリ程度のオフセットに留められている．

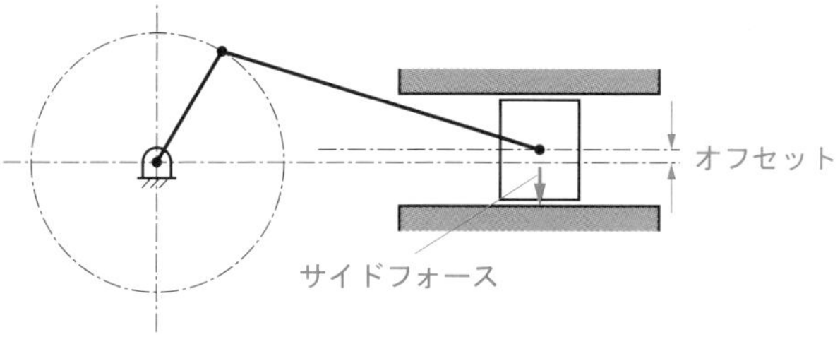

図 3.29　オフセットクランク機構

(4)　ピストンの変位

図 3.30 に示すピストンクランク機構において，ピストンの変位を考える．クランク半径を b，コネクティングロッドの長さを c，クランク軸からピストンピンまでの長さを l，クランク角を θ，コネクティングロッドの角度を ϕ としたとき，縦横の長さの関

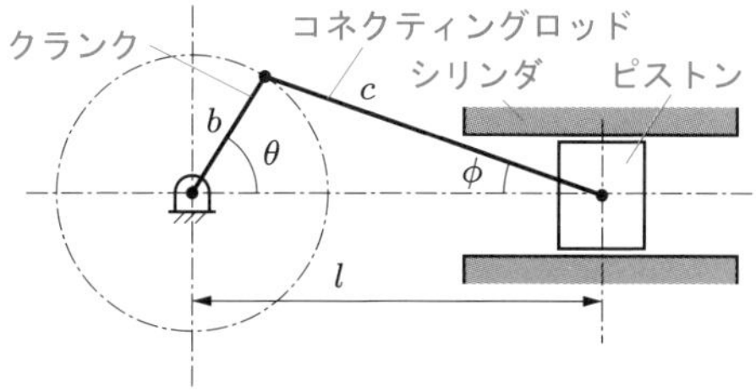

図 3.30　ピストンクランク機構

係より次式を得る.

$$\begin{cases} b\cos\theta + c\cos\phi = l \\ b\sin\theta = c\sin\phi \end{cases} \tag{3.21}$$

ϕ の項のみを左辺に移して二乗和をとり，ϕ を消去する.

$$\begin{cases} c\cos\phi = l - b\cos\theta \\ c\sin\phi = b\sin\theta \end{cases} \tag{3.22}$$

$$\therefore\ l^2 - 2b(\cos\theta)l + b^2 - c^2 = 0 \tag{3.23}$$

これは l の 2 次式であるから，解の公式より，正の値 l は θ の関数として次のように得られる.

$$l = b\cos\theta + \sqrt{c^2 - b^2\sin^2\theta} \tag{3.24}$$

コネクティングロッドの長さ c とクランク半径 b の比率は，ピストンクランク機構の特性を表すパラメータである．これを

$$\lambda = \frac{c}{b} \tag{3.25}$$

のようにとり，式 (3.24) を書き直すと，次のようになる.

$$l = b\left(\cos\theta + \lambda\sqrt{1 - \frac{\sin^2\theta}{\lambda^2}}\right) \tag{3.26}$$

式 (3.26) はやや複雑であり，解析を容易に行うため近似式とする.

$$l = b\left(\cos\theta + \lambda - \frac{\sin^2\theta}{2\lambda} - \frac{\sin^4\theta}{8\lambda^3} - \cdots\right) \approx b\left(\cos\theta + \lambda - \frac{\sin^2\theta}{2\lambda}\right) \tag{3.27}$$

なお，コネクティングロッドの角度 ϕ は，式 (3.22) より次のように得られる.

$$\phi = \tan^{-1}\left(\frac{b\sin\theta}{l - b\cos\theta}\right) \tag{3.28}$$

(5) ピストンの速度・加速度

式 (3.27) を時間微分すると，速度 v，加速度 a が得られる．クランク角速度を一定速 ω として

$$v = \frac{dl}{dt} = \frac{dl}{d\theta}\cdot\frac{d\theta}{dt} = b\left(-\sin\theta - \frac{\sin\theta\cos\theta}{\lambda}\right)\omega$$

$$= b\left(-\sin\theta - \frac{\sin 2\theta}{2\lambda}\right)\omega \tag{3.29}$$

$$a = \frac{d^2l}{dt^2} = \frac{dv}{d\theta}\cdot\frac{d\theta}{dt} = b\left(-\cos\theta - \frac{\cos 2\theta}{\lambda}\right)\omega^2 \tag{3.30}$$

となる．速度は瞬間中心を用いて，移送法により図 3.31 のように求めることもできる.

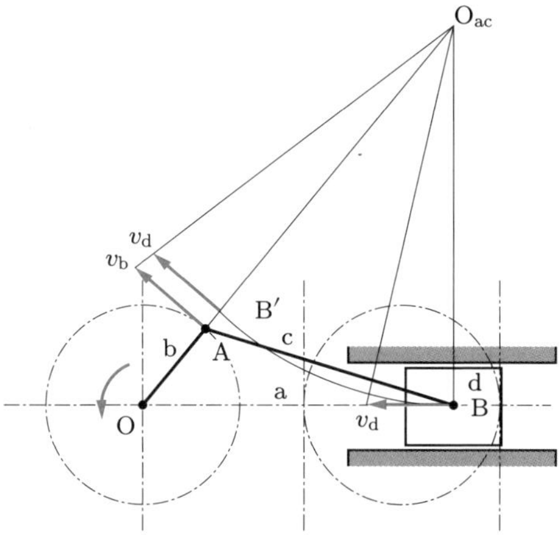

図 3.31 ピストンの速度

(6) ピストンにはたらく力と回転力

ピストンにはたらく力とクランクの回転力の関係を求める．ピストンを押す力を F_{p}，クランク軸の回転力を τ とする．図 3.32 に示すように，コネクティングロッドに作用する力を F_{c}，ピストンがシリンダ内壁を押す力を F_{w}，クランク軸が軸受を押す力を F_{a}，クランクを回転させる接線力を F_{b} とする．図より，次の関係式が成り立つ．

$$\begin{cases} F_{\mathrm{d}} = F_{\mathrm{p}} \\ F_{\mathrm{c}} \cos\phi = F_{\mathrm{d}} \\ F_{\mathrm{c}} \sin\phi = F_{\mathrm{w}} \\ F_{\mathrm{a}} = F_{\mathrm{c}} \cos(\theta+\phi) \\ F_{\mathrm{b}} = F_{\mathrm{c}} \sin(\theta+\phi) \end{cases} \tag{3.31}$$

式 (3.22) を用いて式 (3.31) から ϕ を消去し，F_{c}，F_{w}，F_{a}，F_{b} を得る．

$$F_{\mathrm{c}} = \frac{c}{l - b\cos\theta} F_{\mathrm{p}} \tag{3.32}$$

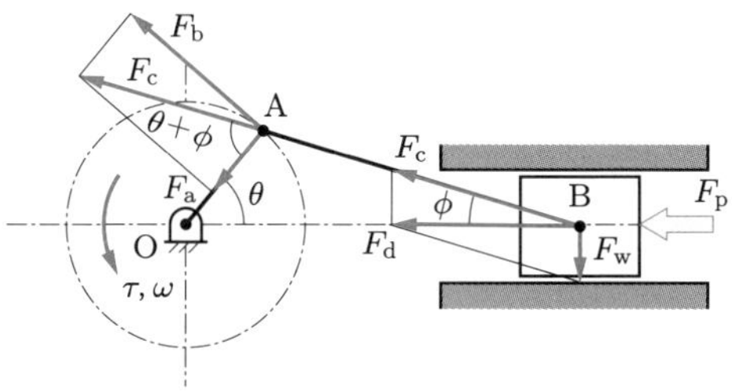

図 3.32 ピストンにはたらく力とクランクの回転力

$$F_{\mathrm{w}} = \frac{b\sin\theta}{l-b\cos\theta}F_{\mathrm{p}} \tag{3.33}$$

$$\begin{aligned}F_{\mathrm{a}} &= F_{\mathrm{c}}(\cos\theta\cos\phi - \sin\theta\sin\phi)\\ &= \frac{c}{l-b\cos\theta}F_{\mathrm{p}}\left\{\frac{\cos\theta(l-b\cos\theta)}{c} - \frac{b\sin^2\theta}{c}\right\} = \frac{l\cos\theta - b}{l-b\cos\theta}F_{\mathrm{p}}\end{aligned} \tag{3.34}$$

$$\begin{aligned}F_{\mathrm{b}} &= F_{\mathrm{c}}(\sin\theta\cos\phi + \cos\theta\sin\phi)\\ &= \frac{c}{l-b\cos\theta}F_{\mathrm{p}}\left\{\frac{\sin\theta(l-b\cos\theta)}{c} + \frac{b\cos\theta\sin\theta}{c}\right\} = \frac{l\sin\theta}{l-b\cos\theta}F_{\mathrm{p}}\end{aligned} \tag{3.35}$$

l は θ の関数として式 (3.24) で得られるので，これを代入すると次式を得る．

$$F_{\mathrm{c}} = \frac{c}{\sqrt{c^2 - b^2\sin^2\theta}}F_{\mathrm{p}} \tag{3.36}$$

$$F_{\mathrm{w}} = \frac{b\sin\theta}{\sqrt{c^2 - b^2\sin^2\theta}}F_{\mathrm{p}} \tag{3.37}$$

$$F_{\mathrm{a}} = \frac{\sqrt{c^2 - b^2\sin^2\theta}\,\cos\theta - b\sin^2\theta}{\sqrt{c^2 - b^2\sin^2\theta}}F_{\mathrm{p}} \tag{3.38}$$

$$F_{\mathrm{b}} = \frac{2\sqrt{c^2 - b^2\sin^2\theta}\,\sin\theta + b\sin 2\theta}{2\sqrt{c^2 - b^2\sin^2\theta}}F_{\mathrm{p}} \tag{3.39}$$

例題 3.3 クランク長さ $b = 3\,\mathrm{mm}$，コネクティングロッド長さ $c = 8\,\mathrm{mm}$，クランク軸の角速度 1 rad/s として式 (3.27)，(3.29)，(3.30) より，ストローク中心からの変位，速度，加速度を求め，横軸をクランク角としてグラフを描け．角度 θ は 0 から 360° とする．

解答

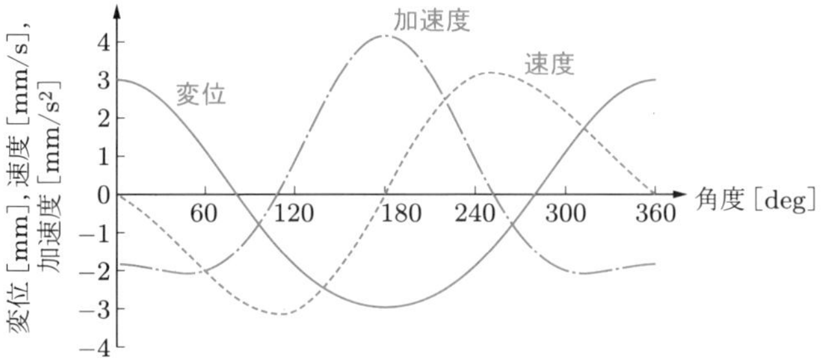

図 3.33

3.3.2 回転すべり子クランク機構

(1) 星形エンジン

昔の航空機には，図 3.34 に示す空冷星形エンジンがよく用いられた．これはクランク軸の周りに放射状にシリンダを配置したものである．コネクティングロッドとクラ

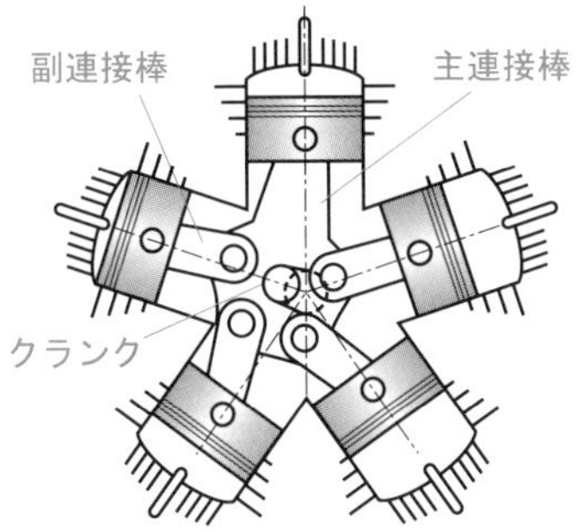

図 3.34 星形エンジン

ンクとの結合部が一箇所に集中しないよう，一つのシリンダに放射状に多数の結合穴をもつ主連接棒が配置され，副連接棒は主連接棒につながれて間接的にクランクピンと結合している．

一般にはシリンダが機体に固定され，クランク軸が回転するが，逆にクランク軸を機体に固定し，シリンダ側が回転するものがある．空気と冷却フィンの触れ合う距離を大きくしてシリンダの冷却効率の向上を図ったものであるが，これをロータリーエンジンという．日本ではロータリーエンジンといえばマツダ自動車により量産化されたおむすび形のロータが回転するエンジン（バンケルエンジン）を思い浮かべるが，海外ではこのエンジンのことを指す場合が多い．このような機構は**回転すべり子クランク機構**（revolving block slider crank mechanism）とよばれる．

(2) ウィットウォースの早戻り機構

図 3.35 は**ウィットウォースの早戻り機構**（Whitworth's quick return motion mechanism）である．原動節となるクランク b は一定の角速度 ω で回転するが，従動節であるピストン f は移動する方向によって速度が異なる．いま，すべり子 c はピストン f が上死点の位置にあるとき点 A にあり，下死点にあるとき点 B にあるものとす

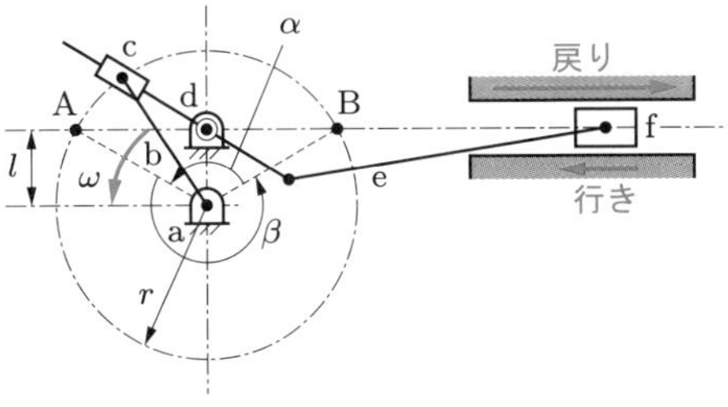

図 3.35 ウィットウォースの早戻り機構

る．原動節 b の回転中心が軸線から離れているため，B → A 間の角度 α と A → B 間の角度 β の大きさは異なる．原動節 b の角速度 ω が一定であれば，移動時間は角度の大きさに比例する．A → B を行き行程，B → A を戻り行程とすれば，早戻りが実現する．

例題 3.4 図 3.35 の機構において，回転中心の距離 l と原動節 b の長さ r の比が 1 対 $\sqrt{2}$ で，原動節の回転速度 ω が一定のとき，すべり子 f の行きと戻りの時間の比を求めよ．

解答

長さの比より，角度 α が求められる．原動節 b の角度の比が時間の比になる．

$$\alpha = 90^\circ, \quad \therefore \ \frac{\text{行き}}{\text{戻り}} = \frac{360^\circ - \alpha}{\alpha} = 3$$

3.3.3 揺動すべり子クランク機構

(1) 蒸気エンジン

図 3.36 に示すような，すべり子 d がクランク b の回転に伴って揺動する**揺動すべり子クランク機構**（oscillating block slider crank mechanism）がある．その応用例を図 3.37 に示す．

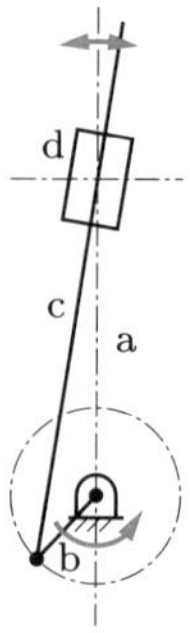

図 3.36 **揺動すべり子クランク機構**

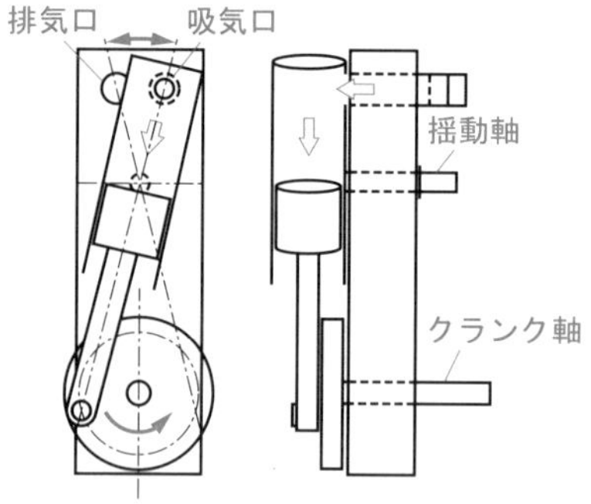

図 3.37 **蒸気エンジン**

これは簡易な蒸気エンジンである．シリンダには揺動軸が取り付けられている．一方，ピストンとコネクティングロッドは固定されていて回転できない．フレームには吸気口と排気口があり，シリンダの端に設けられた穴が，吸気口と排気口の間を行き来する．吸気口から蒸気を供給すると，ピストンが押されてクランクが回転し，下死点を越えるとピストンが上昇する．このときシリンダの穴は排気口につながるので，蒸気はここから排出される．この機構ではシリンダの揺動によって吸気口と排気口を自動的に切り替えるので，弁装置が不要である．

(2) 回転型早戻り機構

図 3.38 は回転型の早戻り機構である．クランク b の先端にはすべり子が揺動できるように取り付けられ，軸 d が通っている．クランク b を回転させると，軸 d は揺動する．揺動角の一端から他端まで移動する間のクランク角度は 2 通りあって，上側の角度 α を行き，下側の角度 β を戻りの角度とすると，クランクの角速度 ω が一定であれば，行きと戻りにかかる時間の比は角度の大きさの比になる．

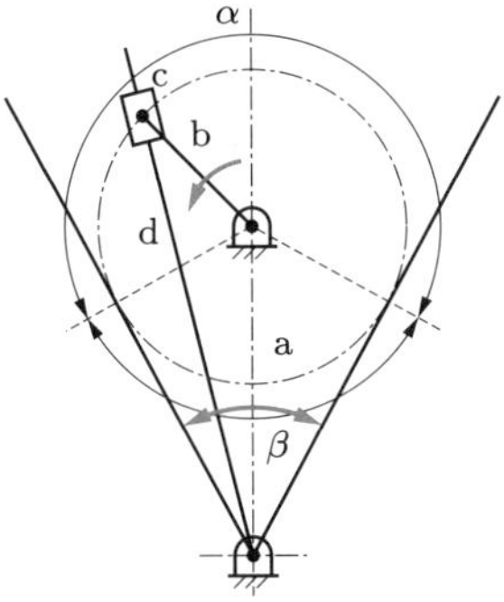

図 3.38 回転型早戻り機構

3.3.4 二重すべり子連鎖機構

(1) 往復二重すべり子機構

図 3.39 は，**往復二重すべり子クランク機構**（reciprocating block double-slider crank mechanism）の一つで，**スコッチヨーク機構**（Scotch-yoke mechanism）である．クランク b は静止節 a とすべり子 c との間に回り対偶をもつ．また，節 d はすべり子 c と静止節 a との間に進み対偶をもつ．クランク b を回転させると，節 d が往復直線運動を行う．

図 3.40 は，フルエキスパンジョンエンジンという内燃機関に適用された例である．左右に動くピストン 1 が上下するピストン 2 の中にあり，これがクランク軸にはめ合っ

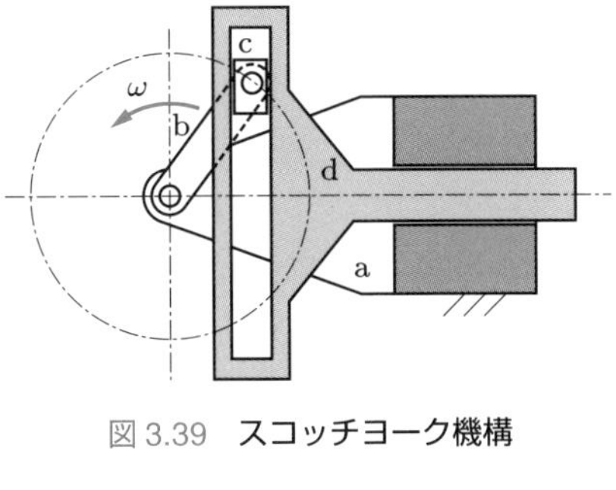

図 3.39 スコッチヨーク機構

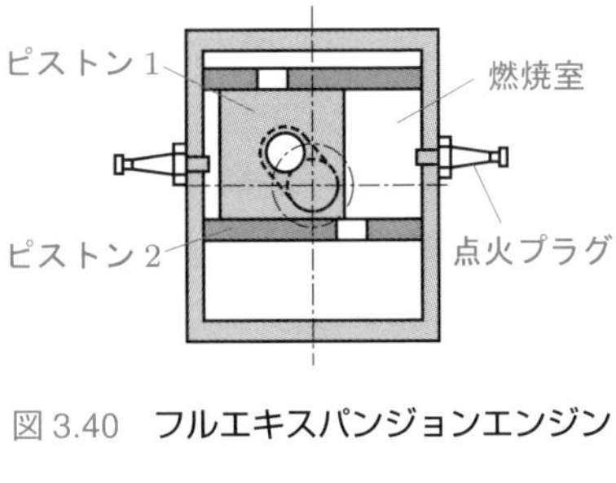

図 3.40 フルエキスパンジョンエンジン

ている．上下運動と左右運動の合成がクランクの円運動になる．小ピストンの左右に燃焼室があり，上下の空間の容積変化を利用して，排気と吸気を効率よく行うことができる．

(2)　静止二重すべり子機構

図 3.41 は，**静止二重すべり子機構**（fixed block double-slider crank mechanism）の一種で，**だ円コンパス**（elliptic trammel）として市販されている機構である．十字形に交差する直線案内をもつ静止節にガイドされる二つのすべり子が，一つの単節により回り対偶 A と B でつながっている．A と B の延長上に筆記具を取り付けると，その位置により長半径を m，短半径を n とするだ円を描くことができる．

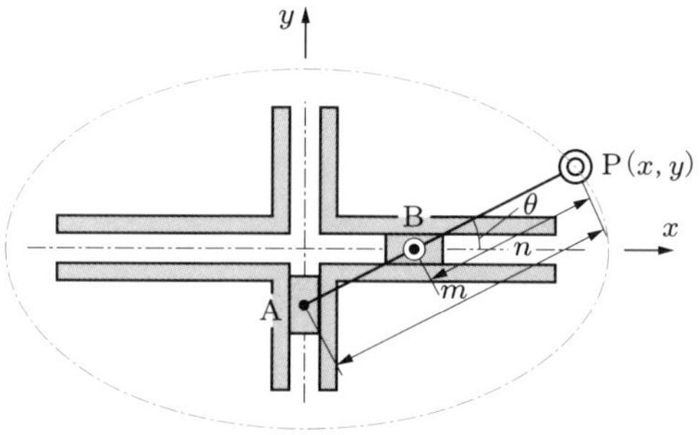

図 3.41　だ円コンパス

直線案内に沿って座標軸 x，y をとり，筆記具の位置を $\mathrm{P}(x,y)$ とすると，次式が成り立つ．

$$\begin{cases} x = m\cos\theta \\ y = n\sin\theta \end{cases} \tag{3.40}$$

二乗和をとると，次のようになる．

$$\frac{x^2}{m^2} + \frac{y^2}{n^2} = 1 \tag{3.41}$$

この式は，x 方向半径を m，y 方向半径を n とするだ円の式となっている．だ円運動機構については，3.5 節で説明する軌道生成機構の中でさらに詳しく述べる．

(3)　回転二重すべり子機構

図 3.42 は，**回転二重すべり子機構**（revolving block double-slider crank mechanism）の一つである**オルダム継手**（Oldham's coupling）である．回転の中心がずれている二つの平行回転軸の間に正しく回転を伝えることができる．オルダム継手は，溝と回

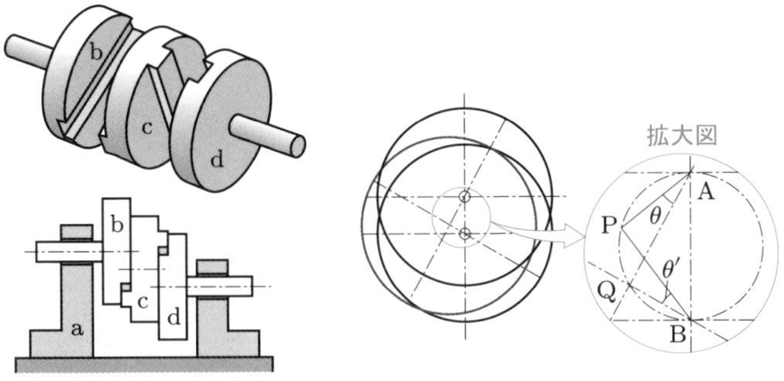

（a）構造　　（b）軸方向から見た幾何学的関係

図 3.42　オルダム継手

転軸が付いた二つの節 b，d と，両面に突起がある円板 c，軸受をもつ静止節 a で構成されていて，この突起が円板の溝に隙間なくはめ合わされている．突起の中心線は，軸方向から見て 90° の角度で交差している．この幾何学的条件は，軸線の交点がつねに線分 AB を直径とする円の上にあることを示している．∠PAQ と ∠PBQ は同一円弧 PQ に対する角度であるから等しく，したがって，b の回転角 θ は d の回転角 θ' と等しい．このように，原動節の軸の回転角は，従動節の軸に正確に伝達される．

(4)　交差二重すべり子機構

図 3.43 は，**交差二重すべり子機構**（crossed double-slider crank mechanism）の一つである**ラプソンの舵取り機構**（Rapson's rudder steering mechanism）である．船の舵は，舵角が大きくなるにつれ水流が舵面に強く当たるので，大きな操舵モーメントが必要になる．装置には，船の中心軸に垂直の方向に移動するすべり子があり，その上にもう一つのすべり子が回転自在に取り付けられている．

上のすべり子には，舵棒がスライドできるように取り付けられている．舵の回転軸 A とすべり子の軸線までの距離 AC を a，舵棒 AB の長さを R，舵角を θ としたとき，

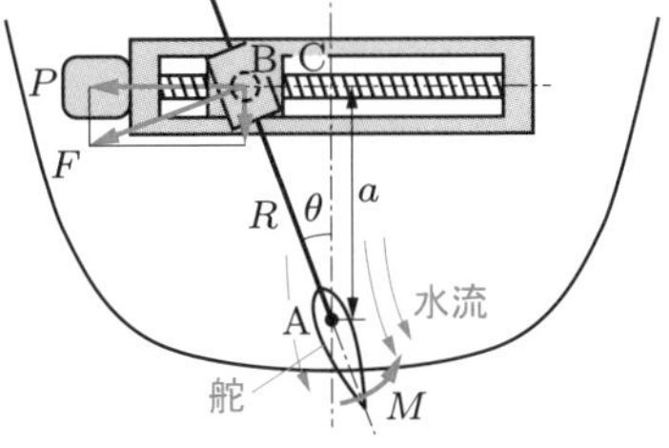

図 3.43　ラプソンの舵取り機構

舵の操舵モーメント M は，操舵力 P と舵角 θ によって次式のように表される．

$$\begin{cases} R\cos\theta = a \\ M = RF \\ F\cos\theta = P \end{cases} \tag{3.42}$$

したがって，次のようになる．

$$M = \frac{a}{\cos^2\theta}P \tag{3.43}$$

操舵モーメント M は，操作力 P が一定でも θ が大きくなるに従って大きくなる．このため，相対的に操作力を軽減できる．

3.3.5　多重すべり子機構

図 3.44 に示すものは**マルチプルトランメルギヤ**（multiple trammel gear）で，段違い平行軸に回転を伝えることができる．原動節 b の回転中心 P は，従動節 c の回転中心 O と一定の距離ずれている．原動節 b の 3 本の腕の長さは，この中心間距離に一致している．原動節 b の先にはローラ d があり，順次従動節 c の溝にはまって回転を伝える．

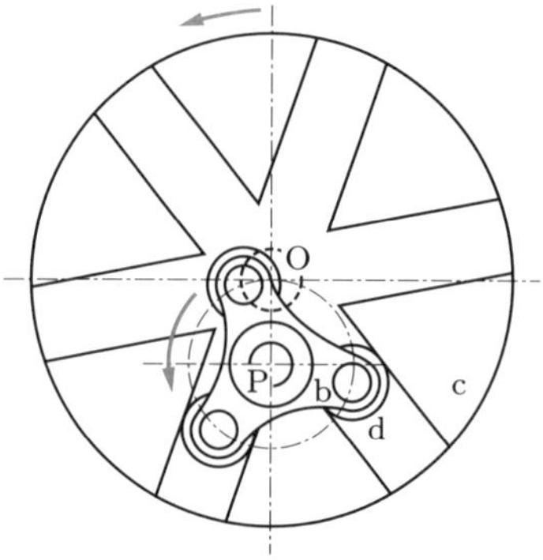

図 3.44　マルチプルトランメルギヤ

この機構を一部スケルトンで描いたものを図 3.45 に示す．原動節 b と従動節 c は，それぞれ静止節 a によって回転可能に支えられている．ローラ d はすべり子として描かれているが，その中心は従動節の回転中心点 O を通る．いま，ローラ（すべり子）d が垂直軸を起点として θ だけ回転したとき，従動節は ϕ だけ回転するものとする．両者の回転角の関係を求めてみよう．θ だけ回転したときのローラ d の位置を点 Q とすると，線分 OP と線分 PQ の長さは等しい．したがって，三角形 OPQ は二等辺三角形である．よって，従動節 c の回転角 ϕ である ∠POQ は ∠PQO に等しい．また，

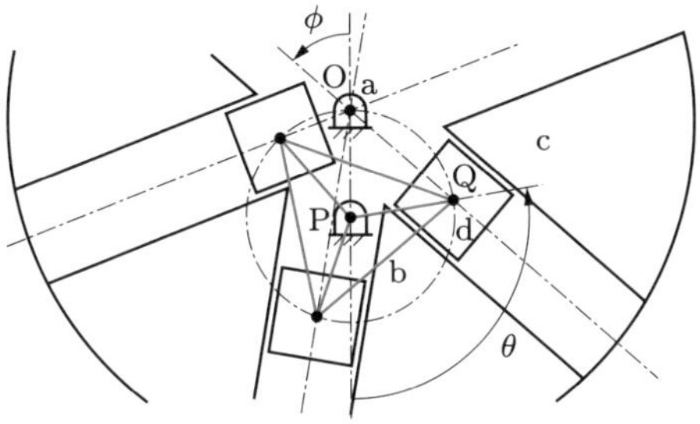

図 3.45　**回転角度の関係**

∠OPQ の外角は原動節の回転角 θ である．したがって，次式が成り立つ．

$$\theta = \angle\mathrm{POQ} + \angle\mathrm{PQO} = 2\phi \tag{3.44}$$

以上より，原動節の回転は，半分の角度として正確に従動節に伝えられることがわかる．

多数のすべり子を使った機構として，タグボートなどに使われるフォイト－シュナイダープロペラがある．図 3.46 に示すように，複数の翼が水中に立てて置かれ，翼の回転軸が回転円板の円周上に配置されていて，一体として回転する．翼には傾斜角を調整する棒が垂直に出ていて，一箇所に集められ，進み対偶を構成している．この集中点を円板の回転中心からずらすと，ずらす量に従って推進力が大きくなり，ずらす方向によって推進力の方向が全方位に調整できる．その場で旋回できるなど小回りが利くので，大型船を押して接岸を助けるタグボートなどに使われる（オーストリアの E・シュナイダーが考案し，ドイツのフォイト社が実用化した）．

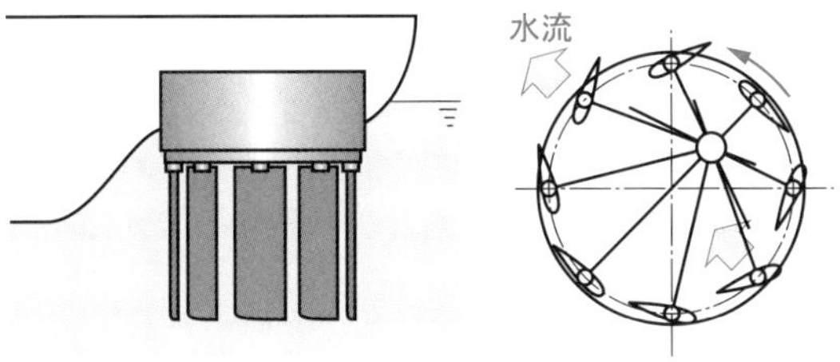

図 3.46　**フォイト－シュナイダープロペラ**

3.4 多節連鎖機構

3.4.1 平面多節連鎖機構

(1) 集電装置

電車の屋根についている集電装置は，その形状がひし形をしていることから通称パンタグラフとよばれる．しかし，図 3.47 に示すように，実際は 6 節の**多節連鎖機構**（multiple link mechanism）である．このうち節 f は内部に隠れているが，架線による摩擦力で集電装置が倒れこまないように支える役割をもっている．

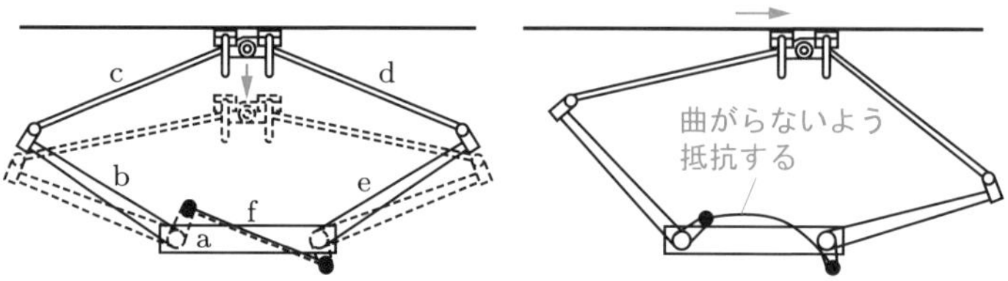

図 3.47　集電装置

(2) イコライザ

車や鉄道などの陸上移動機械では，推進力を高めるために，すべての駆動輪は接地力を確保しなければならない．このため，路面の凹凸を吸収する**サスペンション**（suspension）機構を備えることが必要となる．この方式として，ばねによるサスペンションと，リンク機構を用いて各車輪の接地力を均等にする**イコライザ**（equalizer）がある．

図 3.48 に，蒸気機関車に用いられているイコライザを示す．各動輪の軸箱は板ばねにより支えられている．板ばねの両端は一連のリンクによりつながれている．前後の車輪の中間にあるリンクは天秤のようにはたらき，両端の荷重がつり合うように動く．図に示すように，中央の動輪がもち上がると，各動輪の接地力が均等になるようにリンクが動き，レールの凹凸を吸収する．

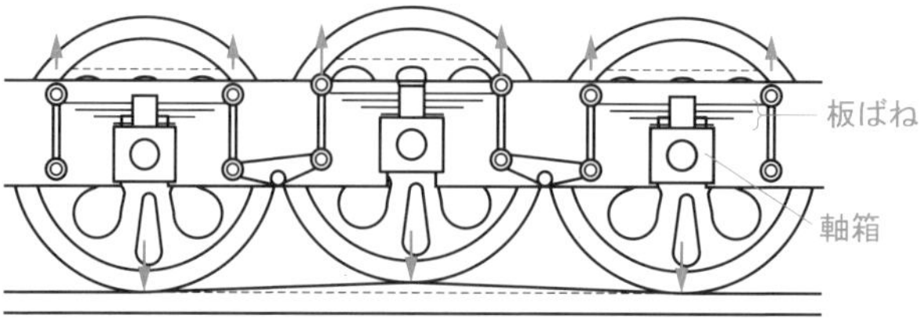

図 3.48　蒸気機関車のイコライザ

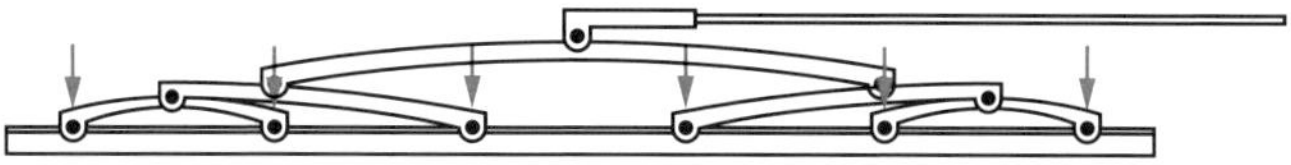

図 3.49 ワイパーのイコライザ

図 3.49 は，自動車のワイパーブレードである．雨滴を拭うゴムは一連のリンクにより支えられ，てこの原理によりワイパーアームから加えられる押しつけ力が，各支持点に均等に配分される．

ばね式サスペンションとイコライザの特徴の比較をすると，ばね式サスペンションは各車輪の接地力が正確には均等にならないが，振動や衝撃を吸収する効果がある．イコライザは接地力が均等化される点はよいが，衝撃や振動を吸収できないので，乗り心地はよくない．前述した蒸気機関車の例では，イコライザのリンクの一部として板ばねが組み込まれ，両者の利点を取り込んでいる．

(3) アトキンソンサイクルエンジン

通常のエンジンでは，コネクティングロッドがクランクピンに直結していて，ピストンの上死点と下死点の位置は一定であり，圧縮行程と爆発行程とは同じになる．しかし，エンジンの効率を考えると，ポンピングロス（混合気の圧縮抵抗）のある圧縮行程は小さく，エネルギーをとり出す爆発行程は大きくとることが望ましい．**アトキンソンサイクルエンジン**（Atkinson cycle engine）はそれを実現するため考案されたもので，図 3.50 に示す二重クランク機構である．図 (a) はピストンが上死点の位置にあるが，下死点の位置は二つあって，図 (b) は図 (c) よりも下死点の位置が低い．クランク軸が 1 回転する間に，この上死点と二つの下死点の間を巡ることになる．図 (b) のほうを爆発－排気行程，図 (c) のほうを吸気－圧縮行程に用いることで，上記の目的を達成することができる．

しかし，この機構は複雑であり，実際は使われていない．その代わりとして吸気バル

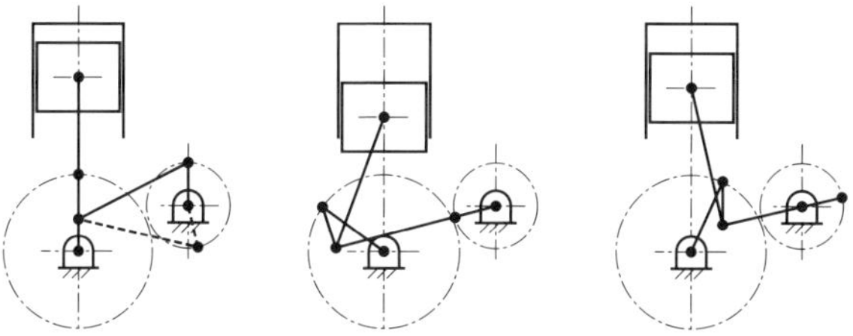

（a）上死点　（b）爆発行程の下死点　（c）圧縮行程の下死点

図 3.50 アトキンソンサイクルエンジン

ブが閉じるタイミングを遅らせ，吸気の一部を吸気管に戻すことによって同様の効果を実現している．バルブタイミングを用いる方法は**ミラーサイクルエンジン**（Miller cycle engine）とよばれている．圧縮行程を小さくすると，吸入できる空気量が減るため，効率はよいが低出力になるので，不足分のトルクをモータで補うことができるハイブリッドシステムには適している．

3.5 軌道生成機構

レールなどを用いないで，ある点が一定の軌道を描くように作られた機構がある．代表として，直線運動機構とだ円運動機構を取り上げる．

3.5.1 厳正直線運動機構

直線軌道を描く機構を，**直線運動機構**（straight line motion mechanism）という．**厳正直線運動機構**（exact straight line motion mechanism）は，正確な直線軌道を描くことができるが，構造は一般的に複雑になる．

(1) ポースリエの機構

図3.51は**ポースリエの機構**（Peaucellier's mechanism）である．同じ長さの単節a, b, c, dがひし形に組み合わされており，対向する二つの回り対偶点は同じ長さの単節e, fによって固定点Aにつながれ，回り対偶を構成している．また，節a, bの結合点Eはクランクrにつながっている．クランク軸の位置Bと固定点Aとの間隔はクランク半径rに等しい．原動節であるクランクrを回転させたとき，作用点Fは点Dを通る垂線の上を直線移動する．

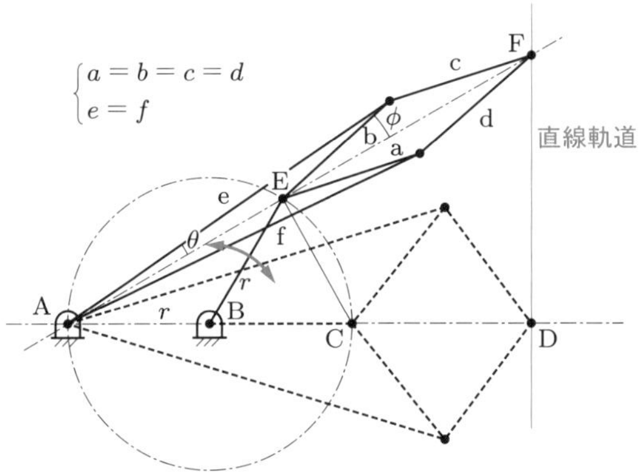

図3.51 ポースリエの機構

クランク先端がCの位置にあるときを基準位置とし，このとき作用点Fは点Dの位置にあるものとする．直線AEと節eのなす角をθ，節bのなす角をϕとする．ここで，三角形AECと三角形ADFを考える．図から次式が成り立つ．

$$\begin{cases} e\sin\theta = b\sin\phi \\ \overline{\mathrm{AE}} = e\cos\theta - b\cos\phi \\ \overline{\mathrm{AF}} = e\cos\theta + b\cos\phi \end{cases} \tag{3.45}$$

これより，次のようになる．

$$\overline{\mathrm{AE}}\cdot\overline{\mathrm{AF}} = e^2\cos^2\theta - b^2\cos^2\phi = e^2\cos^2\theta - b^2(1-\sin^2\phi) \tag{3.46}$$

ここで，式(3.45)より，

$$b^2\sin^2\phi = e^2\sin^2\theta \tag{3.47}$$

であるから，式(3.46)は次のように一定値になる．

$$\overline{\mathrm{AE}}\cdot\overline{\mathrm{AF}} = e^2 - b^2 \tag{3.48}$$

この関係は機構が動いても変わらない．したがって，次式が成り立つ．

$$\overline{\mathrm{AE}}\cdot\overline{\mathrm{AF}} = \overline{\mathrm{AC}}\cdot\overline{\mathrm{AD}}$$

$$\therefore\ \frac{\overline{\mathrm{AC}}}{\overline{\mathrm{AE}}} = \frac{\overline{\mathrm{AF}}}{\overline{\mathrm{AD}}} \tag{3.49}$$

三角形AECと三角形ADFは∠EACを共有し，式(3.49)より2辺が比例関係にあるので，三角形AECと三角形ADFは相似形である．ここで，三角形AECは斜辺ACを直径とする円に内接するので直角三角形である．したがって，三角形ADFも直角三角形になり，∠ADFはつねに直角になるので，作用点Fは基準線AD上の定点Dを通り，つねに基準線に対する垂線の上にある．すなわち，作用点Fは直線運動を行う．

(2) ハートの機構

図3.52は**ハートの機構**（Hart's mechanism）である．静止節aには距離rを隔てた二つの回り対偶点A，Bがある．点Bには原動節となる長さrの単節bがあり，その先端を点Cとする．点Aには複節cが取り付けられており，その両端点D，Eには単節dと複節eが取り付けられ，複節eには節bの先端点Cが結合されている．また，単節dと複節eの端点G，Fには単節fがつながっている．さらに，節の長さには次の関係がある．

$$c = f,\quad d = e \tag{3.50}$$

また，複節cとeには次の関係がある．

$$\frac{\overline{\mathrm{AD}}}{\overline{\mathrm{AE}}} = \frac{\overline{\mathrm{CF}}}{\overline{\mathrm{CE}}} = \varepsilon \tag{3.51}$$

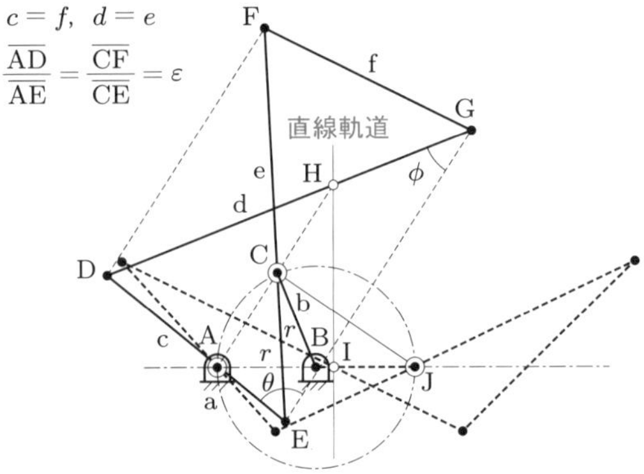

図 3.52　ハートの機構

したがって，三角形 AEC，DEF は相似形であり，直線 AC と DF は平行である．また，三角形 DEF と DGF は 3 辺の長さが等しいので合同であり，∠EDF と ∠GFD は等しい．したがって，四角形 DEGF は台形となる．これより，直線 AC，DF，EG は平行である．

直線 AC と節 d との交点を作用点 H とすると，直線 AC と EG が平行であることから三角形 ADH，EDG も相似形なので，$\overline{\mathrm{DH}}/\overline{\mathrm{HG}} = \varepsilon$ である．節 b の回転角が 0 すなわち点 C が基準位置 J にあるとき，直線 AC 上の作用点 H は基準線 AB 上の点 I にある．原動節 b を回転させたとき，作用点 H は点 I を通り，基準線に垂直な直線上を移動することを以下に説明する．

$\angle\mathrm{DEG} = \theta$，$\angle\mathrm{DGE} = \phi$ とする．台形 DEGF において，次式が成り立つ．

$$c \sin\theta = d \sin\phi \tag{3.52}$$

$$\overline{\mathrm{DF}} = d\cos\phi - c\cos\theta, \quad \overline{\mathrm{EG}} = d\cos\phi + c\cos\theta \tag{3.53}$$

相似三角形 AEC，DEF および式 (3.51) より，

$$\overline{\mathrm{AC}} = \frac{\overline{\mathrm{AE}}}{\overline{\mathrm{DE}}}\,\overline{\mathrm{DF}} = \frac{1}{1+\varepsilon}\,\overline{\mathrm{DF}} \tag{3.54}$$

である．同様に，相似三角形 ADH，EDG および式 (3.51) より，

$$\overline{\mathrm{AH}} = \frac{\varepsilon}{1+\varepsilon}\,\overline{\mathrm{EG}} \tag{3.55}$$

である．式 (3.53)〜(3.55) より，次のようになる．

$$\overline{\mathrm{AC}} \cdot \overline{\mathrm{AH}} = \frac{\varepsilon}{(1+\varepsilon)^2}(d^2\cos^2\phi - c^2\cos^2\theta) \tag{3.56}$$

また，式 (3.52) より，

$$c^2\sin^2\theta = d^2\sin^2\phi$$

$$\therefore\ d^2\cos^2\phi = d^2(1-\sin^2\phi) = d^2 - c^2\sin^2\theta \tag{3.57}$$

となる．式 (3.57) を式 (3.56) に代入すると，次式のように一定値になる．

$$\overline{\mathrm{AC}}\cdot\overline{\mathrm{AH}} = \frac{\varepsilon}{(1+\varepsilon)^2}\,(d^2 - c^2) \tag{3.58}$$

この関係は機構が動いても変わらない．したがって，次式が成り立つ．

$$\overline{\mathrm{AC}}\cdot\overline{\mathrm{AH}} = \overline{\mathrm{AJ}}\cdot\overline{\mathrm{AI}} \tag{3.59}$$

$$\therefore\ \frac{\overline{\mathrm{AC}}}{\overline{\mathrm{AJ}}} = \frac{\overline{\mathrm{AI}}}{\overline{\mathrm{AH}}} \tag{3.60}$$

これより，三角形 ACJ と三角形 AIH において，2 辺の比が等しくその間の角を共有しているので，この二つの三角形は相似形である．ここで，三角形 ACJ は斜辺 AJ を直径とする円に内接するので直角三角形である．よって，三角形 AIH も直角三角形になり，∠AIH はつねに直角である．したがって，作用点 H は基準線 AB 上の定点 I を通り，つねに基準線に対する垂線の上にある．すなわち，作用点 H は直線運動を行う．

(3)　スコット－ラッセルの機構

(1)，(2) の厳正直線運動機構はすべて回り対偶で構成された複雑なリンク機構であったが，すべり子を導入すると，もっと簡単な機構になる．ただし，一般に進み対偶は回り対偶より摩擦による抵抗が大きく，動作が重くなる．

図 3.53 は**スコット－ラッセルの機構**（Scott-Russell's mechanism）である．静止節 a には点 A に軸受が，点 B にすべり子 d の直線案内がある．点 A には単節 b があり，その先端点 C はすべり子 d と回り対偶を構成する複節 c の中点につながっている．節 c の長さは節 b の 2 倍である．すべり子を左右に動かすと，節 c 先端の作用点 D は基準線 AB に垂直な直線の上を移動する．

線分 AC，BC，CD の長さが等しいことから，三角形 ABD は辺 BD を斜辺とする直角三角形である．つまり，∠BAD はつねに直角であるので，点 D は固定点 A を通り基準線 AB の垂線上にあることになる．

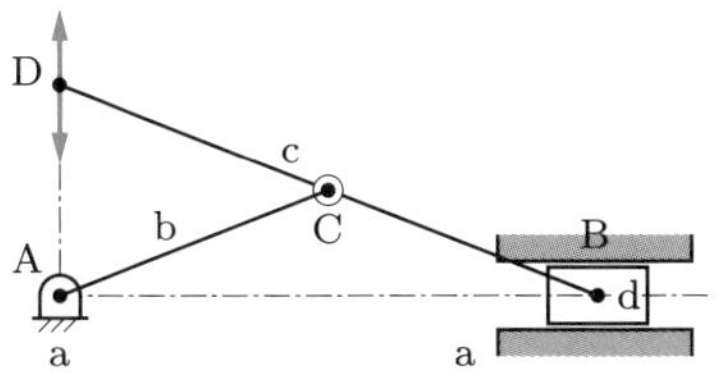

図 3.53　スコット－ラッセルの機構

3.5.2　近似直線運動機構

短い距離でほぼ直線運動であればよいという用途は多くある．簡単な構造で近似直線運動ができる種々のリンク機構が考案されている．正確さを必要としない場合は構造が簡単な**近似直線運動機構**（approximate straight line motion mechanism）が用いられる．

(1)　グラスホッパーの機構

図 3.54 は**グラスホッパー機構**（grasshopper mechanism）である．スコット－ラッセルの機構のすべり子 d を長い単節 d に置き換えたもので，構造が簡単である．節 d が長いほど，点 D の軌道は直線に近くなる．

(2)　ワットの機構 1

図 3.55 は**ワットの機構**（Watt's mechanism）である．静止節 a には二つの回り対偶点 A，D があり，単節 b，d が平行に配置されている．端点 B，C を単節 c がつないでいる．点 B，C 間の作用点 E の位置は，次式を満たすように定める．

$$\frac{\overline{\mathrm{BE}}}{\overline{\mathrm{CE}}}=\frac{d}{b} \tag{3.61}$$

作用点 E の軌跡は変形 8 の字形になり，その一部を使用すれば近似直線運動になる．

(3)　ワットの機構 2

図 3.56 はもう一つのワットの機構である．静止節 a には二つの回り対偶点 A，D があり，そこに単節 b，d が取り付けられている．その先端点 B，C を単節 c がつないでいる．単節 c の延長上には作用点 E がある．節 b，d の長さと作用点の位置には，次に示す関係がある．

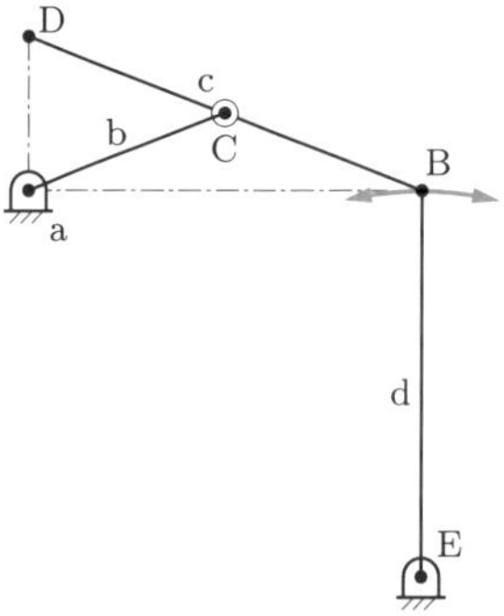

図 3.54　グラスホッパー機構

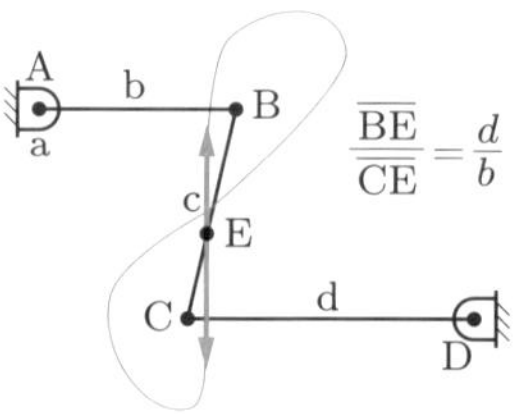

図 3.55　ワットの機構 1

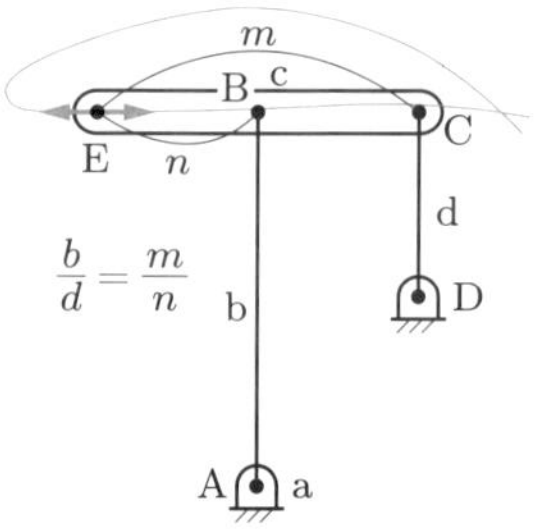

図 3.56　ワットの機構 2

$$\frac{b}{d} = \frac{m}{n} \tag{3.62}$$

作用点 E の軌跡はほぼ直線になる．

(4) チェビシェフの機構

図 3.57 は**チェビシェフの機構**（Chebyshev's mechanism）である．静止節 a には二つの回り対偶点 A，D があり，そこに単節 b，d が取り付けられている．その先端点 B，C を単節 c がつないでいる．単節 c の中点には作用点 E がある．各節の長さには，次に示す関係がある．

$$b = d = \frac{5}{4}a, \quad c = \frac{a}{2} \tag{3.63}$$

作用点 E の軌跡は，下が平らなだ円形であるので，その部分のみを使用すればよい．

(5) ロバートの機構

図 3.58 は**ロバートの機構**（Rovert's mechanism）である．静止節 a には二つの回り対偶点 A，D があり，それぞれ単節 b，d が取り付けられている．その先端点 B，C は単節 c が取り付けられている．単節 c の中央部は下に伸びていて，そこに作用点 E がある．節 b，d の長さは等しい．節 b，d が揺動したとき，作用点はほぼ直線運動をする．

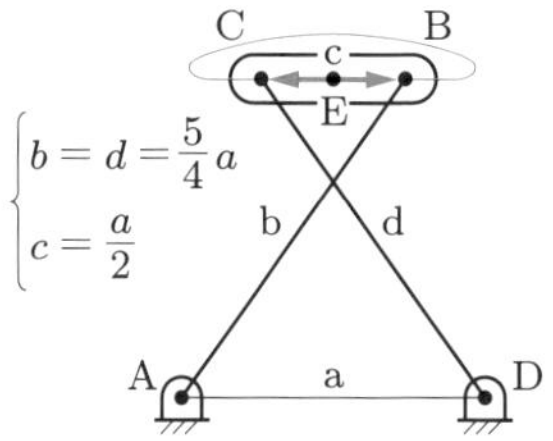

図 3.57 チェビシェフの機構

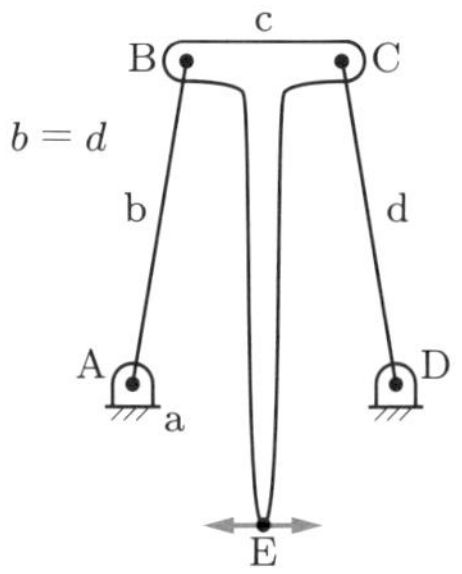

図 3.58 ロバートの機構

3.5.3 だ円運動機構

3.3.4 項の (2) で，**だ円運動機構**（oval line motion mechanism）の一つであるだ円コンパスを紹介した．しかし，だ円運動軌跡を生成する機構はほかにも考えられる．

図 3.59 は図 3.53 に示したスコット－ラッセルの機構の向きを変えたもので，さらに節 c の軸線の上で作用点 P の位置を変えたものである．

静止節 a には回り対偶点 O とすべり対偶 A があり，すべり子 d がある．節 a の回

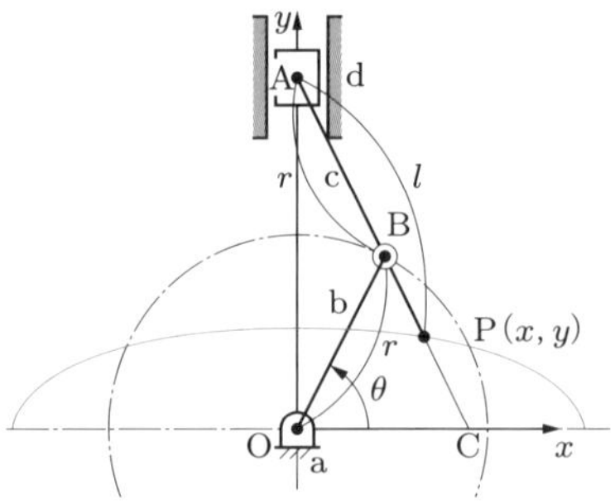

図 3.59 だ円軌道生成

り対偶点には単節 b が，すべり子 d の回り対偶点には複節 c が取り付けられていて，節 b の端点と節 c 上の回り対偶点 B とはつながれている．また，線分 OB と線分 AB の長さは等しいが，線分 BP は短くなっている．節 b を回転させると，作用点 P はだ円軌道を描く．

節 b の長さを r，節 c の長さを l とする．図 3.59 に示すように，点 O を原点とする $P(x, y)$ の座標は次のようになる．

$$\begin{cases} x = l\cos\theta \\ y = (2r - l)\sin\theta \end{cases} \tag{3.64}$$

x と y の二乗和をとると，

$$\frac{x^2}{l^2} + \frac{y^2}{(2r-l)^2} = 1 \tag{3.65}$$

となり，だ円の式になる．

図 3.60 の a〜g は作用点 P の位置を A〜G に変えたときの軌道を示す．点 P が C の位置にあれば軌道は円になり，点 E の位置にあれば軌道は直線になる．

図 3.61 は，クローラ式移動ロボットにだ円運動機構を適用した例である．ベルトの長さが一定であることから，関節アームで支えられている移動車輪の移動軌跡はだ円

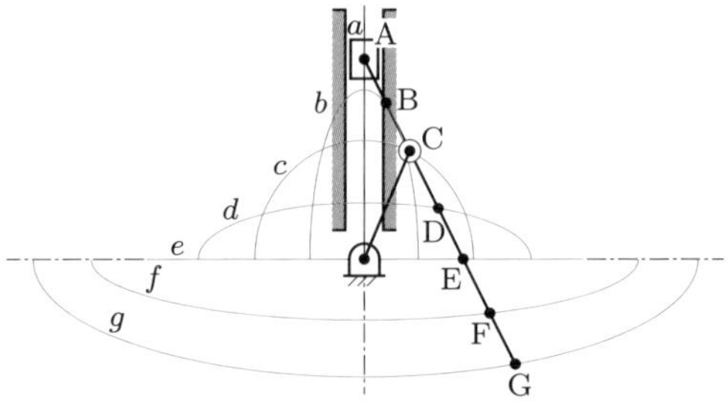

図 3.60 生成されただ円軌道

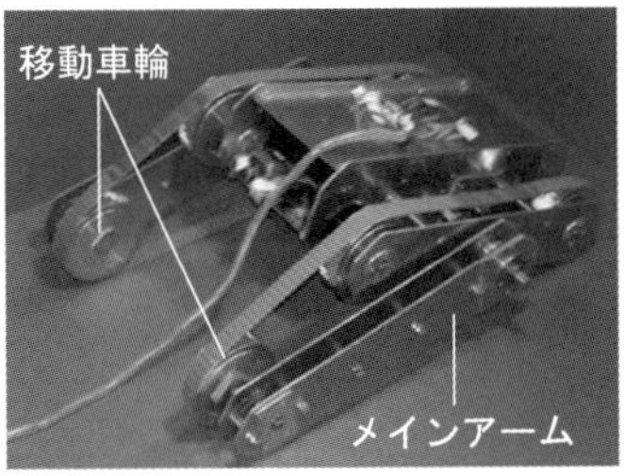

図 3.61 ロボットへの適用例

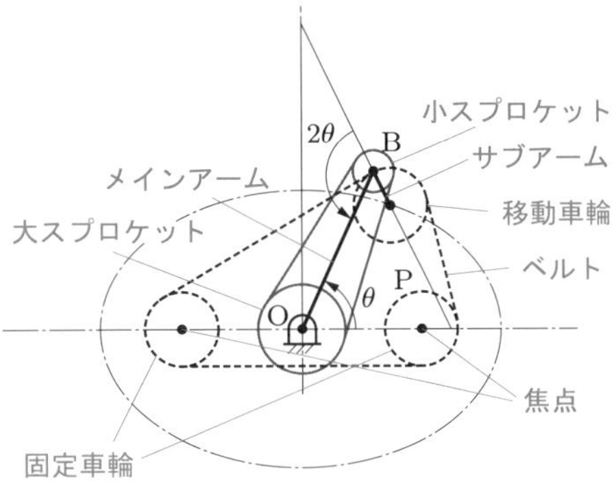

図 3.62 角度によるだ円制御

になる．車輪を支えているアームは，図 3.62 に示すようにメインアームとサブアームで構成され，車輪はサブアームの先端点 P にある．メインアームの回転角を θ とすると，メインアームに対するサブアームの回転角は 2θ となる．この角度の関係を 2 対 1 の角速度比をもつチェーン機構（4.2.1 項参照）で達成している．大スプロケットは車体に固定されており，半分のピッチ円をもつ小スプロケットは点 B でサブアームに固定されている．メインアームを回転させると，チェーンによって小スプロケットが倍の角度回転する．これにより，車輪がだ円軌道上を移動し，ベルトが緩むことはない．

例題 3.5 図 3.63 に示す機構は，ロボットの脚先に使われる機構で，原動節 b の回転に伴って作用点 E は近似直線運動を行う．この機構がチェビシェフの近似直線運動機構と等価であることを示せ．ただし，各節の長さの比率は図に示すとおりである．

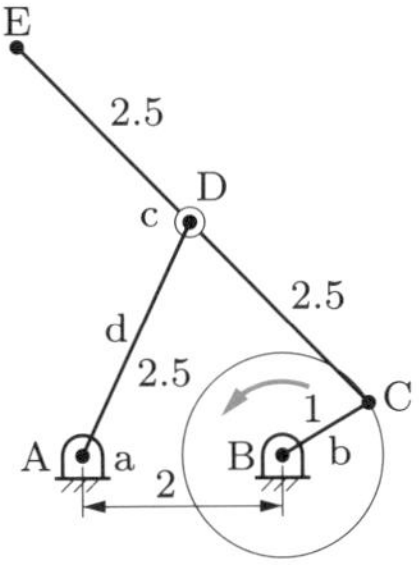

図 3.63

解答

図 3.64 (a) に示すように，点 B，D を結ぶ線分の延長上に点 G をとり，長さ DG が BD と等しくなるようにする．三角形 BDC と三角形 GDE は 2 辺の長さと挟角が等しいので

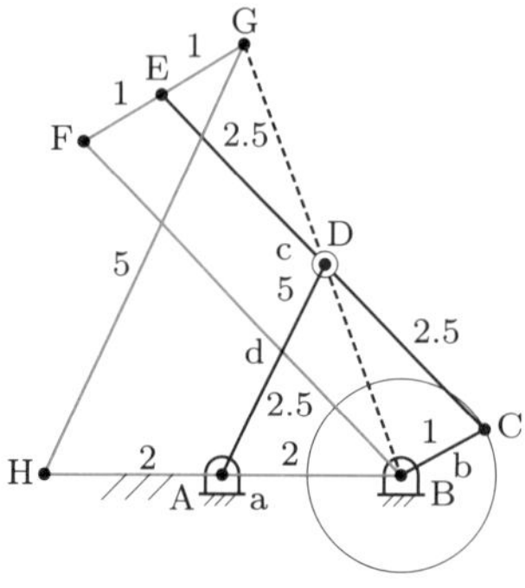

（a）動作原理

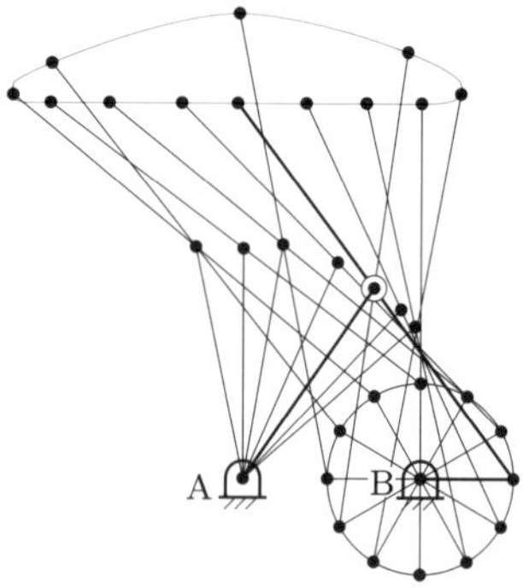

（b）連鎖の運動

図 3.64

合同である．したがって，∠DBC＝∠DGE で，線分 BC，EG は長さが 1 に等しく平行である．線分 GE を延長して，点 F が長さ EG＝EF になるようにとる．線分 BC，EF は平行で長さが 1 に等しい．したがって，四角形 BCEF は平行四辺形であり，線分 BF，EC は等しく 5 になる．ここで，線分 BA の延長上に点 H をとり，AB＝AH とする．また，点 G，H を直線で結ぶ．三角形 BGH において点 D は線分 BG の中点であり，点 A は線分 BH の中点であるから，線分 GH は線分 AD と平行で長さは 2 倍，すなわち 5 となる．よって，図形 BHGF は底辺の長さが 4，左右両辺の長さが 5，上辺が 2 で点 E は上辺の中点である．したがって，図形 BHGF はチェビシェフの機構の関係を満たしており，点 E は近似直線軌道を描く．連鎖の運動を図 (b) に示す．

3.6 立体連鎖機構

3.6.1 球面機構

(1) 十字継手

球面機構の例として，図 3.65 に十字継手を示す．自在継手ともよばれ，斜めに交わる 2 軸の間に回転を伝える代表的な機構である．2 組の回転軸の先に取り付けられた U 字形金具を，十字形軸が回転できるように結合している．U 字形金具を半分にしてその先端をつないだものをフック継手とよび，十字継手と動作原理は同じである．

図 3.66 により回転伝達の原理を説明する．入力軸と出力軸は点 O において角度 α で交差している．入力軸 b の端点 A と出力軸 d の端点 C は，単節 c でつながれている．節 c は点 A において直線 AO の周りに回転できる．同様に，節 c は点 C において節 d に対して回転できる．いま，原動節 b が角度 θ だけ回転したとする．点 C は点 A から 90° 回転した点 B を直線 AO 周りに回転したところにある．ここで，入力

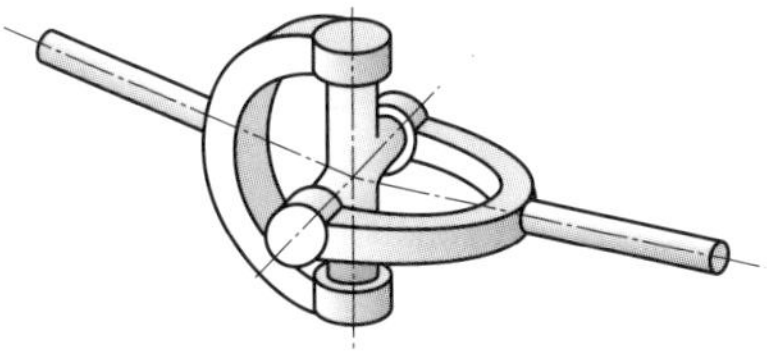

図 3.65 十字継手

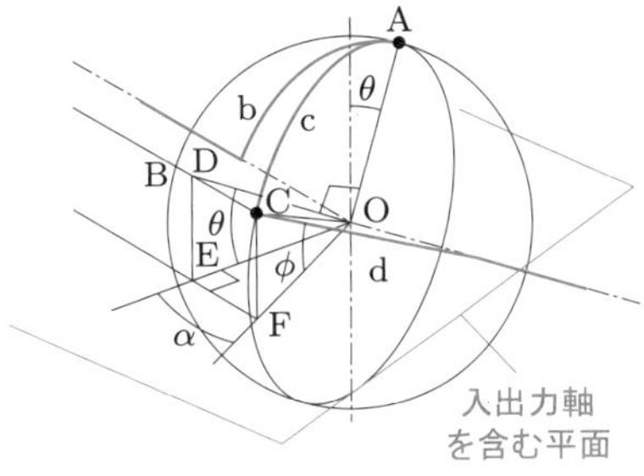

図 3.66 十字継手の回転伝達

軸と出力軸を含む平面を考える．その面内で点 O を通り入力軸に垂直な直線 OE と，出力軸に垂直な直線 OF の角度は α である．点 C から直線 OF への垂線の足 F を通り入力軸に平行な補助線を引く．この補助線と 2 軸を含む平面内で入力軸に垂直な補助線との交点を E とする．点 E を通り 2 軸を含む平面に垂直な直線と半径線 OB との交点を D とする．

∠BOE は入力軸 b の角度 θ となる．一方，∠COF は出力軸 d の回転角度 ϕ である．図より，次の関係式が得られる．

$$\overline{\mathrm{CF}} = \overline{\mathrm{OF}} \tan\phi, \quad \overline{\mathrm{OE}} = \overline{\mathrm{OF}} \cos\alpha, \quad \overline{\mathrm{DE}} = \overline{\mathrm{OE}} \tan\theta$$

ここで，$\overline{\mathrm{DE}} = \overline{\mathrm{CF}}$ であるから，上式を用いて

$$\overline{\mathrm{OE}} \tan\theta = \overline{\mathrm{OF}} \tan\phi = \frac{\overline{\mathrm{OE}}}{\cos\alpha} \tan\phi$$

となる．これより，次の関係式が得られる．

$$\tan\phi = \cos\alpha \tan\theta \tag{3.66}$$

これを時間で微分すると，

$$\sec^2\phi \frac{d\phi}{dt} = \cos\alpha \sec^2\theta \frac{d\theta}{dt}$$

となり，ここで

$$\omega_\mathrm{b} = \frac{d\theta}{dt}, \quad \omega_\mathrm{d} = \frac{d\phi}{dt} \tag{3.67}$$

とすると，次式のように角速度比が得られる．

$$\frac{\omega_\mathrm{d}}{\omega_\mathrm{b}} = \cos\alpha \frac{\sec^2\theta}{\sec^2\phi} = \cos\alpha \frac{\sec^2\theta}{1 + \tan^2\phi}$$

式 (3.66) を代入して ϕ を消去する．

$$\frac{\omega_\mathrm{d}}{\omega_\mathrm{b}} = \frac{\cos\alpha}{\cos^2\theta\left\{1 + \left(\dfrac{\sin\theta\cos\alpha}{\cos\theta}\right)^2\right\}} = \frac{\cos\alpha}{\cos^2\theta + \sin^2\theta\cos^2\alpha}$$

$$= \frac{\cos\alpha}{1-\sin^2\theta\sin^2\alpha} = \frac{2\cos\alpha}{2+\sin^2\alpha(\cos 2\theta - 1)} \tag{3.68}$$

式 (3.68) より，入力速度 ω_b が一定でも，出力速度 ω_d は入力軸の 2 倍の角速度で変動し，交差角 α が大きいほど振動が激しくなることがわかる．図 3.67 は軸の交差角 $\alpha = 15°$ の場合の角速度比の変化を表したものである．十字継手は動力軸の継手としてよく使われているが，2 軸の交差角が大きくなると，入力軸の回転速度が一定でも出力軸の回転速度は周期的変動を生じ不都合である．これを解消する方法は，図 3.68 に示すように二つの十字継手を使い，図 (a) のように両端の軸が同一面内で平行になるようにするか，図 (b) のように反対方向に同じ角度になるようにすればよい．ただし，中間軸の継手の取り付け方向を一致させなければならない．しかし，このようにしても，中間軸の振動は残る．

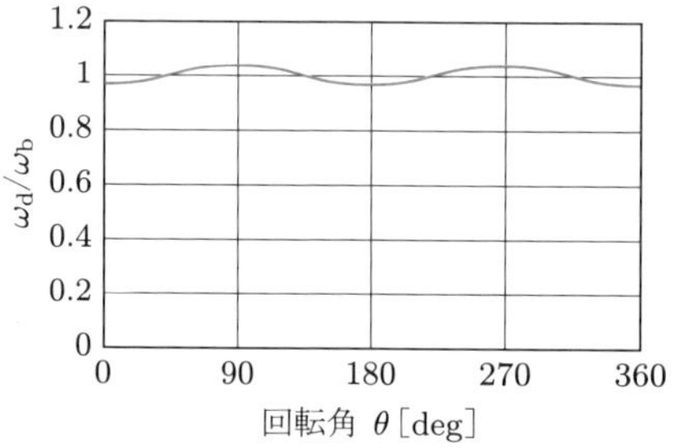

図 3.67　十字継手の振動

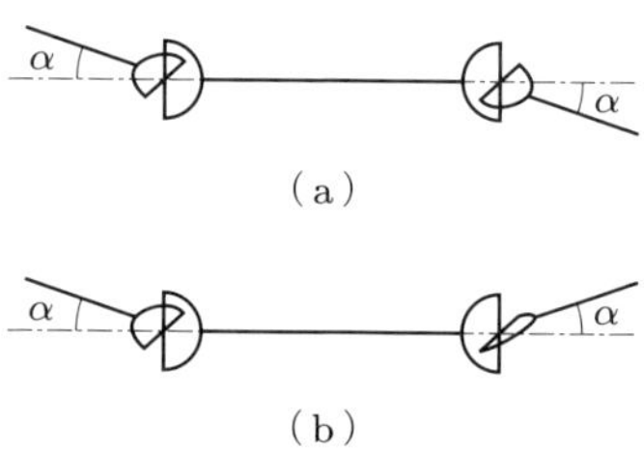

図 3.68　振動の防止対策

(2)　等速ジョイント

前述したように，十字継手には不等速性があり，軸の交差角が大きくなると不等速性の影響は避けられない．自動車では，エンジンから後車軸に回転を伝えるプロペラシャフトでは交差角が小さいため，十字継手が用いられる．しかし，デフから車輪に回転を伝えるドライブシャフト，特にステアリング機能をもつ前輪は角度の変化が大きく，十字継手の適用には問題があった．このため等速性をもつ継手がいくつか考案された．この等速ジョイントの発展は，車体の前部にあるエンジンから前輪に回転力を伝えることを可能とし，FF 方式（front engine-front drive）の発展に大きな功績があった．現在では多くの乗用車が駆動系がコンパクトな FF 方式を採用し，広い居住空間を得ている．

等速ジョイントはダブルカルダン型，ツェッパ型，トリポード型，クロスグルーブ型，ダブルオフセット型などいくつかの方式があるが，大きく分けて軸の交差位置が動かない固定式と，スライドして軸の長さが調整できる摺動式の 2 種類がある．一般

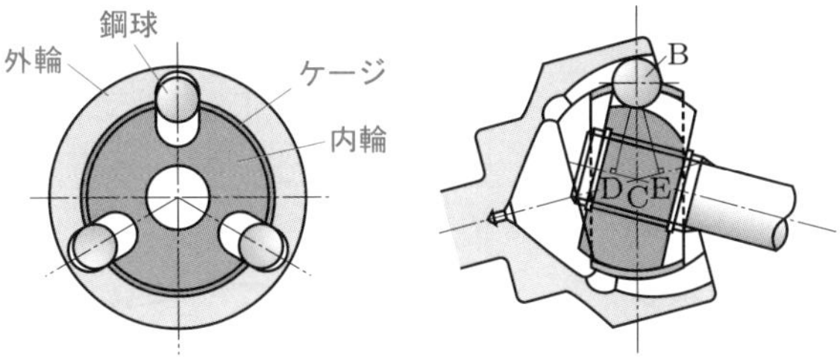

（a）構造

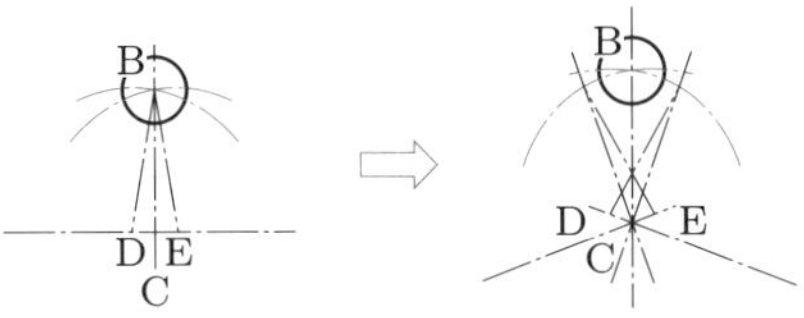

（b）鋼球の位置

図 3.69 ツェッパ型等速ジョイント

には，固定式と摺動式を組み合わせて用いる．

図 3.69 は固定式のツェッパ型等速ジョイントである．図 (a) に示すように，内輪と外輪に刻まれた溝の中に鋼球が入り，鋼球を介して内輪と外輪の間に回転を伝える．内輪と外輪の間には球面シェル状のケージが挟まれているため，内輪と外輪は球面の中心である点 C を中心に回転することができるが，軸方向には変位が拘束される．三つの鋼球はケージの穴の中に入っていて，つねに点 C を含む平面内にある．また，ケージに対しては，径方向に微小な変位ができる．内輪の溝は回転軸中心を含む平面内で点 C から少し離れた点 D を中心とした円弧になっているので，鋼球の中心は点 D を中心として半径 BD の円弧軌道上に案内される．一方，外輪は CD の長さに等しく反対方向に位置する点 E を中心にした円弧になっているので，鋼球の中心は点 E を中心に半径 BE の円弧軌道上に案内される．二つの円弧軌道は 1 点で交わり，交点より図の左側は溝の体幅が狭くて行くことはできないが，右側は上下に溝幅の余裕がある．しかし，前述したように，3 個の鋼球の配置は点 C を中心とした平面内にあるので，結果として鋼球は二つの円弧軌道の交点の位置に留まることになる．

いま，図 (b) のように二つの軸の交差角が変化したとする．左右対称であるから円弧軌道の位置は同じようにずれ，円弧軌道の交点の位置は上方にわずかに変位するが，対称性は変わらない．したがって，鋼球の中心から各回転軸までの垂直距離は等しい．三つの鋼球の位置の関係は，溝の円弧軌道が同一球面上にあることにより理解できる．以上の結果，二つの回転軸は鋼球を含む平面に対してつねに対称であり，等速性が確保される．

図 3.70 は摺動式のトリポード型等速ジョイントである．原理はツェッパ型と同様で

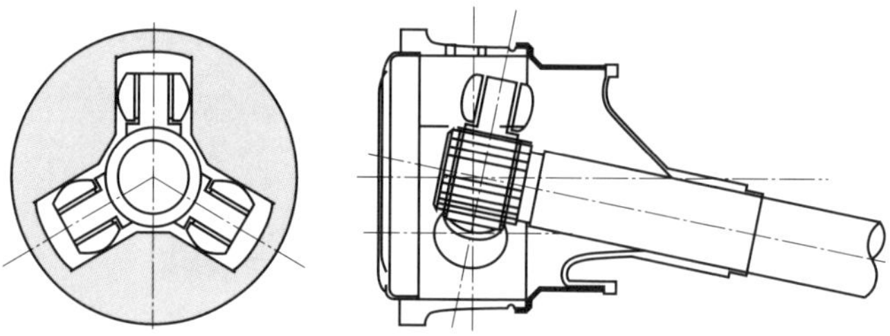

図 3.70　トリポード型等速ジョイント

あるが，外輪の溝が直線状になっており，回転軸の交点の位置が外力により移動できる点が異なる．

演習問題

3.1　死点あるいは思案点について，原動節，従動節の概念を使って説明せよ．また，そこから脱出する方法をすべて挙げよ．

3.2　問図 3.1 に示す平行リンク機構の角度 α を 0°〜180° まで増加するとき，対辺が平行にならない場合の節の位置を図示せよ．また，静止節に対するその節の角度を実測し，解析結果と照合せよ．

3.3　問図 3.2 は簡易ドラフタ（製図機）の機構を示す．次の問いに答えよ．

(1) 瞬間中心の数を求めよ．

(2) 運動の自由度を求めよ．

(3) この連鎖は，固定連鎖，限定連鎖，不限定連鎖のどれに該当するか．

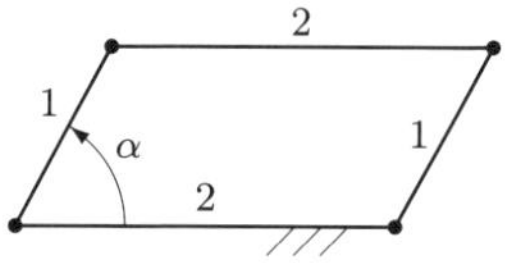

問図 3.1

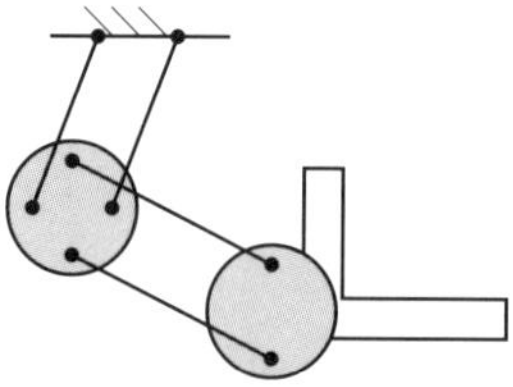

問図 3.2

3.4　問図 3.3 に示す平面連鎖はロボットの脚に使われている．次の問いに答えよ．

(1) 運動の自由度を求めよ．ただし，進み対偶も対偶の一つとして計算すること．

(2) 瞬間中心の数を求めよ．

(3) この連鎖は，固定連鎖，限定連鎖，不限定連鎖のどれに該当するか．

3.5　問図 3.4 に示すパンタグラフ機構について，次の問いに答えよ．

(1) 図中のリンクの長さ l はいくらにすべきか．

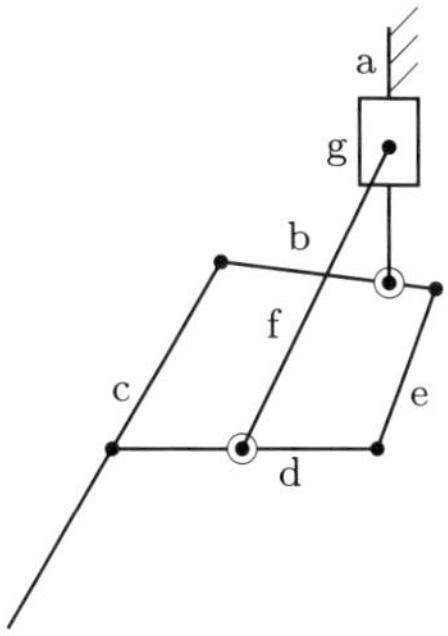

問図 3.3

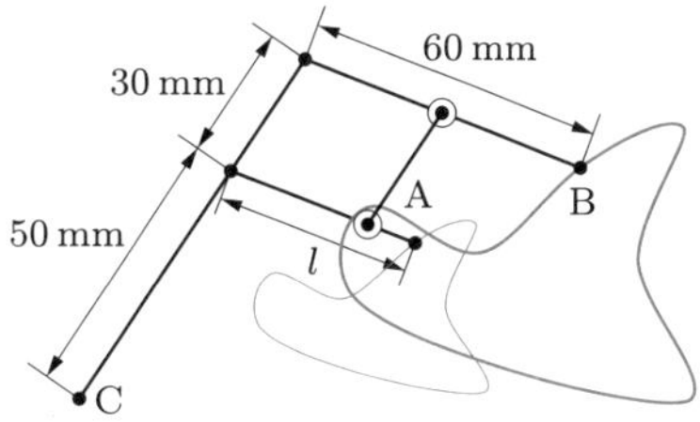

問図 3.4

(2) 点 C を静止点とし，点 A を追跡点，点 B を描点としたとき，描点が描く図の拡大率を求めよ．また，点 B を追跡点，点 A を描点としたときの拡大率を求めよ．

(3) この機構の運動の自由度を求めよ．

(4) この機構の瞬間中心の数を求めよ．

3.6 問図 3.5 に示すリンク機構について，次の問いに答えよ．ただし，各節において隣接する回り対偶の中心間距離は同一とする．

(1) この機構の名称を答えよ．

(2) 運動の自由度を求めよ．

(3) 瞬間中心の数を求めよ．

(4) 節 b，c を仲介節として節 a，d の瞬間中心 O_{ad} を求め，矢印で方向を図示せよ（平行で交点が得られない場合は方向のみが定まる）．

(5) 同じく，節 d，e を仲介節として，節 c，f の瞬間中心 O_{cf} を図示せよ．

(6) 上記の結果を利用し，節 d，c を仲介節として，節 a，f の瞬間中心 O_{af} を求めよ．

(7) O_{af} が定点であることを示せ．

3.7 問図 3.6 において，回転角 $\theta = 30°$ の位置における瞬間中心の位置をすべて図示せよ．

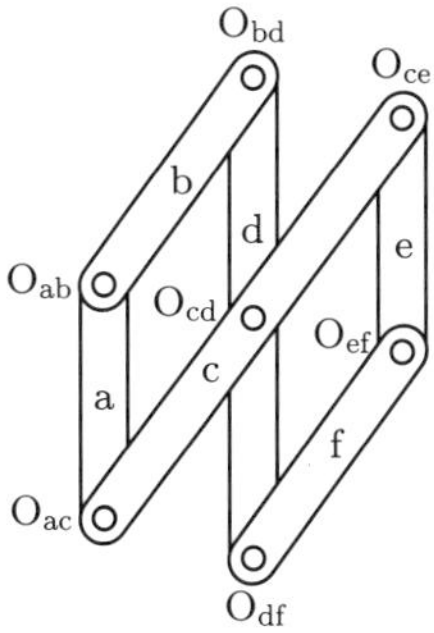

問図 3.5

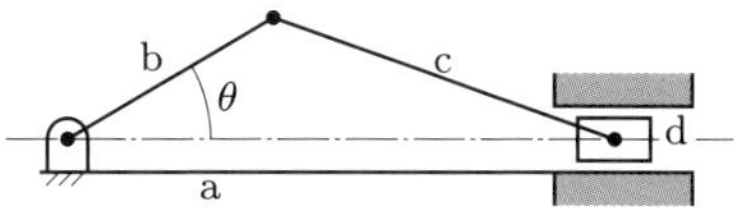

問図 3.6

3.8　問図 3.7 に示す燃料ポンプにおいて，原動節 b が一定の角速度 ω で反時計方向に回転している．次の問いに答えよ．

(1) 長さ L を θ の関数として求めよ．

(2) L の変化速度よりピストンの速度を求めよ．

(3) $A = 2R$ とした場合，ピストンが右に傾く時間と左に傾く時間の比を求めよ．

3.9　問図 3.8 において，節 b の長さが 50 mm，回転速度が 300 rpm のとき，$\theta = 60°$ の位置における節 d の変位 x，速度 $\dot{x}$，加速度 $\ddot{x}$ を求めよ．

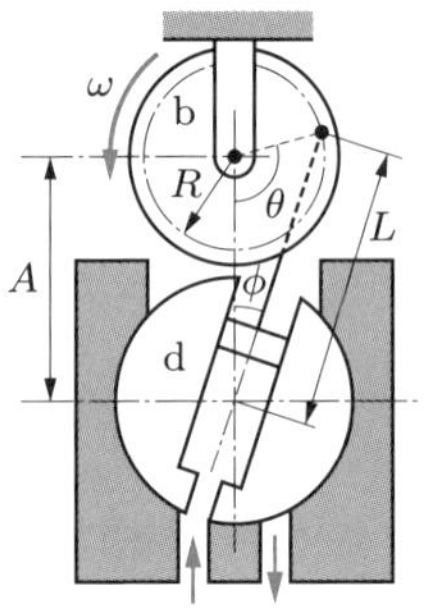

問図 3.7

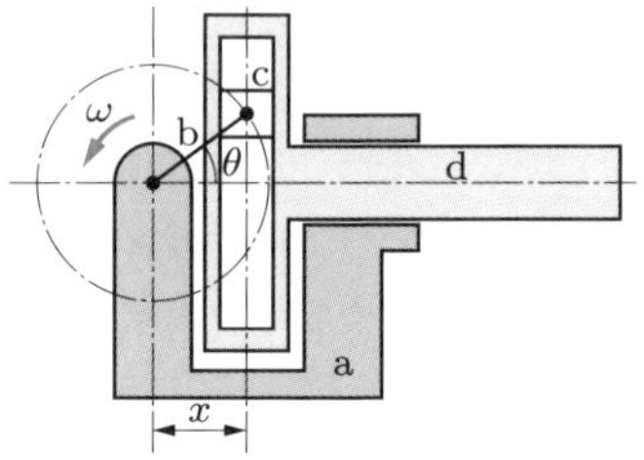

問図 3.8

3.10　問図 3.9 に示す 4 節連鎖機構について，次の問いに答えよ．

(1) この機構の名称を答えよ．

(2) この機構は回り対偶と進み対偶が交互に連なった 4 節連鎖機構である（a は静止節）．瞬間中心の数を求めよ．

(3) すべての瞬間中心の位置を図示せよ．なお，すべり子の場合は位置ではなく，方向を矢印で示せ．

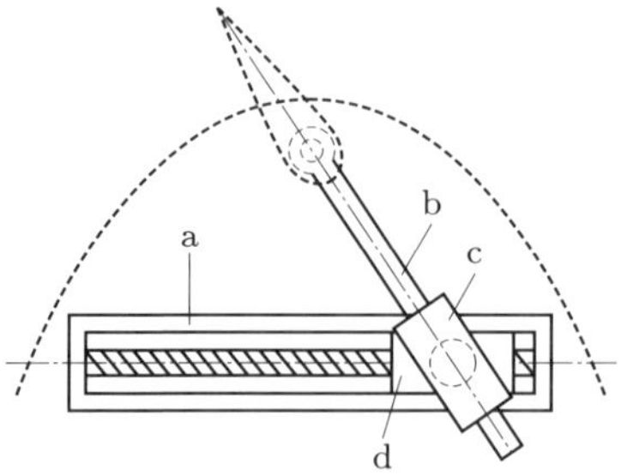

問図 3.9

3.11　図 3.47 に示した集電装置について，運動の自由度を計算し，上下運動しか許容しないことを確認せよ．

3.12 問図 3.10 に示す平面連鎖機構について，次の問いに答えよ．ただし，節 a〜f は同じ長さ r で，節 g は節 h と同じ長さである．また，節 a は静止節で，節 b は原動節である．

(1) この機構固有の名称を答えよ．

(2) 運動の自由度を求めよ．

(3) 瞬間中心の数を求めよ．

(4) 長さ n を，長さ m と節 b の角度 θ の関数として求めよ．

(5) $m = 90\,\mathrm{mm}$，$\theta = 60°$ とするとき，長さ n を求めよ．

3.13 問図 3.11 に示す直線運動平面連鎖機構について，次の問いに答えよ．ただし，節 b は節 c の半分の長さで，節 c の中点に回り対偶で結合されており，節 d を原動節，節 c の自由端を作用点とする．

(1) この機構固有の名称を答えよ．

(2) 図に示す xy 座標系で，原点 O からの節 d の変位を x，作用点の変位を y とする．節 c の長さを l として，y を x の関数として表せ．

(3) x と y の関係式を時間で微分し，作用点の速度 $\dot{y}$ を原動節の変位 x と速度 $\dot{x}$ で表せ．

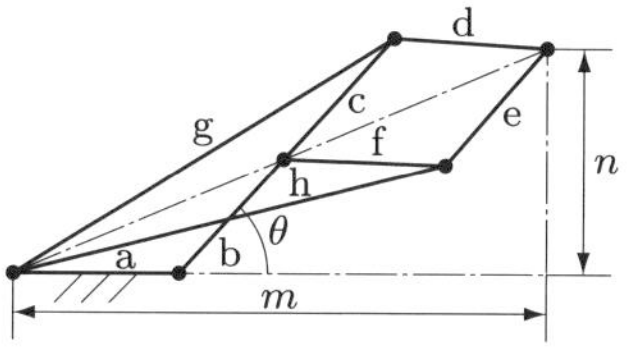

問図 3.10

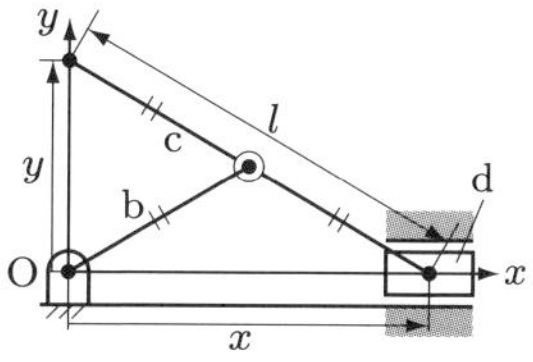

問図 3.11

3.14 問図 3.12 に示す近似直線機構について，次の問いに答えよ．

(1) この機構の名称を答えよ．また，点 P は静止節 a に対してどのような運動をするか．

(2) $e = 20\,\mathrm{cm}$，$f = 30\,\mathrm{cm}$，$m + n = 15\,\mathrm{cm}$ としたとき，m の値を求めよ．

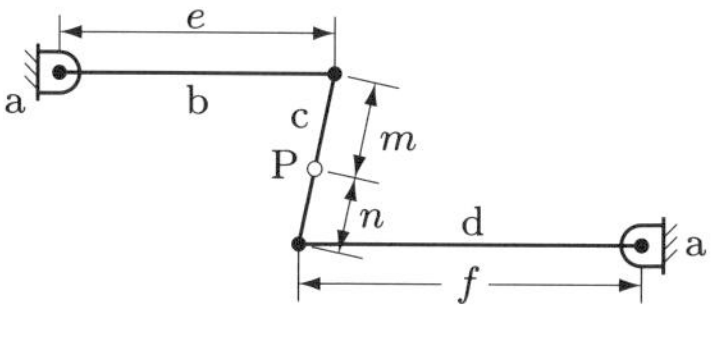

問図 3.12

3.15 長径と短径の比が 2 : 1 となるだ円軌道を生成する機構を設計せよ．

3.16 問図 3.13 (a) はスターリングエンジンに使われるロンビック機構である．構造は左右対称で，左右のクランク軸は平歯車によって逆方向に回転する．したがって，図 (b) のように左半面のみを考えればよい．次の問いに答えよ．

(1) パワーピストンとディスプレーサの死点の位置を図示せよ．

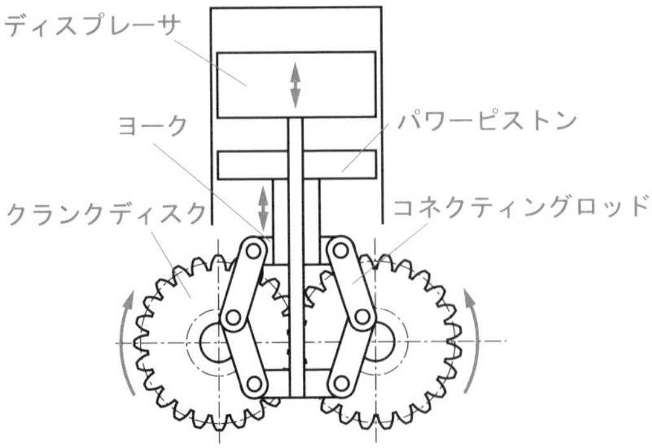

（a）ロンビック機構

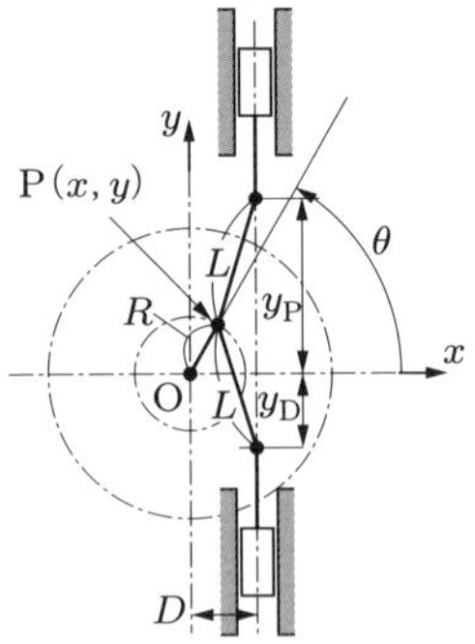

（b）動作の解析

問図 3.13

(2) パワーピストンのストローク S_p を求めよ．ただし，クランク軸とピストン軸の距離を D，コネクティングロッドの長さを L，クランク半径を R とする．

(3) パワーピストンとディスプレーサの上下変位 y_P，y_D を，クランク角 θ の関数として求めよ．

4章 巻き掛け伝動機構

巻き掛け伝動とは，ベルトをベルト車に巻き掛けて，ベルトの張力を使って回転力を伝達する機構で，離れた場所に回転を伝えることができ，一般に構造が簡単なので，昔からよく使われる．ベルトは大別して，可とう性ベルトと，組立式ベルトがある．可とう性ベルトは，ゴム引き布のように柔軟性があって曲がりやすく，かつ力のかかる長手方向には伸びないように強化繊維で補強されているものである．力はベルトとベルト車の摩擦により伝えられるので，伝達力には限界があり，回転位置も徐々にずれるが，最近は歯をつけてすべりやずれを解消した歯付きベルトがよく使われる．

一方，組立式ベルトは，チェーンのように多数のコマをピンで結合したもので，それに適合した車であるスプロケットに巻き掛けて回転力を伝えるものである．自転車のほか，強い力の伝達を必要とする箇所によく使われる．組立式ベルトを使った無段変速機は燃費の改善に効果があり，最近の自動車にはよく使われる．

本章では，まず，基本となる平ベルトに関して基本的な特性や解析方法を学ぶ．次に，組立式ベルトについて，その構造と平ベルトとの計算方法の違いを学ぶ．最後に，ベルト式無段変速機について学習する．

4.1 可とう性ベルト

4.1.1 平ベルト

平ベルト（flat transmission belt）は，ゴム引き布などを用いた可とう性ベルトと円筒形のベルト車を用いた伝動機構である．昔はモータが高価であったため，図 4.1

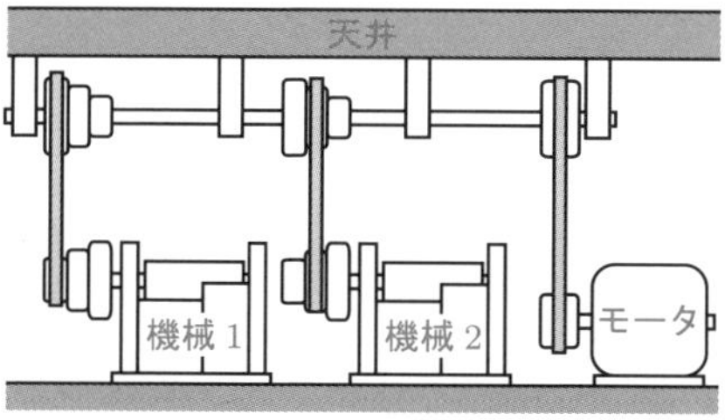

図 4.1　平ベルトによる駆動

に示すように，工場の天井に回転軸を置き，これを地上に置かれた大型のモータから平ベルトで駆動する方法が一般的であった．各機械はこの駆動軸から平ベルトで駆動されるので，一台のモータで多数の機械を駆動することができる．各機械は手動クラッチを備えていて，必要に応じて機械を止めることができる．

(1)　ベルトの掛け方

平ベルトのベルト車への掛け方を，図 4.2 に示す．図 (a) のオープンベルトは，駆動輪と従動輪が同一方向に回転する一般的な掛け方である．一方，図 (b) のクロスベルトは，平ベルト特有の掛け方で回転方向が逆向きである．このように，平ベルトは正転と逆転をベルトの掛け方で選択でき，また，ベルト車の構造が簡単であることが利点である．駆動輪によって巻き取られるベルトを張り側，巻き戻されるベルトを緩み側といい，駆動力はおもに張り側のベルト張力により伝えられる．

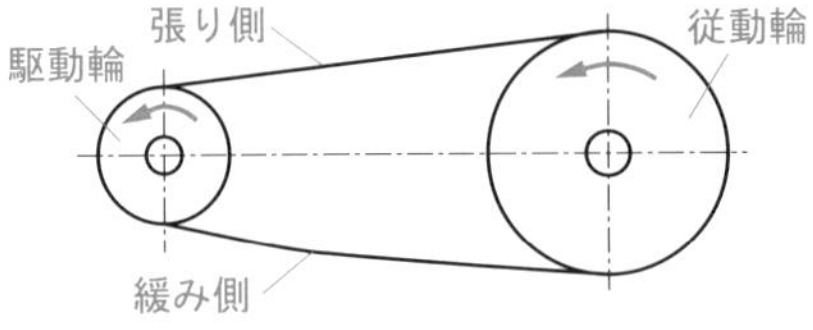

（a）オープンベルト

（c）ベルトの軸が平行でない場合

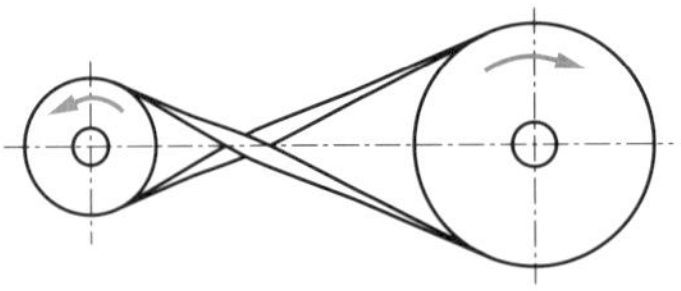
（b）クロスベルト

図 4.2　平ベルトの掛け方

ベルト車の軸が平行でない場合でも，図 (c) に示すように，ベルト車の接線の方向からベルトが巻き込まれるように配置すると，ベルトが外れない．このように，平ベルトは使い方がフレキシブルであり，よく使われている．

(2)　ベルト車の構造

ベルトがベルト車から外れないようにするには，図 4.3 (a) に示すように，ベルト車の縁を立てる（フランジ）ことが考えられるが，ベルトの縁がフランジとの摩擦により傷むことがある．別の方法として，図 (b) に示すように，ベルト車の中央を外周より高くする（中高）方法がある．ベルトが一方に偏った状態ではベルトは内向きに掛

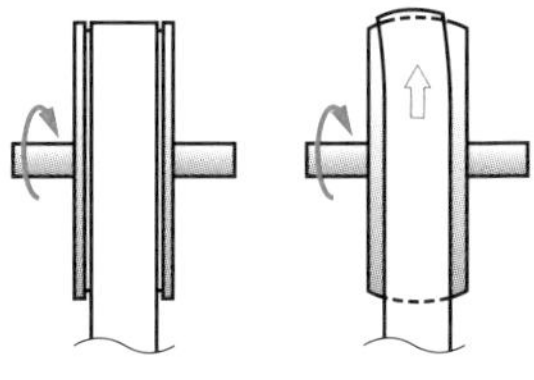

図 4.3 平ベルト車の構造

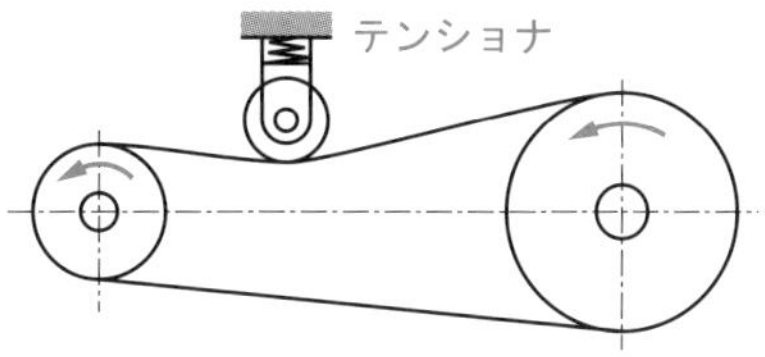

図 4.4 テンショナ

かるので，ベルト車が回転すると，ベルトは中心に寄り，外れることがない．また，フランジ等の邪魔になるものがないので，掛け替えが容易であり，よく用いられる構造である．

ベルトの緩みをなくすには，図 4.4 に示すように，ばねでベルト車を押し付けるテンショナを用いるとよい．ベルト張力を調整でき，ベルト車の巻き掛け角を増加して確実に伝動できるようにする効果がある．

巻き掛け寸法の基準となるベルト車のピッチ円は，巻き掛けられたベルトの厚みの中心を通る円である．

4.1.2 V ベルト

V ベルト（V-belt）は，図 4.5 に示すように断面が V 字形のベルトである．ゴムの本体の外側には強化布があってゴムが伸びるのを防いでいる．V ベルトは V 溝の付いたベルト車に巻き掛けて使用する．V ベルトは見かけの摩擦力が大きく，そのため伝達力が大きいことが特徴であり，複数の V ベルトを並列に結合したものもある．

V ベルトに作用する力を図 4.6 に示す．F_t はベルトに作用する引張力，F_r は V ベルト車の接触面が V ベルトを押す反力である．対称性から左右の力はつり合うので，上下方向の力のつり合いを求める．溝の半頂角を δ，接触面の摩擦係数を μ としたと

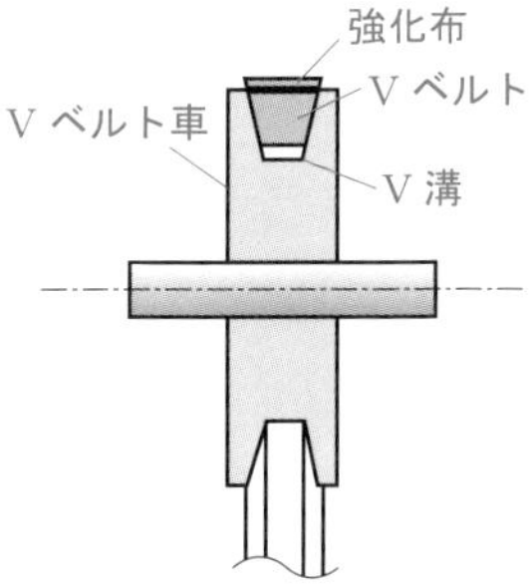

図 4.5 V ベルト車の構造

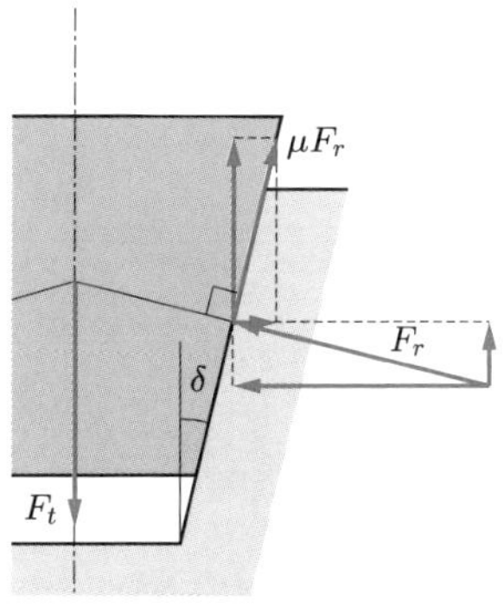

図 4.6 V ベルトにかかる力

き，次式が成り立つ．

$$2(F_r \sin\delta + \mu F_r \cos\delta) = F_t \tag{4.1}$$

平ベルトとみなしたときの摩擦係数を見かけの摩擦係数 μ' とすると，伝達できる駆動力は両側面の摩擦力が回転方向に作用するとして，次のようになる．

$$2\mu F_r = \mu' F_t \tag{4.2}$$

式 (4.1)，(4.2) より，次式が成り立つ．

$$2\mu F_r = 2\mu'(F_r \sin\delta + \mu F_r \cos\delta)$$

これから，見かけの摩擦係数 μ' が次のように得られる．

$$\mu' = \frac{\mu}{\sin\delta + \mu\cos\delta} \tag{4.3}$$

V 溝の半頂角 δ が小さくなると，見かけの摩擦係数は 1 に近づく．通常，摩擦係数は 1 以下であるが，見かけの摩擦係数 μ' は実際の摩擦係数 μ より大きくなり，平ベルトより大きな駆動力を伝達できる．V ベルト車のピッチ円は，巻き掛けられた V ベルトの強化布のところを通る円である．

4.1.3　歯付きベルト

平ベルトも V ベルトも，ベルト車との間は摩擦力により回転を伝えている．したがって，大きな負荷がかかるとすべりが発生したり，ベルトの変形によって位置が少しずつずれていく．歯車を使えば位置がずれることはないが，軸間距離が大きい場合には歯車伝動は不適当である．このような場合，**歯付きベルト**（cogged belt）が使われる．これは図 4.7 (a) に示すように弾性体の歯が付いたベルトである．ただし，長手方向に伸びると歯の間隔が変化するので，伸びないように強い繊維やスチールコードでできた強化帯を挟んでいる．図 (b) に示すように，両面に歯が付いているものもある．

ベルト車は図 4.8 に示すように歯のついた車であるが，7 章で述べる歯車とは異なり，歯形曲線は重要ではなく，ベルトと接する面は平面でよい．また，かみ合いの基

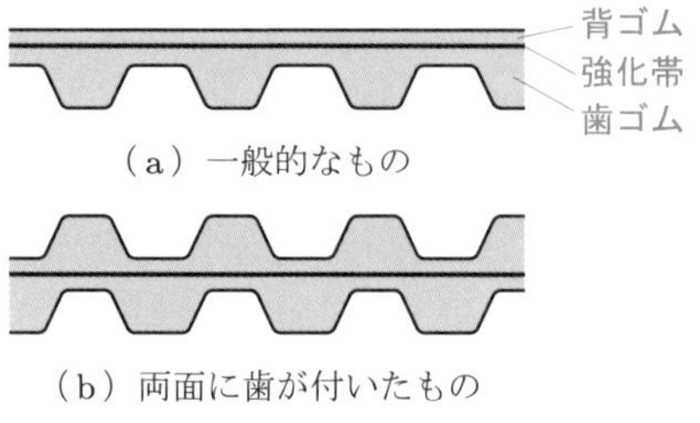

図 4.7　**歯付きベルト**

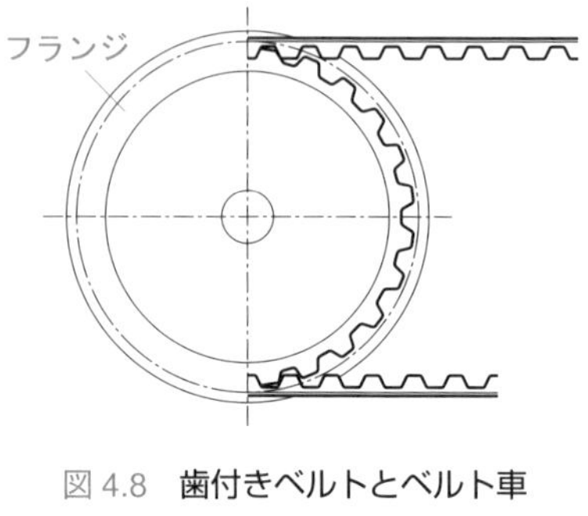

図 4.8　**歯付きベルトとベルト車**

準となるピッチ円は歯の中心ではなく，巻き付く歯付きベルトの強化帯を通る円になる．なお，ベルトが外れないようにベルト車にはフランジを付ける．

歯付きベルトは，すべりがないことのほか，騒音が低く，潤滑も不要で軽量であるなどの利点があり，プリンタや自動車のエンジンのカム軸駆動などによく使われる．

4.1.4　ベルト長さと軸間距離

ベルト伝動機構を設計するには，ベルト長さ l と駆動輪 b のピッチ円直径 d_{b}，従動輪 d のピッチ円直径 d_{d}，および軸間距離 a の関係を明らかにしておく必要がある．ここで，説明の都合上 $d_{\mathrm{d}} > d_{\mathrm{b}}$ とする．

(1)　オープンベルトの場合

図 4.9 (a) に示すようにベルト直線部と平行な補助線を引き，軸中心を結ぶ中心線との角度を β とする．ベルト直線部はベルト車の接線であり，接点で半径線と直角に交わる．直角三角形の性質から次式を得る．

$$a^2 = l^2 + \left(\frac{d_{\mathrm{d}} - d_{\mathrm{b}}}{2}\right)^2$$

これより，ベルト直線部の長さ l は，

$$l = \sqrt{a^2 - \frac{(d_{\mathrm{d}} - d_{\mathrm{b}})^2}{4}} \tag{4.4}$$

となる．また，角度 β は次式となる．

$$a\sin\beta = \frac{d_{\mathrm{d}}}{2} - \frac{d_{\mathrm{b}}}{2}$$

$$\therefore\ \beta = \sin^{-1}\frac{d_{\mathrm{d}} - d_{\mathrm{b}}}{2a} \tag{4.5}$$

式 (4.4)，(4.5) より，ベルトの長さ L は次のように直線部と円弧部の長さの和となる．

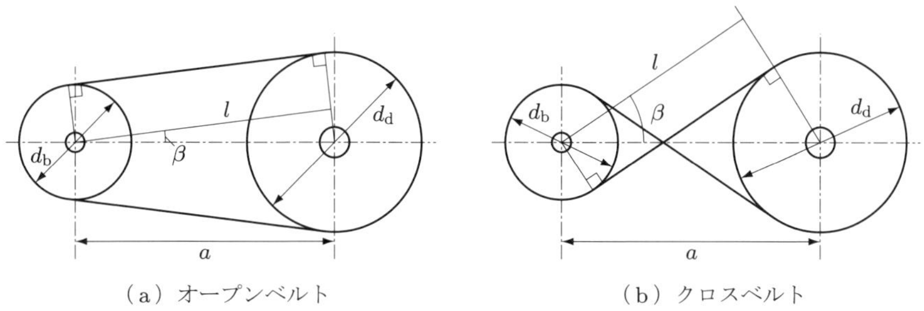

図 4.9　ベルト長さと軸間距離

$$L = \frac{d_\mathrm{b}}{2}(\pi - 2\beta) + 2l + \frac{d_\mathrm{d}}{2}(\pi + 2\beta)$$
$$= \sqrt{4a^2 - (d_\mathrm{d} - d_\mathrm{b})^2} + \frac{\pi(d_\mathrm{b} + d_\mathrm{d})}{2} + (d_\mathrm{d} - d_\mathrm{b})\sin^{-1}\frac{d_\mathrm{d} - d_\mathrm{b}}{2a} \tag{4.6}$$

(2)　クロスベルトの場合

図 4.9 (b) となるので，符号の違いに注意すれば次式のようになる．

$$l = \sqrt{a^2 - \frac{(d_\mathrm{d} + d_\mathrm{b})^2}{4}} \tag{4.7}$$

$$\beta = \sin^{-1}\frac{d_\mathrm{d} + d_\mathrm{b}}{2a} \tag{4.8}$$

$$L = \frac{d_\mathrm{b}}{2}(\pi + 2\beta) + 2l + \frac{d_\mathrm{d}}{2}(\pi + 2\beta)$$
$$= \sqrt{4a^2 - (d_\mathrm{d} + d_\mathrm{b})^2} + \frac{d_\mathrm{b} + d_\mathrm{d}}{2}\left(\pi + 2\sin^{-1}\frac{d_\mathrm{d} + d_\mathrm{b}}{2a}\right) \tag{4.9}$$

例題 4.1　平ベルト伝動において，小ベルト車の直径 $d_\mathrm{b} = 160\,\mathrm{mm}$，大ベルト車の直径 $d_\mathrm{d} = 280\,\mathrm{mm}$，軸間距離 $a = 600\,\mathrm{mm}$ とするとき，オープンベルトとクロスベルトのベルト長さ L と小ベルト車の巻き掛け角を求めよ．ただし，ベルトの厚みは無視してよい．

解答

オープンベルトの場合，式 (4.5)，(4.6) より，次のようになる．

$$\beta = \sin^{-1}\frac{280 - 160}{2 \times 600} = 0.100\,\mathrm{rad}$$

$$L = \sqrt{4 \times 600^2 - (280 - 160)^2} + \frac{\pi(160 + 280)}{2} + (280 - 160) \times 0.100$$
$$= 1897\,\mathrm{mm}$$

巻き掛け角は，$\pi - 2\beta = 2.94\,\mathrm{rad} = 169°$ となる．

クロスベルトの場合，式 (4.8)，(4.9) より，次のようになる．

$$\beta = \sin^{-1}\frac{280 + 160}{2 \times 600} = 0.375\,\mathrm{rad}$$

$$L = \sqrt{4 \times 600^2 - (280 + 160)^2} + \frac{160 + 280}{2}(\pi + 2 \times 0.375) = 1972\,\mathrm{mm}$$

巻き掛け角は，$\pi + 2\beta = 3.89\,\mathrm{rad} = 223°$ となる．

4.1.5　速　比

駆動輪 b のベルト巻き取り速度と従動輪 d のベルト送り出し速度が等しいことから，速比 u は次のように求められる．

$$\frac{d_b}{2}\,\omega_b = \frac{d_d}{2}\,\omega_d$$
$$\therefore\ u = \frac{\omega_d}{\omega_b} = \frac{d_b}{d_d} \tag{4.10}$$

4.1.6 ベルトの張力と伝達動力

巻き掛け伝動はベルトにかかる摩擦力により回転力を伝えている．ベルトの張り側と緩み側とでは張力は当然異なるので，巻き掛けられている部分のベルトの張力は徐々に変化している．

図 4.10 に示すように，張り側のベルトの張力を F_1，緩み側の張力を F_2 とする．いま，巻き掛けられているベルトの微小長さ ds をとり，これに対応する角度を $d\theta$，ベルト車からベルトの微小部分が受ける単位長さ当たりの力を p，ベルト張力を F および $F + dF$ とする．さらに，巻き掛け開始角度を γ，巻き掛け角を ϕ，ベルトと摩擦車との摩擦係数を μ とする．

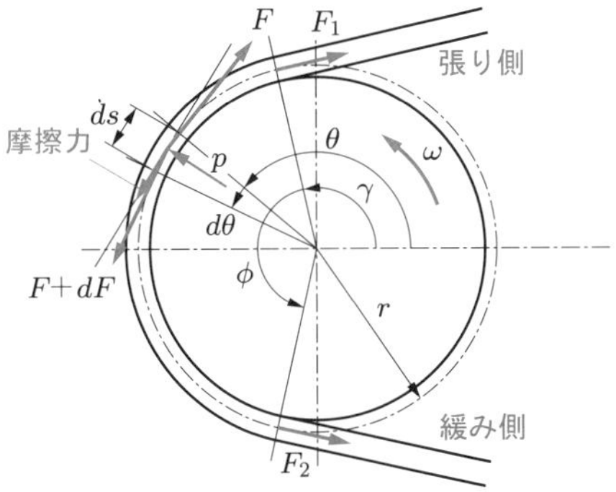

図 4.10 ベルトにかかる力

ベルトの微小部分にかかる径方向および接線方向の力より，次式を得る．

$$\begin{cases} p\,ds = F\sin\dfrac{d\theta}{2} + (F+dF)\sin\dfrac{d\theta}{2} \\ F\cos\dfrac{d\theta}{2} = (F+dF)\cos\dfrac{d\theta}{2} + \mu p\,ds \end{cases} \tag{4.11}$$

ここで，ピッチ円半径を r とすると，

$$ds = r\,d\theta \tag{4.12}$$

である．$d\theta$ を微小角とし，微小量の二乗を無視して近似すると，式 (4.11) は，

$$\begin{cases} pr\,d\theta = F\dfrac{d\theta}{2} + (F+dF)\dfrac{d\theta}{2} = F\,d\theta \\ F = (F+dF) + \mu pr\,d\theta \end{cases}$$

$$\therefore\ dF = -\mu pr\,d\theta = -F\mu\,d\theta \tag{4.13}$$

となる．式 (4.13) を積分して，次のようになる．

$$\int_{F_1}^{F_2} \frac{1}{F}\,dF = -\mu \int_{\gamma}^{\gamma+\phi} d\theta$$

$$\therefore\ \ln F_2 - \ln F_1 = -\mu(\gamma + \phi - \gamma) = -\mu\phi$$

これより，

$$F_2 = e^{-\mu\phi} F_1 \tag{4.14}$$

を得る．この関係は，張り側から緩み側にかけて張力が指数関数的に減少することと，巻き掛け角 ϕ が大きいほど伝達力が大きくなることを表している．

角速度を ω とすると，伝達動力 P は

$$P = (F_1 - F_2)r\omega = (1 - e^{-\mu\phi})F_1 r\omega$$

となり，摩擦係数と巻き掛け角が大きいほど伝達動力が大きくなることがわかる．

なお，高速回転でベルトの遠心力が無視できない場合は，ベルトの単位長さ当たりの質量を m として，式 (4.11) の径方向のつり合いの式に遠心力 $m\,ds\,r\omega^2$ を考慮すればよい．

4.2 組立式ベルト

4.2.1 チェーン

(1) ローラチェーン

自転車でよく知られているローラチェーンは，金属の小片を組み立てて作られている．図 4.11 に示すように，チェーンはスプロケットに巻き付けて回転を伝える．

ローラチェーンの構造を図 4.12 に示す．内側プレートにブシュを圧入して固定したローラリンクと，外側プレートにピンを挿入し，かしめて固定したピンリンクの二つのリンクが交互に組み合わされている．また，ブシュの外側にはローラが入っていて，スプロケットとの接触をスムーズにしている．ローラがあることを利用した，図 4.13 に示すようなテンショナがある．凸型レールの上をローラが転がる．テンショナをチェーンに押し当てることによってチェーンの張力が調整できる．

7 章で述べる歯車と異なり，スプロケットは歯面が接触して回転を伝えるのではなく，チェーンの結合部が歯底にはまり込んで回転を伝える．したがって，歯面の形状

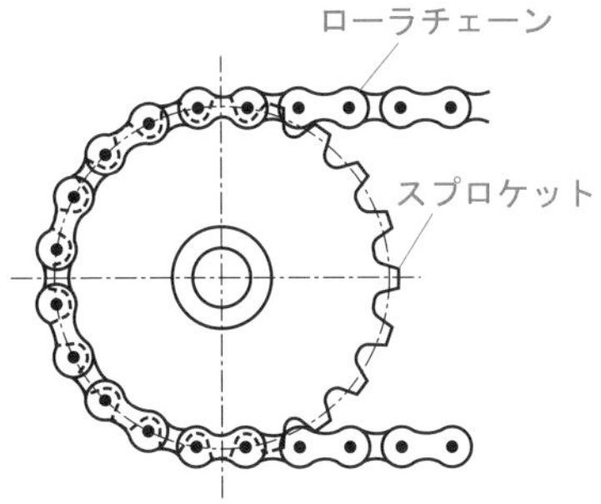

図 4.11 **チェーンとスプロケット**

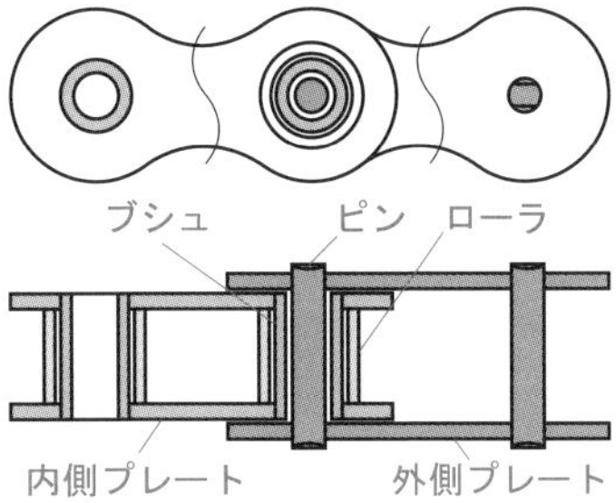

図 4.12 **ローラチェーン**

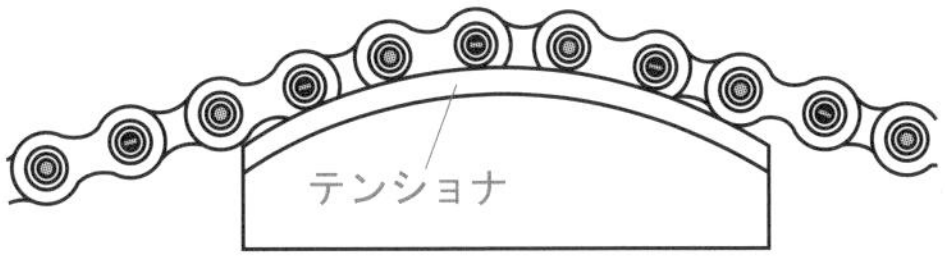

図 4.13 **テンショナ**

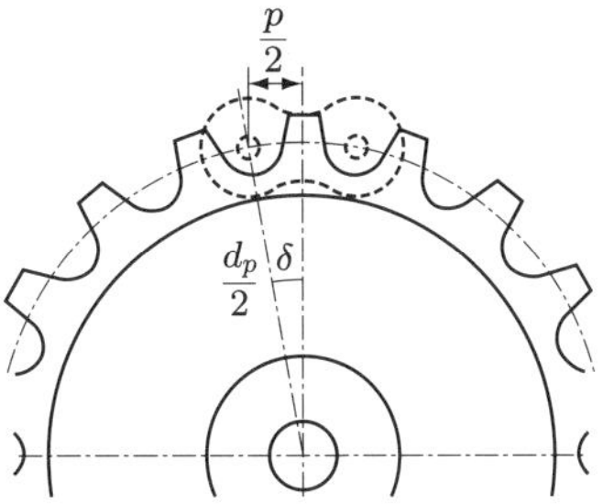

図 4.14 **スプロケット**

を表す歯形曲線は回転に直接関係しないので，円弧曲線で近似した形状にしてもよい．

歯数を z としたとき，図 4.14 に示すように角度 δ をとると，次のようになる．

$$\delta = \frac{1}{2} \cdot \frac{2\pi}{z} = \frac{\pi}{z} \tag{4.15}$$

チェーンのピッチを p，スプロケットのピッチ円直径を d_p とすると，次式を得る．

$$\frac{p}{2} = \frac{d_p}{2} \sin\delta \tag{4.16}$$

式 (4.15)，(4.16) より，スプロケットのピッチ円直径 d_p は，チェーンのピッチ p と歯数 z から，次式により得られる．

$$d_p = \frac{p}{\sin(\pi/z)} \tag{4.17}$$

チェーンの必要駒数 N は平ベルトのベルト長さの計算を参考にして，駆動側 b と従動側 d のスプロケットの巻き掛け角を 1 駒分の角度で割った数と，直線長さの 2 倍を p で割った数の和として得られる．図 4.9，4.14 および式 (4.15)〜(4.17) より，

$$N \geqq \frac{\pi - 2\beta}{2\pi} z_{\mathrm{b}} + \frac{\pi + 2\beta}{2\pi} z_{\mathrm{d}} + \frac{\sqrt{4a^2 - (d_{\mathrm{d}} - d_{\mathrm{b}})^2}}{p} \tag{4.18}$$

となる．もちろん，N は切り上げて整数とする．

(2) サイレントチェーン

図 4.15 にサイレントチェーンを示す．複数のプレートを交互に重ね，ピンでつないだもので，ローラやブシュがないためピッチを小さくでき，プレートがスプロケットの歯にすべり込みながら密着するので騒音が小さいという特徴がある．

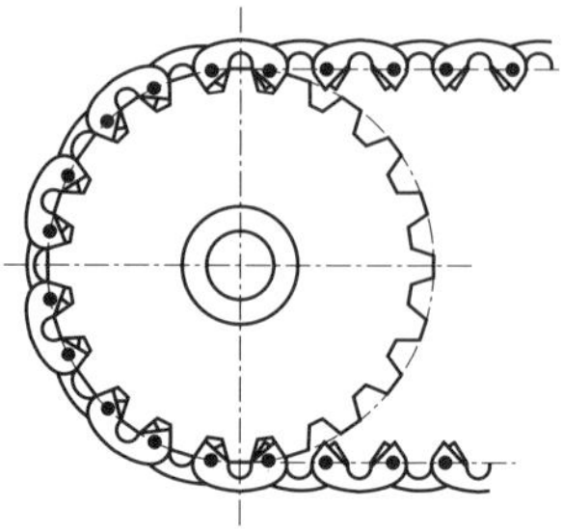

図 4.15 サイレントチェーン

例題 4.2 チェーン伝動装置において，ピッチ $p = 12.7\,\mathrm{mm}$，軸間距離 $a = 500\,\mathrm{mm}$，スプロケットの歯数 $z_\mathrm{b} = 36$，$z_\mathrm{d} = 63$ として，以下の問いに答えよ．

(1) スプロケットのピッチ円直径 d_b，d_d，角度 β，速比 u およびチェーンの駒数 N を求めよ．

(2) 同じチェーンを用いて一方のスプロケットの歯数を $z_\mathrm{b} = 40$ にしたとき，z_d の最大値を求めよ．

解答

(1) $\delta_\mathrm{b} = \pi/z_\mathrm{b} = 0.0873\,\mathrm{rad}$，$\delta_\mathrm{d} = \pi/z_\mathrm{d} = 0.0499\,\mathrm{rad}$ となるので，次のようになる．

$$d_\mathrm{b} = \frac{p}{\sin\delta_\mathrm{b}} = 145.7\,\mathrm{mm}, \quad d_\mathrm{d} = \frac{p}{\sin\delta_\mathrm{d}} = 254.8\,\mathrm{mm}$$

$$\beta = \sin^{-1}\left(\frac{d_\mathrm{d} - d_\mathrm{b}}{2a}\right) = 0.109\,\mathrm{rad}, \quad u = \frac{z_\mathrm{b}}{z_\mathrm{d}} = \frac{4}{7} = 0.571$$

$$N = \frac{z_\mathrm{b}(\pi - 2\beta) + z_\mathrm{d}(\pi + 2\beta)}{2\pi} + \frac{\sqrt{4a^2 - (d_\mathrm{d} - d_\mathrm{b})^2}}{p} = 128.7 < 129$$

(2) 同じ方法で駒数を求めてみると，次のようになる．

$z_\mathrm{d} = 59$ で $N = 128.47 < 129$，　$z_\mathrm{d} = 60$ で $N = 128.99 < 129$，

$z_\mathrm{d} = 61$ で $N = 129.52 > 129$

これより，z_d の歯数の上限は 60 である．

4.3 ベルト式変速機構

4.3.1 段付き変速機構

平ベルトを用いた段階的変速機構として，図 4.16 に示す**段車**（stepped pulley）がある．段車は径の異なるベルト車を積み重ねた形をしており，逆向きに配置された段車との間に平ベルトを掛けて回転を伝え，ベルトの位置を横にずらしてベルトを異なる組のベルト車に掛け替えることで，段階的に速比を変えることができる．軸間距離が一定のとき，各組のベルト車の径は，ベルトの一周の長さが変わらないように決めなければならない．

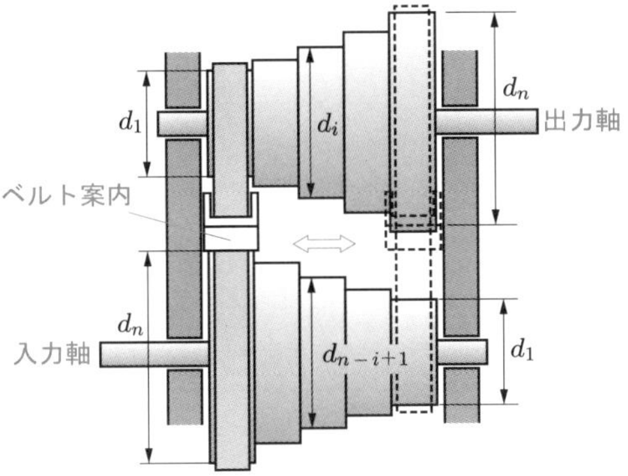

図 4.16　段車式変速機

隣り合う段の速比の変化率は一定になるようにとる．図 4.16 に示すように n 段階あり，最小の径を d_1，最大の径を d_n とする．速比の変化率を r とすると，

$$u_i = \frac{d_n}{d_1} r^{i-1}, \quad u_n = \frac{d_n}{d_1} r^{n-1} = \frac{d_1}{d_n} \tag{4.19}$$

となる．これより，隣り合う段の速比の変化は，

$$r = \left(\frac{{d_1}^2}{{d_n}^2} \right)^{1/(n-1)} \tag{4.20}$$

として得られる．段車の径の大きさは，式 (4.19)，(4.20) から求める各段の速比と軸間距離と，式 (4.6) から得られるベルト長さから求めることができる．

4.3.2 連続式変速機構

段車式変速機の段をなくして連続的に変速できるようにしたものが，**直円錐車**（cone pulley）である．図 4.17(a) に示す円錐車を用いた変速機がある．ベルトの位置を x として，速比の変化を見てみよう．

ベルトがかかっている位置で駆動側の直径を d_{xb}，従動側を d_{xd} とすると，

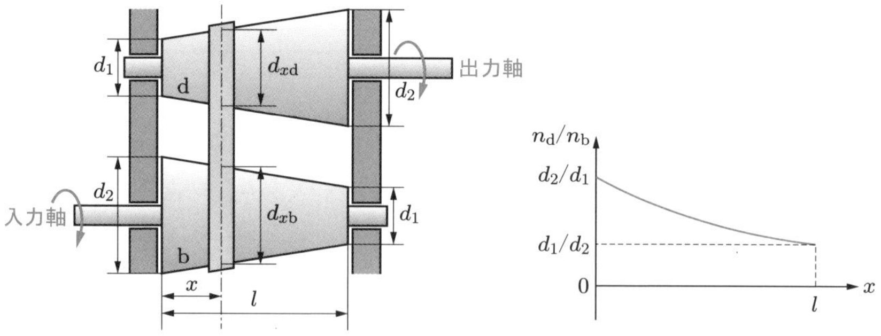

（a）構造 （b）速比

図 4.17 円錐無段変速機

$$
\begin{cases}
d_{x\mathrm{b}} = d_2 - \dfrac{(d_2 - d_1)x}{l} \\
d_{x\mathrm{d}} = d_1 + \dfrac{(d_2 - d_1)x}{l}
\end{cases}
\tag{4.21}
$$

$$
u_x = \frac{d_{x\mathrm{b}}}{d_{x\mathrm{d}}} = \frac{d_2 l - (d_2 - d_1)x}{d_1 l + (d_2 - d_1)x}
\tag{4.22}
$$

となる．これより速比の変化を求めてみると，図 (b) に示すように速比の変化が x に比例しない．

図 4.18(a) に示すように樽状に円錐車を変形すれば，図 (b) のように，速比の変化を x に比例させることができる．この場合，

$$
u_x = \frac{d_{x\mathrm{b}}}{d_{x\mathrm{d}}} = \frac{d_2}{d_1} - \left(\frac{d_2}{d_1} - \frac{d_1}{d_2}\right)\frac{x}{l}
\tag{4.23}
$$

とならなければならない．

いま，軸間距離が十分長く，巻き掛け角の変化が無視できるとし，次の仮定が成立

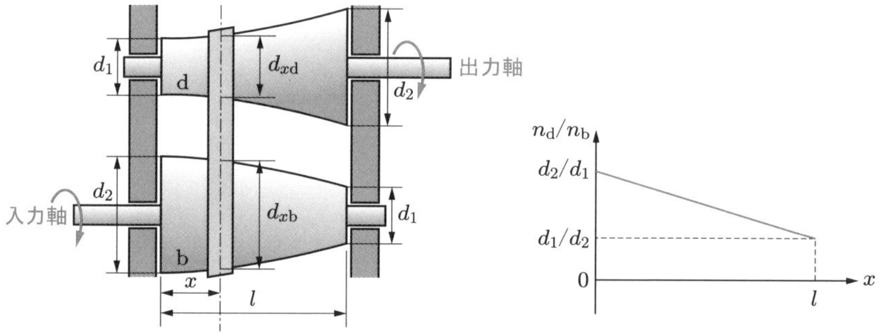

（a）構造 （b）速比

図 4.18 速比を直線的に変化させる場合

すると考える.

$$d_{x\mathrm{d}} + d_{x\mathrm{b}} = d_1 + d_2 \tag{4.24}$$

式 (4.23) に代入して,

$$\frac{d_{x\mathrm{b}}}{d_1 + d_2 - d_{x\mathrm{b}}} = \frac{d_2}{d_1} - \frac{{d_2}^2 - {d_1}^2}{d_1 d_2 l} x \tag{4.25}$$

となる. これより, ドラムの直径が x の関数として次式で表される.

$$d_{x\mathrm{b}} = \frac{{d_2}^2 l - ({d_2}^2 - {d_1}^2)x}{d_2 l - (d_2 - d_1)x}, \quad d_{x\mathrm{d}} = \frac{d_1 d_2 l}{d_2 l - (d_2 - d_1)x} \tag{4.26}$$

4.3.3 ベルト式 CVT

自動車で多く採用されている CVT (continuously variable transmission) の構造を図 4.19 に示す. 基本的には V ベルト伝動機構であるが, V ベルト車の一部が可動であることにより, ベルトのピッチ径が変化することで速比を変える. ベルトは図に示すような形状の板状小片 (駒) を多数並べ, 両端の切り込み部分に薄板積層構造の金属ベルトを挟み込んだものである. 駆動軸の可動側板の背面には油圧室があり, 中空軸を通して供給される圧油が油圧室に入り可動側板を押す. 従動軸側は可動側板がばねによって押されている. 駒の幅は一定なので, 駆動軸の可動側板が押されるとベルトの駒が径方向に移動し, ピッチ径が大きくなる. 一方, 従動軸側はベルトによって駒が引かれ, ピッチ径が小さくなる. これによって速比が変化する.

駒と積層ベルトは固定されていないので, 両側板によって挟まれた駒による回転力はベルトの張力では十分伝わらない. 駒が隣の駒を押し, 押す力が駒を伝わって従動側の駒に回転力が伝達される.

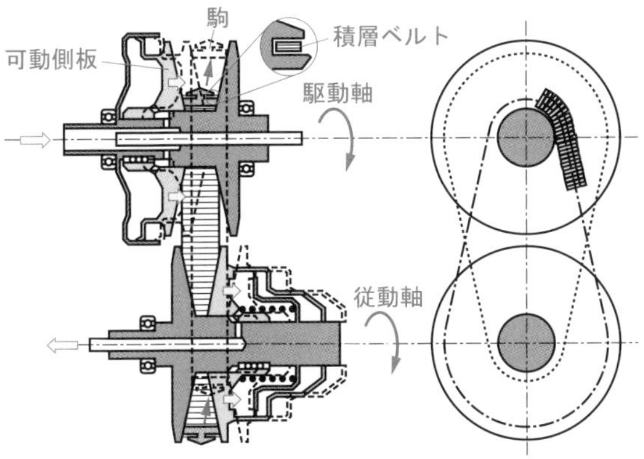

図 4.19 ベルト式 CVT

演習問題

4.1　問図 4.1 に示す V ベルト伝動において，摩擦係数 $\mu = 0.20$，半頂角 $\delta = 15°$ の場合の見かけの摩擦係数 μ' を求めよ．

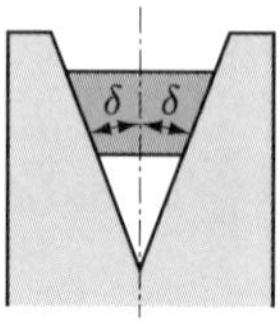

問図 4.1

4.2　問図 4.1 に示した V ベルト伝動機構について，V ベルトの頂角 $2\delta = 20°$ とするときの見かけの摩擦係数 μ' を求めよ．ただし，摩擦係数 $\mu = 0.30$ とする．

4.3　問図 4.2 に示すベルト伝動機構において，ベルトの必要長さ L [mm] を求めよ．ただし，$a = 45\,\mathrm{mm}$，$d_\mathrm{b} = 20\,\mathrm{mm}$，$d_\mathrm{d} = 40\,\mathrm{mm}$ とする．

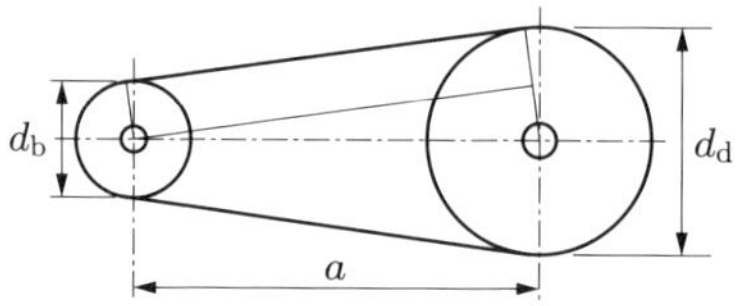

問図 4.2

4.4　問図 4.2 に示したベルト伝動機構について，駆動輪の直径 $d_\mathrm{b} = 700\,\mathrm{mm}$，回転数 $n_\mathrm{b} = 120\,\mathrm{rpm}$，ベルトの厚さ $t = 5\,\mathrm{mm}$ とするとき，従動輪の回転数を 240 rpm にするために従動輪の直径 d_d をいくらにすればよいか，ベルトの厚さを考慮して求めよ．

4.5　軸間距離が 200 mm の 2 軸に V ベルト車を取り付け，V ベルトを巻き掛けて 1/5 に減速して回転を伝えたい．駆動側（小径）の V ベルト車のピッチ円直径を 50 mm としたとき，V ベルトの長さはいくらになるか．

4.6　問図 4.3 に示す V ベルト巻き掛け伝動機構について，次の問いに答えよ．

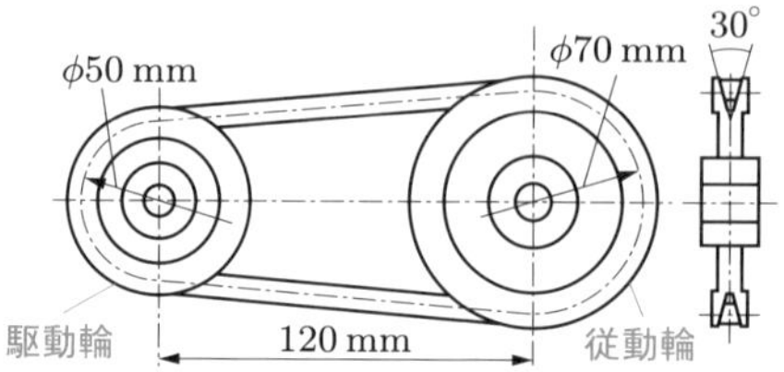

問図 4.3

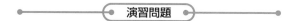

(1) 駆動輪と従動輪の巻き掛け角を求めよ．

(2) 駆動輪を基準として角速度比を求めよ．

(3) ベルトとベルト車の間の摩擦係数を $\mu = 0.250$ としたとき，見かけの摩擦係数 μ' を求めよ．

4.7 ピッチ $P = 6.35\,\mathrm{mm}$ のローラチェーン伝動機構において，小スプロケットの歯数 $z_\mathrm{b} = 36$，大スプロケットの歯数 $z_\mathrm{d} = 60$，軸間距離 $a = 640\,\mathrm{mm}$ とするとき，チェーンの必要駒数 N と大スプロケットを基準とする速比 u を求めよ．

4.8 チェーン伝動機構において，軸間距離 $a = 150\,\mathrm{mm}$，チェーンのピッチ $p = 10\,\mathrm{mm}$，スプロケットのピッチ円直径 $d_\mathrm{b} = \phi 38.6\,\mathrm{mm}$，$d_\mathrm{d} = \phi 57.6\,\mathrm{mm}$ としたとき，次の問いに答えよ．

(1) スプロケットの歯数 z_b，z_d を求めよ．

(2) チェーンの必要駒数を求めよ．端数は切り上げて整数とせよ．

4.9 問図 4.4 に示すチェーン伝動機構について，次の問いに答えよ．ただし，軸間距離 $a = 95.4\,\mathrm{mm}$，チェーンのピッチ $p = 3.27\,\mathrm{mm}$，歯数 $z_\mathrm{b} = 24$，$z_\mathrm{d} = 48$ とする．

(1) ピッチ円直径 d_b および d_d を求めよ．

(2) 角度 β を求めよ．

(3) チェーンの必要駒数 N を求めよ．端数は切り上げて整数とせよ．

4.10 問図 4.5 に示すチェーン伝動機構について，次の問いに答えよ．ただし，$d_\mathrm{b} = d_\mathrm{d}$ とし，軸間距離 $a = 130\,\mathrm{mm}$，チェーンのピッチ $p = 3.27\,\mathrm{mm}$，歯数 $z_\mathrm{b} = z_\mathrm{d} = 48$ とする．

(1) ピッチ円直径 d_b を求めよ．

(2) チェーンの必要駒数 N を求めよ．端数は切り上げて整数とせよ．

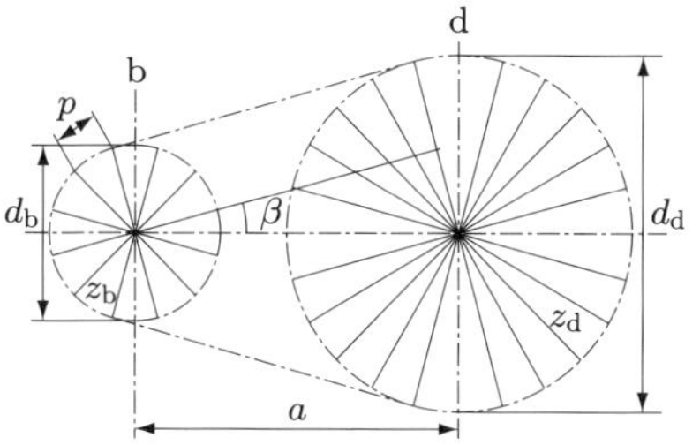

問図 4.4

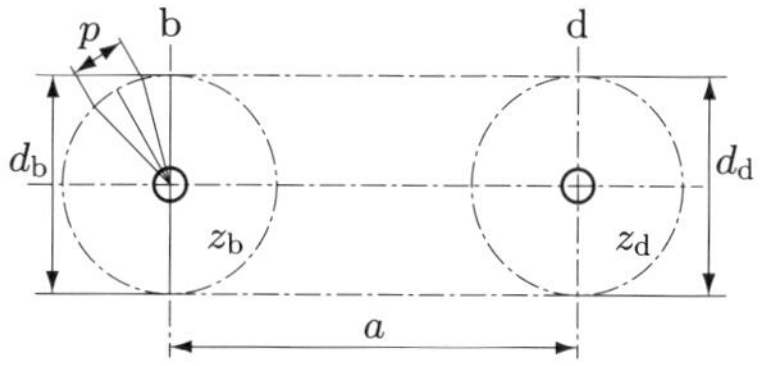

問図 4.5

4.11 問図 4.6 に示すチェーン伝動機構について，次の問いに答えよ．ただし，軸間距離 $a = 210\,\mathrm{mm}$，チェーンのピッチ $p = 3\,\mathrm{mm}$，駆動輪の歯数 $z_\mathrm{b} = 32$，従動輪の歯数 $z_\mathrm{d} = 54$ とする．

(1) 原動節のピッチ円の直径 d_b と従動節のピッチ円の直径 d_d を求めよ．

(2) チェーンの長さを求め，必要駒数を求めよ．端数は切り上げて整数とせよ．

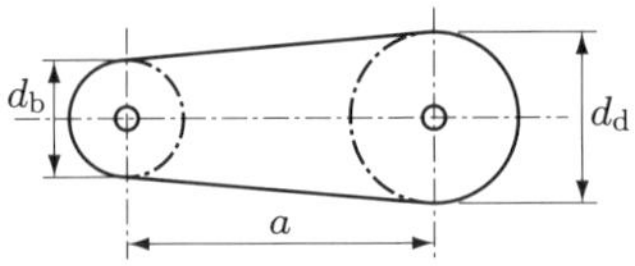

問図 4.6

4.12 段車を用いた 7 段変速装置において，段車の最小の径を $d_1 = 150\,\mathrm{mm}$，最大の径を $d_7 = 300\,\mathrm{mm}$ としたとき，各段の速比 $u_1 \sim u_7$ を求めよ．

4.13 問図 4.7 に示すベルト伝動機構について，次の問いに答えよ．

(1) ベルト車の頂角 $2\delta = 30°$ とするときの見かけの摩擦係数 μ' を求めよ．ただし，摩擦係数 $\mu = 0.250$ とする．

(2) ベルトの中心幅 $B = 30\,\mathrm{mm}$，ディスクコーンの頂点の間隔 $d = 5\,\mathrm{mm}$ として，接触円の半径 r を求めよ．

(3) この機構の名称を答えよ．また，動作を説明せよ．

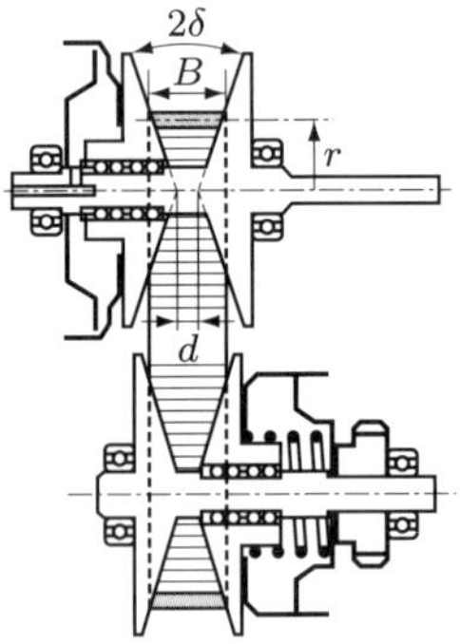

問図 4.7

5章 摩擦伝動機構

摩擦伝動機構（friction driving mechanism，traction drive mechanism）は，摩擦力を利用しておもに回転運動を伝達する機構である．回転を伝える接触部分は基本的にすべらず**転がり接触**（rolling contact）する．摩擦伝動では機構要素の形状で回転を伝えるわけではないので，一般的に単純な形状であり加工しやすいが，接触面は摩耗しにくく硬度の高い材質が選ばれる．また，摩擦を発生するために，接触圧を高める押し付け力が必要である．

本章では，まず，転がり接触を維持するための接触面形状の条件について学び，次に，この条件を満たす回転伝達機構についていくつかの例を学習する．さらに，摩擦伝達の特性を利用した無段変速機構について学ぶ．

5.1 摩擦伝動の基礎

5.1.1 転がり接触の条件

図 5.1 に示すように，節 a と回り対偶で接している節 b，c が接触状態にあり，それぞれ図に示した方向に回転するものとする．接触点を C とすると，節 b の点 C は直線 AC に垂直な速度ベクトル $\boldsymbol{V}_{\mathrm{b}}$ をもつ．また，節 c の接触点 C には直線 BC に垂直な速度ベクトル $\boldsymbol{V}_{\mathrm{c}}$ をもつ．共通接線に対する垂直方向と接線方向の速度成分をそれぞれ $\boldsymbol{V}_{\mathrm{b}n}$，$\boldsymbol{V}_{\mathrm{b}t}$，$\boldsymbol{V}_{\mathrm{c}n}$，$\boldsymbol{V}_{\mathrm{c}t}$ とする．節 b，c が相手の中に食い込んだり離れたりしないためには，$\boldsymbol{V}_{\mathrm{b}n}$ と $\boldsymbol{V}_{\mathrm{c}n}$ が等しくなければならない．また，すべりがないためには，$\boldsymbol{V}_{\mathrm{b}t}$

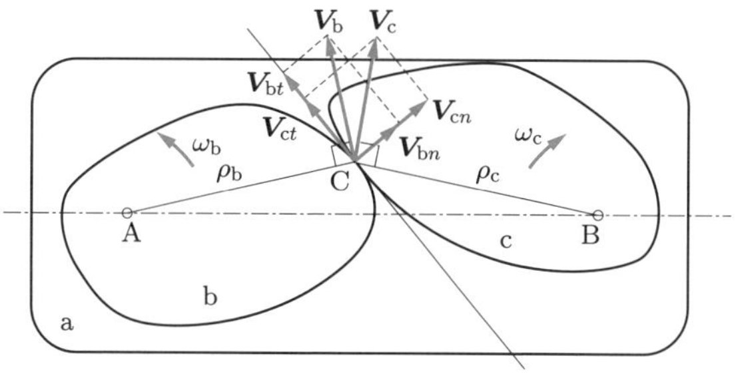

図 5.1　転がり接触条件

と $\boldsymbol{V}_{ct}$ が等しくなければならない．このことは，速度 $\boldsymbol{V}_{\mathrm{b}}$ と $\boldsymbol{V}_{\mathrm{c}}$ は一致しなければならないことを示している．したがって，転がり接触するためには，直線 AC，BC は直線 AB 上になければならない．このことから，転がり接触では，接触点 C は二つの回転中心 A，B を結ぶ直線上になければならず，これが転がり接触を維持する条件である．

図 5.1 において，AC の長さを ρ_{b}，BC の長さを ρ_{c} とし，原動節を b とすると，接線速度が一致するので，

$$|\boldsymbol{V}_{\mathrm{b}}| = \rho_{\mathrm{b}}\omega_{\mathrm{b}}, \quad |\boldsymbol{V}_{\mathrm{c}}| = \rho_{\mathrm{c}}\omega_{\mathrm{c}}, \quad \boldsymbol{V}_{\mathrm{b}} = \boldsymbol{V}_{\mathrm{c}}$$

であるから，角速度比 u は次のようになる．

$$u = \frac{\omega_{\mathrm{c}}}{\omega_{\mathrm{b}}} = \frac{\rho_{\mathrm{b}}}{\rho_{\mathrm{c}}} \tag{5.1}$$

5.1.2　輪郭曲線

摩擦伝動では，隣の節と接触する節の外形形状は運動を規定するため大変重要であり，これを**輪郭曲線**（contour）とよぶ．この二つの節は転がり接触を条件とするので，一方の節の輪郭曲線は，他方の節の輪郭曲線によって制約を受ける．ここでは，一方の輪郭曲線から他方の輪郭曲線を求める二つの方法について述べる．

図 5.2 に示すように，それぞれ点 B，C を中心に回転する二つの節 b，c が過去に直線 BC 上の点 Q で接し，節の回転に伴い現在は点 P で接触しているとする．転がり接触の条件から，点 P は直線 BC の上にあり，共通接線が点 P を通る．直線 BC 上の過去の接触点 Q が，運動により節 b，c の輪郭曲線上の点 $\mathrm{Q_b}$，$\mathrm{Q_c}$ に移動したとする．このとき，線分 $\mathrm{BQ_b}$ の長さ ρ_{b} と線分 $\mathrm{CQ_c}$ の長さ ρ_{c} の和は軸間距離 a に等しい．また，直線 $\mathrm{BQ_b}$ と点 $\mathrm{Q_b}$ における接線とのなす角 λ_{b} と，$\mathrm{CQ_c}$ と点 $\mathrm{Q_c}$ における接線とのなす角 λ_{c} の和は π rad であることがわかる．また，両節間にすべりがないことから，輪郭曲線上の曲線 $\mathrm{PQ_b}$ と $\mathrm{PQ_c}$ の長さは等しい．これらの性質を考慮して輪郭曲線を求める．

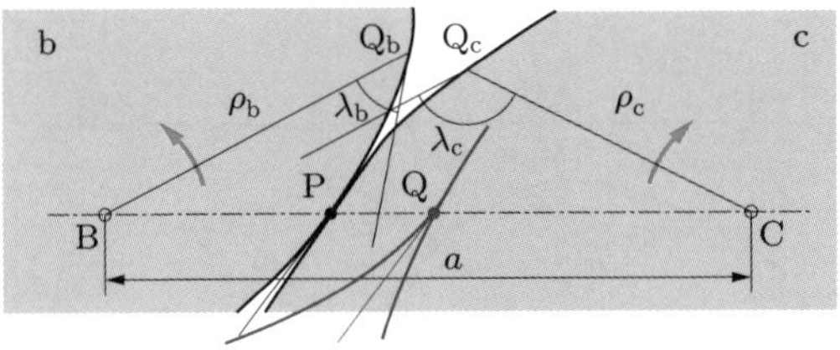

図 5.2　輪郭曲線の性質

(1) 図式解法

節 b の輪郭曲線 PQ_b が図形として与えられたとき，節 c の輪郭曲線 PQ_c を図形として求める．図 5.3 に示すように，曲線 PQ_b を長さが等しいいくつかの小片に分割する．点 P に近い分割点から順に，点 B を中心に分割点を通る円を描き，直線 BC との交点を求める．次に，点 C を中心としてこの点を通る円を描く．点 P を中心に，分割間隔に等しい半径の円を描き，点 C を中心とする最初の円との交点をとる．次に，この点を中心に分割間隔の半径の円を描き，点 C を中心とする次の円との交点を求める．このようにして描いた点列をなめらかな曲線で結ぶと，節 c の輪郭曲線が得られる．

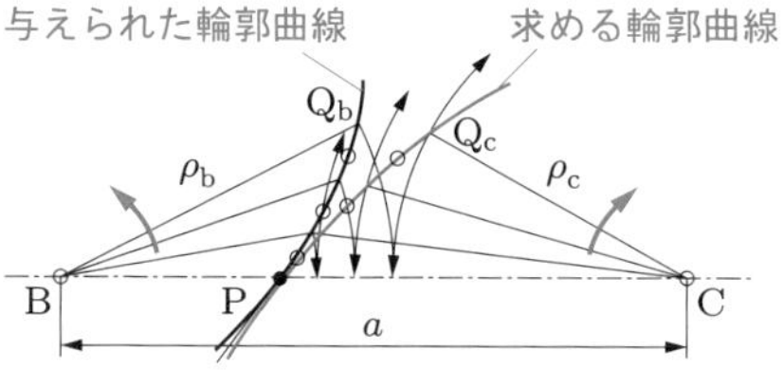

図 5.3 輪郭曲線の図式解法

(2) 数式解法

前述した関係より，図 5.4 において次式が成り立つ．

$$\rho_b + \rho_c = a, \quad \lambda_b + \lambda_c = \pi \tag{5.2}$$

ここで，ρ_b は直線 BQ_b と直線 BC とのなす角 θ_b の関数とする．同様に，ρ_c は直線 CQ_c と直線 BC とのなす角 θ_c の関数とする．

$$\rho_b = f(\theta_b), \quad \rho_c = g(\theta_c) \tag{5.3}$$

いま，角度の微小増加分 $\delta\theta_b$，$\delta\theta_c$ を考える．図 5.4 の幾何学的関係および接線角度が等しいことから，次式の関係が得られる．

$$\tan\lambda_b = \frac{\rho_b\,\delta\theta_b}{\delta\rho_b} = \frac{\rho_c\,\delta\theta_c}{\delta\rho_c}, \quad \delta\rho_b = \delta\rho_c \tag{5.4}$$

これより，

$$\delta\theta_c = \frac{\rho_b}{a - \rho_b}\,\delta\theta_b \tag{5.5}$$

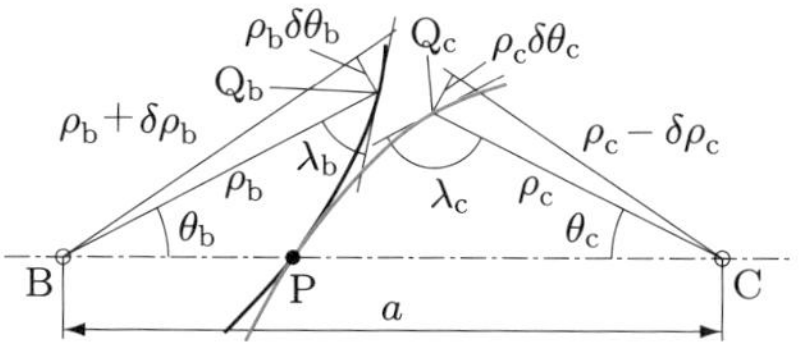

図 5.4 輪郭曲線の数式解法

が得られ，これを積分して，節 c の角度 θ_c が，節 b の角度 θ_b の関数として次のように得られる．

$$\theta_c = \int \frac{f(\theta_b)}{a - f(\theta_b)}\, d\theta_b \tag{5.6}$$

また，半径 ρ_c は，式 (5.2)，(5.3) より次のように得られる．

$$\rho_c = a - f(\theta_b) \tag{5.7}$$

以上より，θ_b をパラメータとして，式 (5.6)，(5.7) より点 C を中心とする半径 ρ_c と角度 θ_c を求め，プロットしてなめらかな曲線で結べば，節 c の輪郭曲線が得られる．

5.2 摩擦伝動機構

5.2.1 角速度比が一定の場合

(1) 円筒摩擦車

角速度比（速比）が一定ということは，式 (5.1) において u が一定であるから，軸間距離 AB が変わらなければ，ρ_b，ρ_c が一定になる．つまり，節 b，c は円筒になる．

図 5.5 に**円筒摩擦車**（cylindrical friction wheel）を示す．円筒摩擦車では，摩擦力を得るために，一方の回転軸をもう一方の回転軸に押し付ける必要がある．

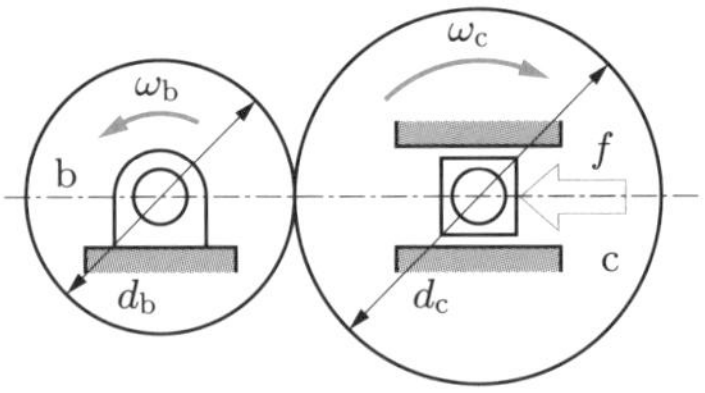

図 5.5　円筒摩擦車

速比 u は，図と式 (5.1) から次のように求められる．

$$u = \frac{\omega_c}{\omega_b} = \frac{d_b}{d_c} \tag{5.8}$$

また，軸を押す力を f，摩擦係数を μ とすると，原動節 b の駆動可能な最大トルク τ_{max} は次のようになる．

$$\tau_{max} = \frac{\mu d_b}{2} f \tag{5.9}$$

(2) 円錐摩擦車

回転軸が平面内で交わっている場合の摩擦伝動は**円錐摩擦車**（conical friction wheel）で行うことができる．図 5.6 に示すように，各軸に推進力 f，g を与えると，接触点に

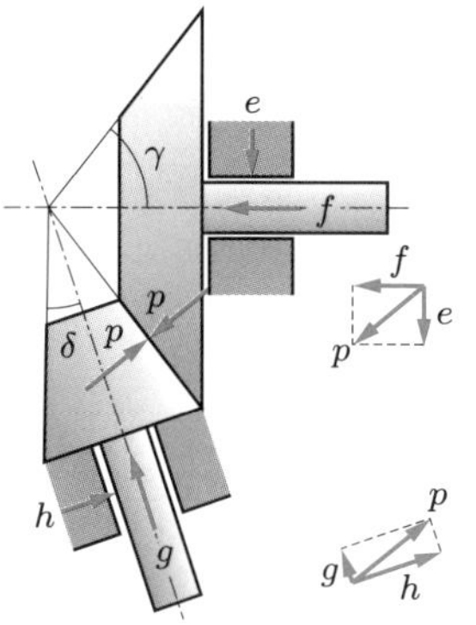

図 5.6 円錐摩擦車

接触力 p が発生する．そのときの関係式は，円錐の半頂角 δ，γ と軸受反力 e，h を考慮して，次式で得られる．

$$e = p\cos\gamma, \quad f = p\sin\gamma, \quad g = p\sin\delta, \quad h = p\cos\delta \tag{5.10}$$

(3) 鼓形《つづみがた》摩擦車

回転軸が平行でなく，交わりもしない，いわゆる食い違い交差軸の間で回転を伝える摩擦伝動機構を考える．

二つの回転要素の間で共通接線があるとして，これを軸周りに回転すると，図 5.7 に示す**回転双曲面**（hyperboloid of revolution）になる．この回転双曲面体の最小断面，すなわち，のど円のところに共通法線を置く．原動節 b 側ののど円の半径を r_b，従動節側ののど円の半径を r_c とする．図 5.7 (b) の見取り図と投影図を図 5.8 に示す．共通法線側から見た投影図 (b) において，軸 B と共通接線との角度を β_b，軸 C と共

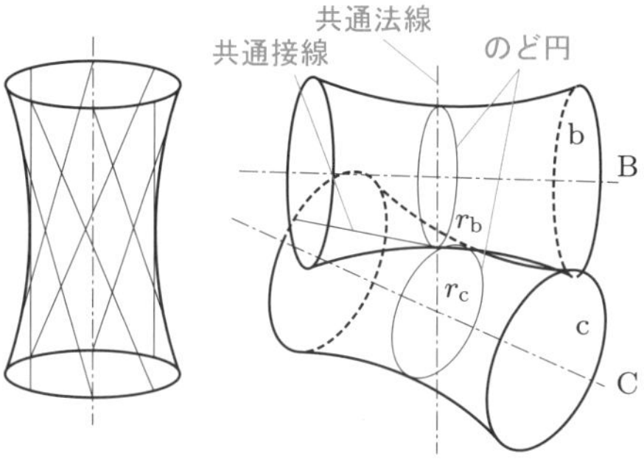

（a）回転双曲面　（b）のど円と共通法線

図 5.7 食い違い交差軸の摩擦伝動

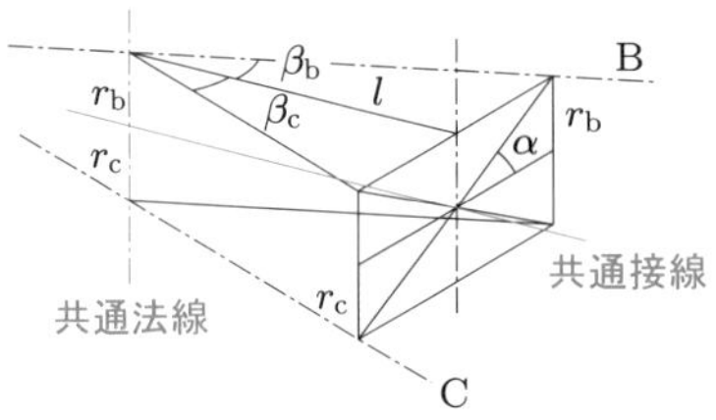

（a）見取り図

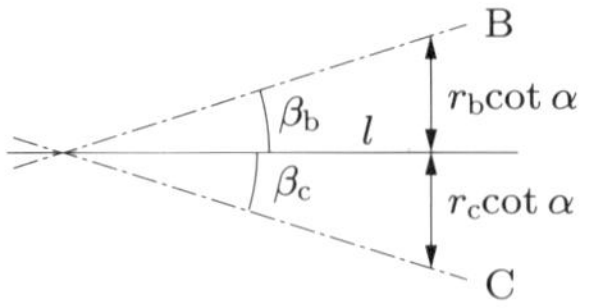

（b）投影図

図 5.8　**見取り図と投影図**

通接線との角度を β_{c} とする．共通法線から距離 l のところにある共通接線の垂直面を考え，軸 B，C を結ぶ線が水平面となす角度を α とする．図 5.8 から次式を得る．

$$\begin{cases} r_{\mathrm{b}}\cot\alpha = l\tan\beta_{\mathrm{b}} \\ r_{\mathrm{c}}\cot\alpha = l\tan\beta_{\mathrm{c}} \end{cases} \tag{5.11}$$

これより，

$$\frac{r_{\mathrm{c}}}{r_{\mathrm{b}}} = \frac{\tan\beta_{\mathrm{c}}}{\tan\beta_{\mathrm{b}}} \tag{5.12}$$

となる．よって，のど円の半径の比が共通接線の位置を決めることがわかる．

図 5.9 に示すように，のど円の接触点における軸 B の接線速度を v_{b}，軸 C の接線速度を v_{c} としたとき，軸 B，C ののど円が転がり接触するためには，共通接線に対する法線方向の速度成分 $v_{\mathrm{b}n}$，$v_{\mathrm{c}n}$ は等しくなければならない．このとき，図からわかるように，接線方向の速度成分 $v_{\mathrm{b}t}$，$v_{\mathrm{c}t}$ は逆方向を向いている．したがって，接線方向にはすべりながら回転していることがわかる．

節 b を原動節としたときの速比 u は，次のようになる．

$$r_{\mathrm{b}}\omega_{\mathrm{b}}\cos\beta_{\mathrm{b}} = r_{\mathrm{c}}\omega_{\mathrm{c}}\cos\beta_{\mathrm{c}}$$

$$\therefore\ u = \frac{\omega_{\mathrm{c}}}{\omega_{\mathrm{b}}} = \frac{r_{\mathrm{b}}\cos\beta_{\mathrm{b}}}{r_{\mathrm{c}}\cos\beta_{\mathrm{c}}} \tag{5.13}$$

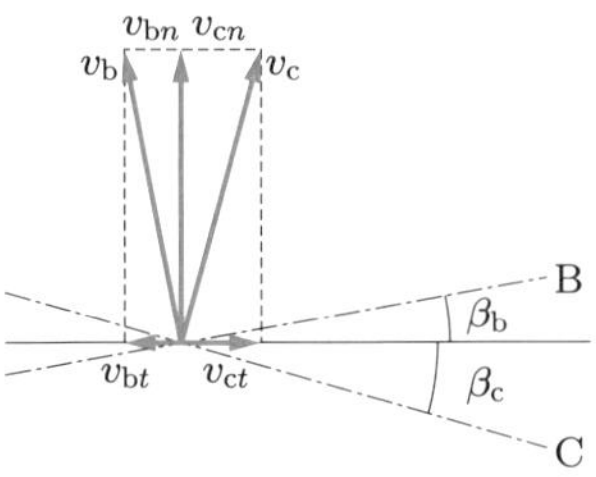

図 5.9　**食い違い摩擦伝動の速度**

(4) 溝付き摩擦車

溝付き摩擦車（grooved friction wheel）は，図 5.10 に示すように断面がＶ字形の車輪と溝車を接触させて，回転を伝えるものである．摩擦力の増加の原理はＶベルト車と同じであり，見かけの摩擦係数も同じ式が適用できる．

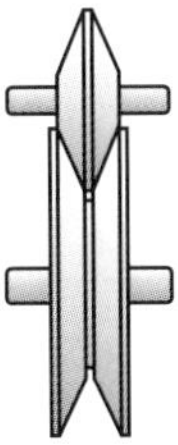

図 5.10 溝付き摩擦車

例題 5.1 図 5.11 の溝付き摩擦車について，摩擦係数 $\mu = 0.3$ とし，溝の角度 $\theta = 90°$ としたとき，見かけの摩擦係数を求めよ．また，2 kW の動力を伝達するのに必要な押し付け力 P を求めよ．ただし，駆動輪 b の回転数 $n_{\mathrm{b}} = 200\,\mathrm{rpm}$，半径 $r_{\mathrm{b}} = 200\,\mathrm{mm}$ とする．

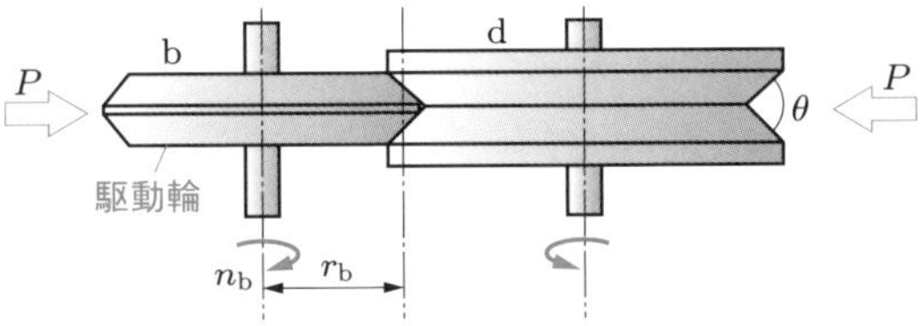

図 5.11

解答

見かけの摩擦係数は式 (4.3) より求める．

$$\mu' = \frac{0.3}{\sin(\pi/4) + 0.3\cos(\pi/4)} = 0.326$$

接線力は $F = \mu' P$ となるので，動力は $L = Fr_{\mathrm{b}}\omega_{\mathrm{b}} = 2\pi F r_{\mathrm{b}} n_{\mathrm{b}} = 2\pi\mu' P r_{\mathrm{b}} n_{\mathrm{b}}$ である．押し付け力は次のように得られる．

$$P = \frac{L}{2\pi\mu' r_{\mathrm{b}} n_{\mathrm{b}}} = \frac{2000}{2\pi \times 0.326 \times 0.2 \times 200/60} = 1465\,\mathrm{N}$$

5.2.2 角速度比が変化する場合

(1) だ円車

同一形状の二つのだ円車で，転がり接触による回転伝達を行うことができる．図 5.12

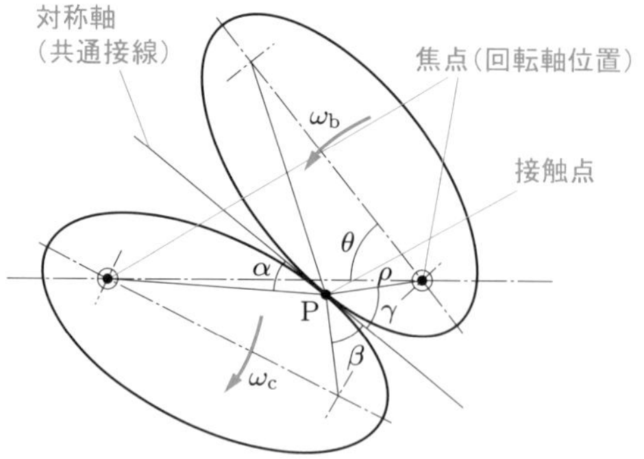

図 5.12　だ円車

に示すように，1 本の直線を対称軸（共通接線）とする二つのだ円を想定する．四つの焦点のうち，図に示す二つを回転軸の位置とする．

いま，対称軸上の接触点 P と図に示す四つの焦点を結ぶ直線を引き，共通接線との角度を図のように α，β，γ とする．だ円の性質より，α と β は等しい．また，対称であることから β と γ は等しい．したがって，α と γ は等しいことになる．このことより，接触点と回転軸を結ぶ線は 1 本の直線になり，転がり接触の条件を満たしている．したがって，前述のように対称に配置した二つのだ円車は摩擦伝動を行うことができる．ただし，連続的に回転を継続するには，両軸の間にトルクを発生させて，接触を維持しなければならない．だ円の長半径を a，短半径を b とすると，軸間距離は $2a$ になる．節 b の回転中心から接触点までの長さを ρ とすると，速比 u は，

$$u = \frac{\omega_c}{\omega_b} = \frac{\rho}{2a - \rho} \tag{5.14}$$

であり，ρ が変化するので速比は一定ではない．ここで，ρ は次のようにして求められる．図 5.13 に示すように記号を定める．幾何学的関係より，

$$\rho \sin\theta = \frac{b}{a} a \sin\alpha$$

であるから，

$$\begin{cases} \rho \sin\theta = b \sin\alpha \\ \rho \cos\theta = \sqrt{a^2 - b^2} + a \cos\alpha \end{cases} \tag{5.15}$$

が成り立つ．α の項のみを左辺に移し，両式の二乗和を取って α を消去し，ρ で整理する．

$$(a^2 \sin^2\theta + b^2 \cos^2\theta)\rho^2 - 2b^2\left(\sqrt{a^2 - b^2}\cos\theta\right)\rho - b^4 = 0 \tag{5.16}$$

これから，ρ を次式のように得る．ただし，ρ は負にならないものとする．

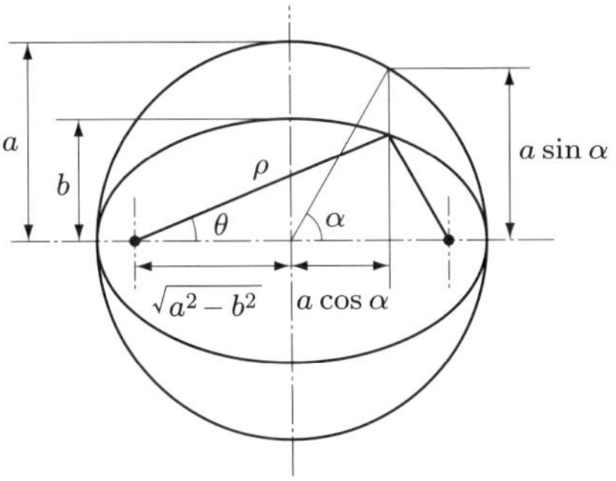

図 5.13 だ円の性質

$$
\begin{aligned}
\rho &= \frac{b^2\left(\sqrt{a^2-b^2}\cos\theta\right) \pm \sqrt{b^4(a^2-b^2)\cos^2\theta + b^4(a^2\sin^2\theta + b^2\cos^2\theta)}}{a^2\sin^2\theta + b^2\cos^2\theta} \\
&= \frac{b^2\left(\sqrt{a^2-b^2}\cos\theta + a\right)}{a^2\sin^2\theta + b^2\cos^2\theta}
\end{aligned}
\tag{5.17}
$$

(2) 対数渦巻き線車

対数渦巻き線は，半径線に対する接線の角度が一定の曲線である．図 5.14 (a) に示すように，同じ対数渦巻き線を接線が重なるように組み合わせると，接触点は中心軸を結ぶ線上につねに存在し，転がり接触の条件を満たす．対数渦巻き線は角度に対してつねに半径が拡大または縮小するので，連続回転はできない．図 (b) に示すように，対数渦巻き線の一部を組み合わせて，無限に回転できるようにしたものを，木の葉車とよぶ．

対数渦巻き線は接線角度 α が一定なので，図 (c) に示すように，微小角 $d\theta$ で半径 ρ が $d\rho$ だけ伸びるものとすると，次式が成り立つ．

$$
d\rho = \rho\, d\theta \tan\alpha \tag{5.18}
$$

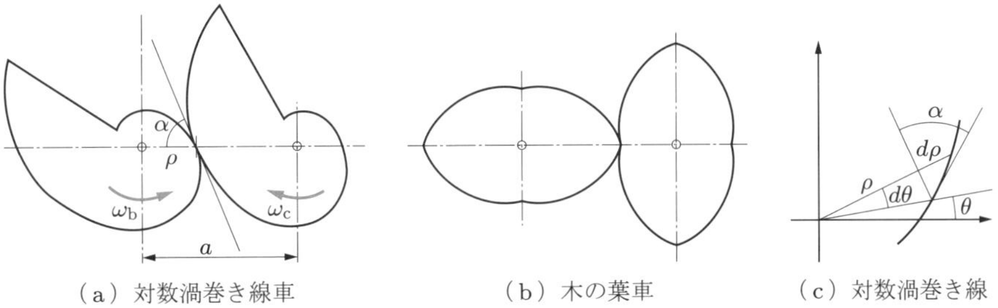

図 5.14 対数渦巻き線車

両辺を積分して整理すると，次のように半径 ρ を角度 θ の関数として表すことができる．

$$\int \frac{d\rho}{\rho} = \tan\alpha \int d\theta$$

$$\therefore\ \rho = e^{(\tan\alpha)\theta} \tag{5.19}$$

速比は次式で得られる．

$$u = \frac{\omega_c}{\omega_b} = \frac{\rho}{a-\rho} \tag{5.20}$$

5.3 摩擦変速機構

5.3.1 回転円板を用いた変速機構

図 5.15 に回転円板と小円板を用いた摩擦変速機構を示す．小円板の位置 x を変化させることで変速する．このとき，小円板 b と大円板 c のどちらを駆動輪にするかで速比の変化が異なることに注意する必要がある．図 (a) の場合，接触点の接線速度が等しいことから，駆動輪の選び方によって速比は次の二つが考えられる．

b が駆動輪の場合：　$u_1 = \dfrac{\omega_c}{\omega_b} = \dfrac{r}{x}$　(5.21)

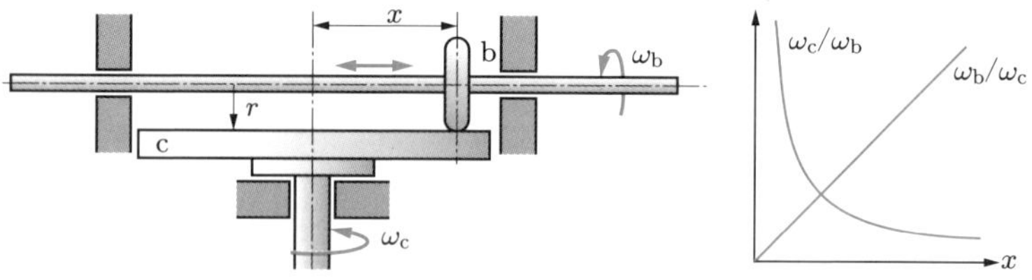

（a）二つの円板の組み合わせ

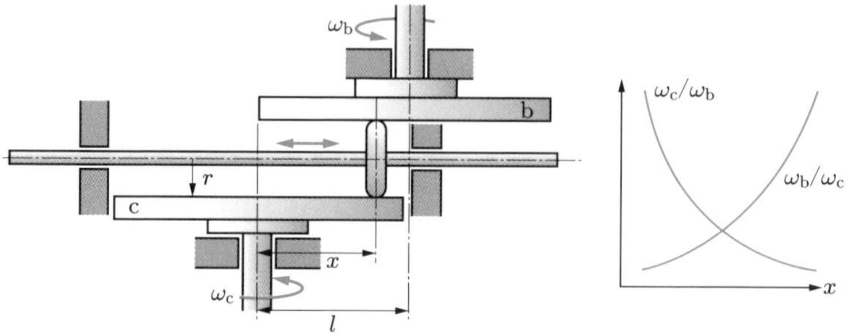

（b）三つの円板の組み合わせ

図 5.15　回転円板を用いた変速機構

c が駆動輪の場合： $u_2 = \dfrac{\omega_b}{\omega_c} = \dfrac{x}{r}$ (5.22)

小円板 b を駆動輪にした場合は，式 (5.21) のように x の逆数で速比が変化する．一方，大円板 c を駆動輪にした場合は，式 (5.22) のように x に比例して速比が変わる．

図 (b) の場合の速比は，小円板と大円板の接線速度が等しいことから次のようになる．

b が駆動輪の場合： $\dfrac{\omega_c}{\omega_b} = \dfrac{l-x}{x} = \dfrac{l}{x} - 1$ (5.23)

c が駆動輪の場合： $\dfrac{\omega_b}{\omega_c} = \dfrac{x}{l-x} = \dfrac{l}{l-x} - 1$ (5.24)

5.3.2 円錐車を用いた変速機構

図 5.16 (a) のように，円錐車と小円板を組み合わせて摩擦変速を行うことができる．円錐の半頂角を γ としたとき，速比について次式が成り立つ．

b が駆動輪の場合： $u_1 = \dfrac{\omega_c}{\omega_b} = \dfrac{r}{x\sin\gamma}$ (5.25)

c が駆動輪の場合： $u_2 = \dfrac{\omega_b}{\omega_c} = \dfrac{x\sin\gamma}{r}$ (5.26)

これより，円板による変速と同じく，小円板 b を駆動輪にすると，式 (5.25) のように

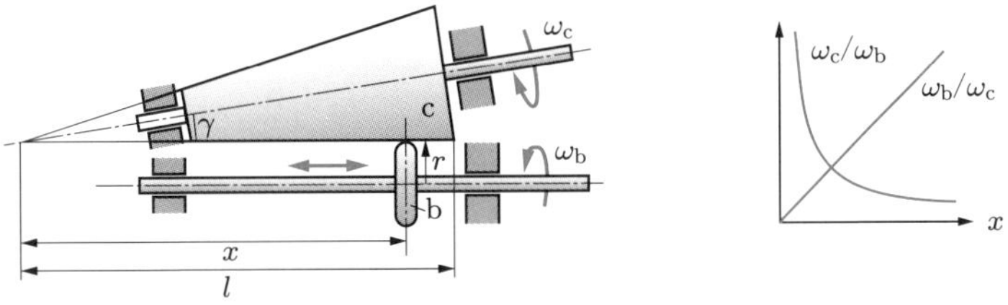

（a）円錐車と小円板による変速機構

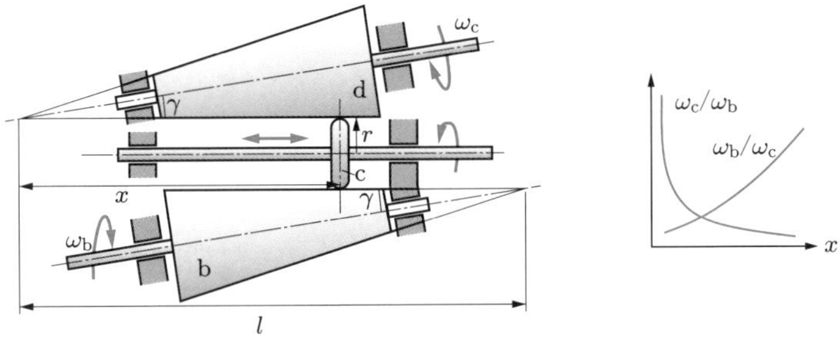

（b）二つの円錐車と小円板による変速機構

図 5.16 円錐車を用いた変速機構

x に逆比例して速比が変わり，円錐車 c を駆動輪にすると，式 (5.26) のように x に比例して速比が変わる．

一方，図 5.16 (b) のように，小円板を間に挟み，二つの円錐車と組み合わせて摩擦変速を行うことができる．このときの速比は，節 b を駆動輪とすると，次のようになる．

$$u_1 = \frac{\omega_c}{\omega_b} = \frac{l - x}{x} \tag{5.27}$$

また，上部の円錐車を入力軸とすると，速比は次のようになる．

$$u_2 = \frac{\omega_b}{\omega_c} = \frac{x}{l - x} \tag{5.28}$$

u_2 は u_1 の逆比になり，どちらも x に比例する速比にはならない．

5.3.3　リングコーン

摩擦変速機構としてよく知られた機構が，商品名リングコーン（日本電産シンポ社製）である．これには図 5.17 に示すものと，図 5.18 に示すものと 2 種類ある．図 5.17 に示すものはリテーナで回転自由に支えられた複数の遊星コーンがあり，それを入力軸と出力軸で挟み込んで回転を取り出すタイプである．図 5.18 に示すものは出力軸の端部に遊星コーンの軸が支えられており，ここから回転を取り出すものである．どちらもコーンの外側にはリングがあり，これが左右に移動することで変速を行う．リングは回転しないので，遊星コーンはリングの接触点 B で内周を転がる．

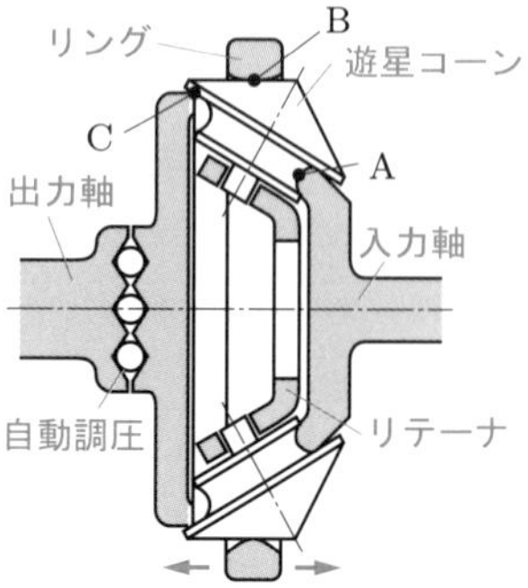

図 5.17　リングコーン無段変速機 1

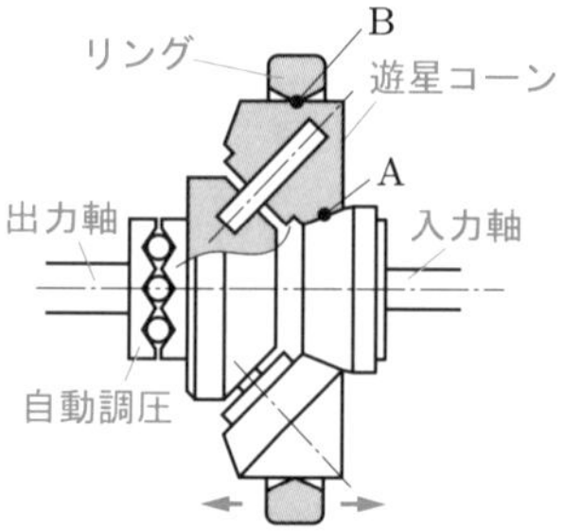

図 5.18　リングコーン無段変速機 2

図 5.17 の場合，出力ディスクの接触点 C は，てこの原理で B を支点に入力ディスクの接触点 A の回転を受け回転する．一方，遊星コーンも自転しながら公転するので，その回転分が出力軸の回転から差し引かれる．図 5.18 の場合は，遊星コーンの公転を出力として取り出す．出力軸には高い接触圧を得るために，波形円板にボールを挟んで回転変位により軸力を発生する自動調圧機構を備える．

5.3.4 トロイダル変速機構

トロイダル変速機構は，円環状のキャビティの中で，回転を伝えるパワーローラの角度を変えることで変速するものである．キャビティの形状により，図 5.19 に示すフルトロイダル式と図 5.20 に示すハーフトロイダル式がある．

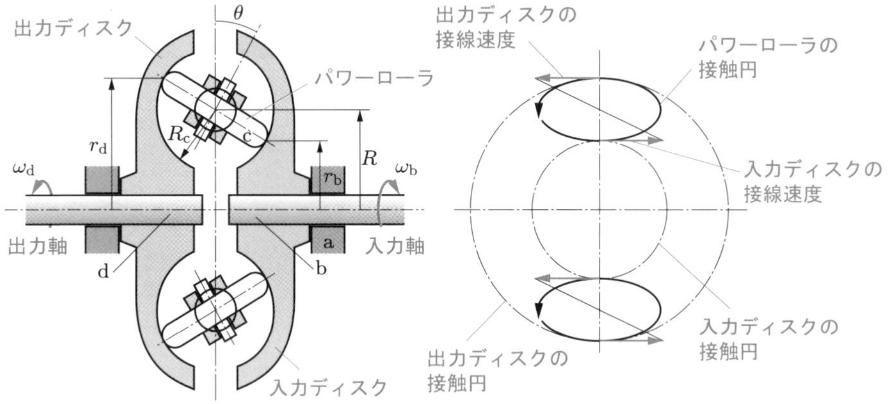

図 5.19 フルトロイダル式無段変速機構

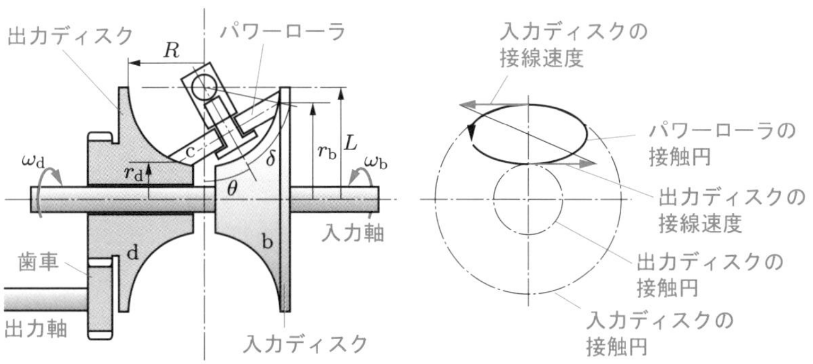

図 5.20 ハーフトロイダル式無段変速機構

フルトロイダル式の場合は，パワーローラがキャビティの中心に配置され，パワーローラを支える力は小さくてよいのが利点であるが，パワーローラを支える構造はディスク間の狭い隙間に制約される．その変速比は次のようになる．

$$u = \frac{\omega_d}{\omega_b} = \frac{r_b}{r_d} = \frac{R - R_c \sin\theta}{R + R_c \sin\theta} \tag{5.29}$$

ハーフトロイダルの場合は，パワーローラはキャビティの中心から離れた位置で回転し，その軸は押し付け反力を支えなければならないが，支持部の構造のスペースは広くとれる．その変速比は次式のようになる．

$$u = \frac{\omega_{\rm d}}{\omega_{\rm b}} = \frac{r_{\rm b}}{r_{\rm d}} = \frac{L - R\cos(\delta + \theta)}{L - R\cos(\delta - \theta)} \tag{5.30}$$

図 5.21 に示すものは，大型自動車の無段変速機として用いられたハーフトロイダル式無段変速機構である．四つの変速機構があり，これらが同期して動作する．回転出力は中央のディスクから歯車を介して取り出す．パワーローラの傾転軸は軸方向に少し移動でき，中心をずらすことによってパワーローラに傾転モーメントを発生させている．

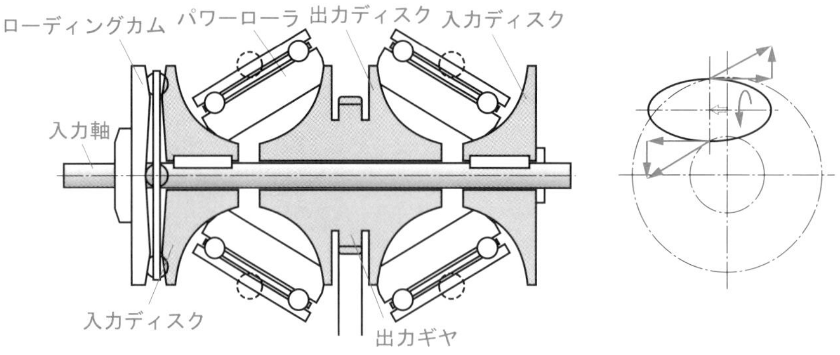

図 5.21　**大型自動車の無段変速機**

例題 5.2　図 5.20 の摩擦伝動機構において，$\theta = \pi/6\,\mathrm{rad}$ のときの速比はいくらか．ただし，$\delta = \pi/4\,\mathrm{rad}$，$L = 60\,\mathrm{mm}$，$R = 50\,\mathrm{mm}$ とする．

解答

式 (5.30) より速比を求める．

$$u = \frac{60 - 50 \times \cos(5\pi/12)}{60 - 50 \times \cos(\pi/12)} = 4.02$$

演習問題

5.1　長半径が a，短半径が b のだ円車について次の問いに答えよ．

(1) だ円は次式で表される．二つの焦点 F_1，F_2 からだ円上の任意点 $\mathrm{P}(x, y)$ までの長さを求め，だ円車が摩擦伝動機構として成り立つことを示せ．

$$\frac{x^2}{a^2} + \frac{y^2}{b^2} = 1$$

(2) $a : b = 2 : 1$ としてだ円を描き，その一つの焦点から $2a$ 離れた任意の位置に回転軸がある節との間に摩擦伝動が成立するとして，図式解法によりその輪郭曲線を描き，それが同じだ円形状になることを確認せよ．

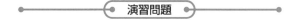

5.2 問図 5.1 に示す外接円錐摩擦車において，駆動輪を b とし，円錐摩擦車の半頂角をそれぞれ $\delta_b = 30°$，$\delta_d = 45°$ としたとき，角速度比 u を求めよ．また，接触点の平均周速度を 3 m/s，駆動輪 b を押す軸力 $F_b = 5$ N，接触面の摩擦係数 $\mu = 0.3$ としたとき，伝達できる動力は最大何 W か．

5.3 問図 5.2 の円錐摩擦車において，接触面の摩擦係数 $\mu = 0.3$ としたとき，摩擦車 b を駆動して摩擦車 d に 0.1 N·m のトルクを発生させるのに必要な押し付け力 F_b，F_d を求めよ．ただし，摩擦車 b の有効径を ϕ60 mm とする．

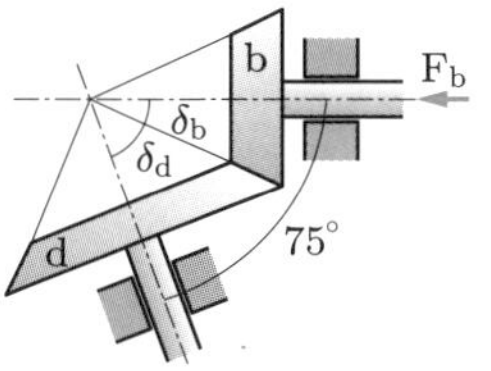

問図 5.1

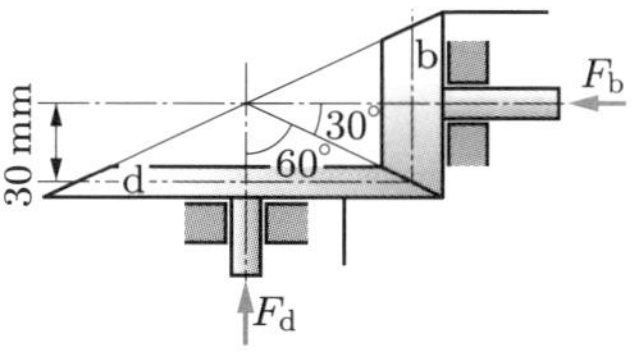

問図 5.2

5.4 問図 5.3 は溝付き摩擦車の断面の一部を示す．次の問いに答えよ．

(1) この機構は溝のない摩擦車に対し，どのような利点があるか．

(2) 接触面の摩擦係数 $\mu = 0.2$，溝の半頂角 $\delta = 15°$，押し付け力 $P = 30$ N としたとき，最大回転接線力 F を求めよ．

5.5 問図 5.4 の摩擦伝動機構において，摩擦車 b，c は一体として回転し，b は静止節 d の内面に接し，c は摩擦車 e の内面に接し，転がり接触をする．また，摩擦車 f は e の外面に接し，転がり接触をする．次の問いに答えよ．ただし，入力角を θ，出力角を λ とし，b，c の回転角を ψ，および e の回転角を ϕ とする．また，b，c の半径を R_b，R_c とし，d の内半径を R_d，および e の内半径，外半径を R_e，R_e'，f の外半径を R_f とする．すべりは考慮しなくてよい．

(1) 入力軸のアーム a と出力軸 f の回転方向は同一か反対か．

(2) 入力角 θ と出力角 λ の大きさの比を求めよ．

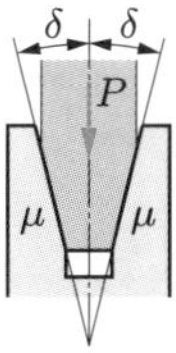

問図 5.3

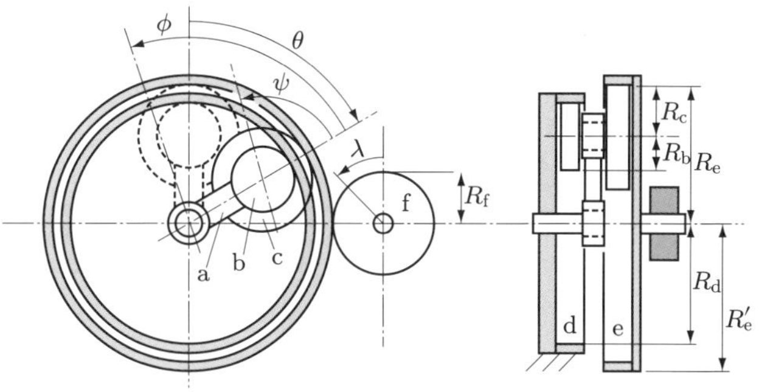

問図 5.4

5.6　問図 5.5 において，球 b を支える軸が球の中心 O の周りに θ だけ傾いたとき，小円板 d の回転数 n_d は，球 b の回転数 n_b に対し三角関数で表されることを示せ．

5.7　問図 5.6 のリングコーン無段変速機について，リングの変位 x と速比 u の関係式を求めよ．ただし，入力軸 b 先端の直径を d_1，コーン c の端面の直径を d_2 とし，この二つの円が接触するものとする．また，リングの内径 D，コーンの頂角 90°，斜面の長さ L，コーン先端からリングの接触円までの距離 x とする．

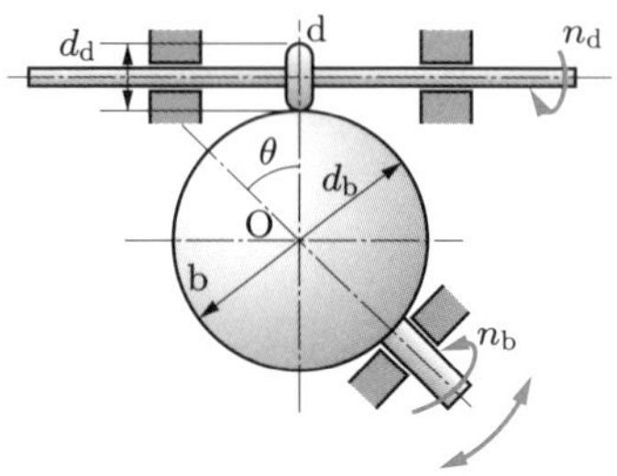

問図 5.5

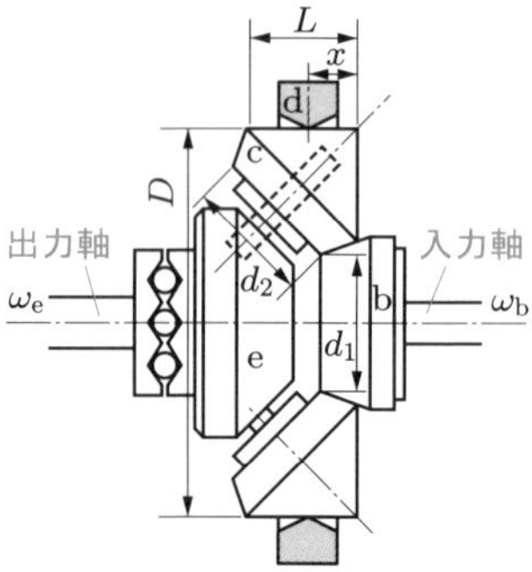

問図 5.6

5.8　問図 5.7 に示すハーフトロイダル式無段変速機について，キャビティ半径 R，傾転軸と入力軸の距離 L，パワーローラの回転軸から接触点までの角度 δ，出力ディスク d の歯車の歯数 z_d，出力軸 e の歯数 z_e とする．$L = 50\,\mathrm{mm}$，$R = 30\,\mathrm{mm}$，$\delta = \pi/4\,\mathrm{rad}$，$z_\mathrm{d} = 48$，$z_\mathrm{e} = 24$ とし，速比を θ の関数として求めよ．

5.9　問図 5.8 の無段変速装置について，ローラの回転軸の偏角を θ としたとき，入力を基準とした回転速度比を θ の関数として表せ．ただし，ローラ接触球面の半径を R，接触角の半分を δ とする．

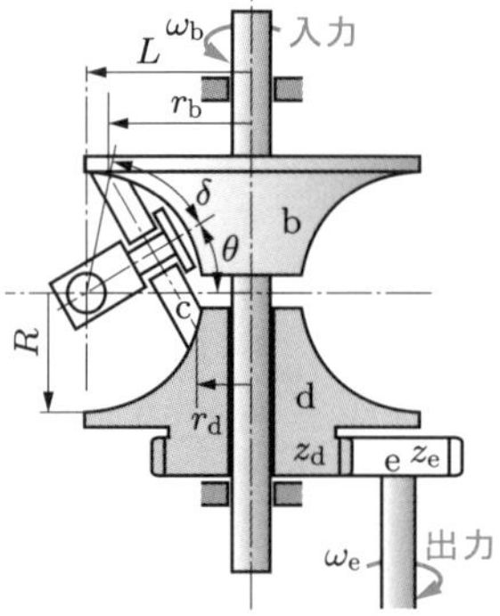

問図 5.7

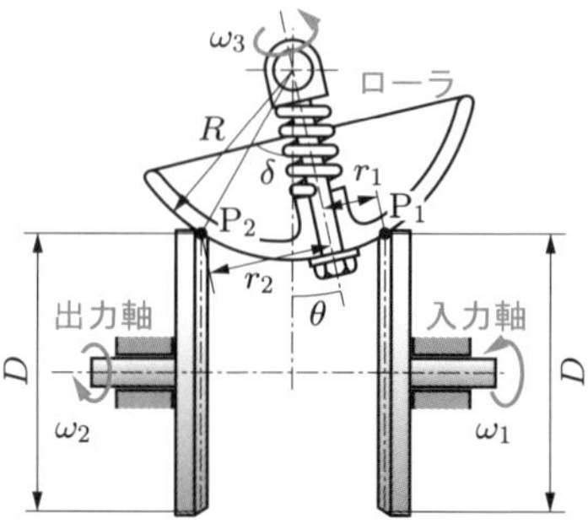

問図 5.8

6章 カム機構

カム（cam）は，その形状により，原動節の一定回転の動きを直線運動や揺動運動に変えるものである．カムは単純な構造で，繰り返し運動に適しており，コストも低く信頼性が高いという特徴がある．身近な例では，自動車や船舶などの内燃機関の吸排気弁の駆動に用いられている．自動車のエンジンでは，キノコ形の弁の軸をカムによって押し下げることでバルブを開き，シリンダの吸気あるいは排気を行うが，その動作とタイミングがエンジン性能に深く関与している．図 6.1 に各種のカムの駆動方法を示す．バルブ軸は当初，主軸から回転をとるため下側にあり，弁は上向きであったが，高速化のため吸排気効率のよい頭上弁（OHV）となった．カムにより作られた運動はプッシュロッドによりロッカーアームを介して弁体に伝えられたが，プッシュロッドの慣性抵抗を減らすため，シリンダヘッドに単一のカム軸を配置する SOHC となり，さらに吸排気のカム軸を分ける DOHC となった．このように，内燃機関にとって，カムはなくてはならない重要な要素である．本章では，カムの種別や力の伝わり方，設計方法について学ぶ．

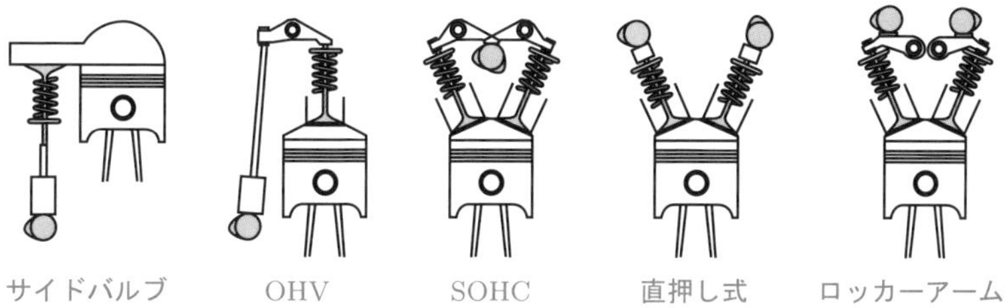

図 6.1　カムの駆動方法

6.1 カムの種類

カムは，その運動の形態やカムの形状によって分類することができる．カムの種類を，以下に述べる．

6.1.1　基本運動による分類

図 6.2 に，運動の形態によって分類したカムの種類を示す．

直線運動カム（translation cam）：従動節が直線運動を行うカム．

揺動運動カム（oscillation cam）：従動節が揺動運動を行うカム．

回転運動カム（rotating cam）：従動節の軸が回転運動を行うカム．

直進カム（translating cam）：原動節が直線運動を行うカム．

確動カム（positive mechanical constraint cam）：従動節とカムとの接触をばねや重力に頼らず，上下から挟み込むなどして，確実な運動が得られるようにしたカム．

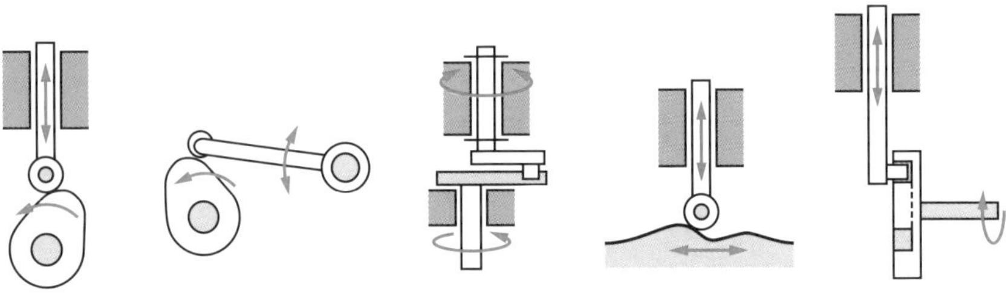

（a）直線運動カム（b）揺動運動カム（c）回転運動カム（d）直進カム（e）確動カム

図 6.2　カムの動作種別

6.1.2　平面カム

平板状のカムを**平面カム**（plane cam）という．図 6.3 に，その種類を示す．

板カム（plate cam）：厚板から切り出した，もっとも一般的なカム．

円板（偏心）カム（circular cam）：円板の中心からずれた位置に回転軸を設けたカム．

正面カム（face cam）：円板に掘り込まれた溝に従動節の先端のピンまたはローラがはまり込んでいるカム．

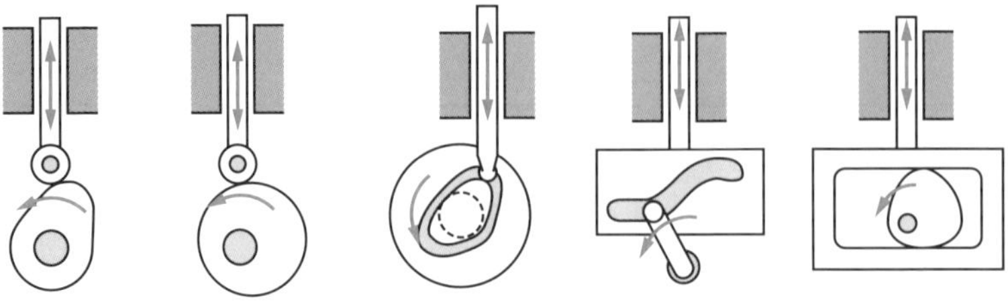

（a）板カム（b）円板カム（c）正面カム（d）反対カム（e）三角カム

図 6.3　平面カム

反対カム（inverse cam）：従動節側に運動を作り出すカム曲線が設けられたカム．

三角カム（triangular cam）：四角の枠内におむすび状のカムが入っているもの．カムの上下 2 面で接しているので，前述の確動カムでもある．

6.1.3 立体カム

立体的な形状のカムを，**立体カム**（solid cam）という．図 6.4 に，その種類を示す．

斜板カム（swash plate cam）：回転軸に斜めに取り付けられた板を用いるカム．

端面カム（end cam）：円筒を斜めに切断し，その断面をカム曲線とするカム．

球面カム（spherical cam）：回転する球面体に掘られた溝に従動節の先端のピンをはめ込んだカム．従動節は回転運動を行う．

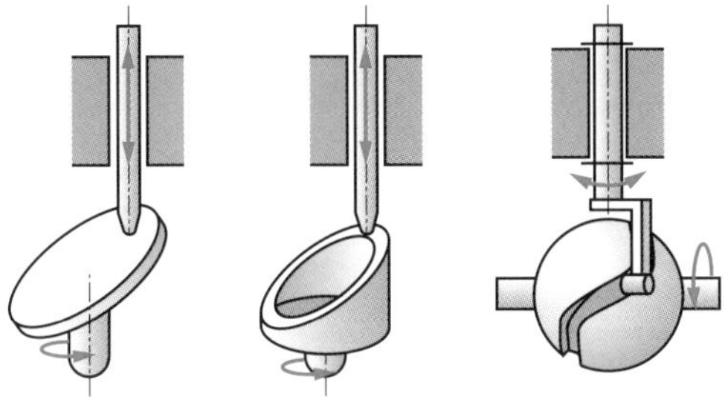

（a）斜板カム　（b）端面カム　（c）球面カム

図 6.4 立体カム

6.2 カムに作用する力

図 6.5 に，カムの接点に作用する力を示す．カム b には外部から回転力 τ が作用する．カムの回転支持点 B から接触点 P までの距離を ρ，従動節の摺動方向からの角度を θ とする．点 P では，従動節からカムに対し，直線 BP に垂直の方向に力 $F_t = \tau/\rho$ が，また BP の方向に力 F_a が作用し，その合力が共通法線方向に作用する力 F_n となる．また，共通接線の方向に摩擦力 F_f が作用し，F_n との合力 F' がカムによって従動節 c を押す作用力 F とつり合う．この力 F は垂直成分 F_v と水平成分 F_h に分けられ，F_v は従動節を駆動する力として負荷 L とつり合い，F_h は静止節 a である直線案内からの反力 R とつり合う．

従動節の摺動方向と接点 P の共通法線との角度 α を**圧力角**（pressure angle）という．摩擦係数を μ として，図より次の関係式が成り立つ．

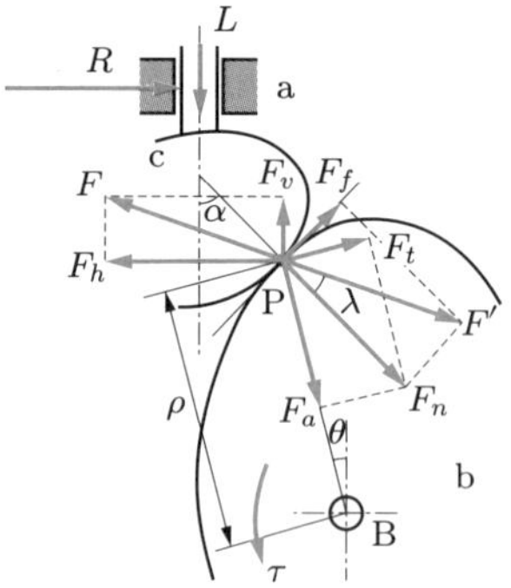

図 6.5 カムに作用する力

$$F_n = \frac{F_t}{\sin(\alpha - \theta)} \tag{6.1}$$

$$F_a = F_n \cos(\alpha - \theta) = \frac{\cos(\alpha - \theta)}{\sin(\alpha - \theta)} F_t \tag{6.2}$$

$$\tan\lambda = \frac{F_f}{F_n} = \frac{\mu F_n}{F_n} = \mu \tag{6.3}$$

$$F = \frac{F_n}{\cos\lambda} = \frac{1}{\cos\lambda \sin(\alpha - \theta)} F_t \tag{6.4}$$

$$F_v = F\cos(\alpha + \lambda) = \frac{\cos(\alpha + \lambda)}{\cos\lambda \sin(\alpha - \theta)} F_t \tag{6.5}$$

$$F_h = F\sin(\alpha + \lambda) = \frac{\sin(\alpha + \lambda)}{\cos\lambda \sin(\alpha - \theta)} F_t \tag{6.6}$$

6.3 カム線図

6.3.1 カム線図

カムの輪郭曲線は，従動節の運動を生成する基本的な曲線である．図 6.6 に平面カムの例を示す．圧力角 α が大きくなると，カムからの力を効率よく従動節を動かす力に変換できない．このため，$\alpha \leqq 45°$ になるように設計するのがよい．

カムの回転角 θ を横軸に，回転中心から輪郭曲線上の点までの長さ ρ を縦軸にして，輪郭曲線の形を示すグラフを描くと，図 (a) のようになる．曲線の接線の角度が最大値 $\tau_{\max}$ をとる長さを ρ_p とする．図 (b) のようにカムの回転中心からこの ρ_p を半径とする円を描いたとき，これをピッチ円といい，変位線図での対応する直線（破線で示す）をピッチ線という．

従動節とカムとの摩擦抵抗を減らすために，その先端にローラを取り付けている場

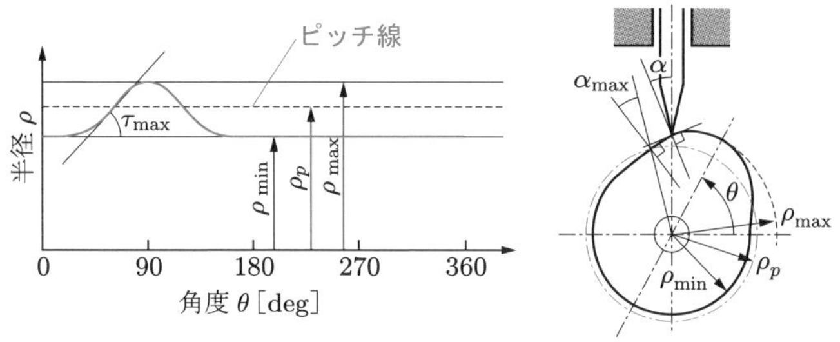

（a）変位線図　　　（b）ピッチ円

図 6.6　**変位線図とピッチ円**

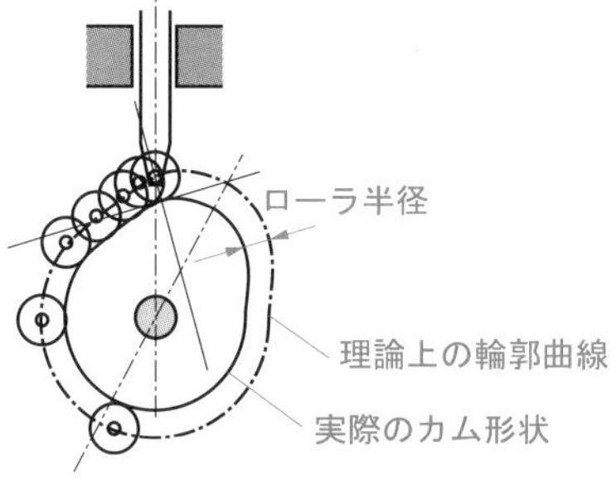

図 6.7　**先端ローラの影響**

合は，図 6.7 に示すように，理論上の輪郭曲線は実際のカムの形状よりローラの半径分だけ外側になる．

例題 6.1　図 6.8 の円板カム機構について，次の問いに答えよ．

(1) 従動節 d の変位 y を原動節 b の角度 θ で表せ．

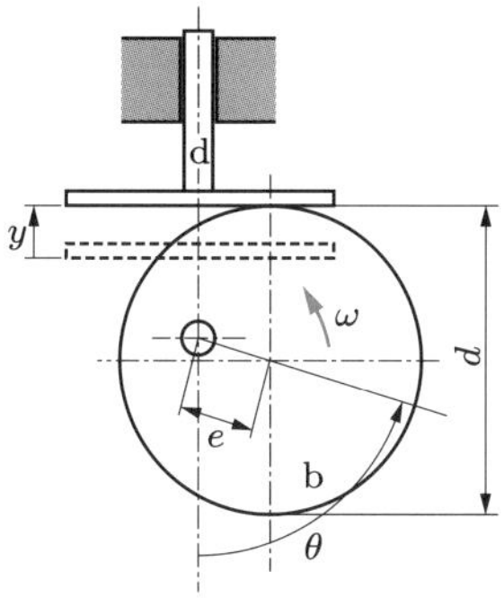

図 6.8

(2) ピッチ円は変位の変化率が最大値をとる点を通る．ピッチ円の直径 d_p を求めよ．

(3) 変位線図と速度線図，加速度線図を描け．

解答

(1) $y = e(1 - \cos\theta)$

(2) 変位の 2 階微分値を 0 として求める．

$$\frac{dy}{d\theta} = e\sin\theta, \quad \frac{d^2y}{d\theta^2} = e\cos\theta = 0$$

より，$\theta = \pi/2$，$3\pi/2$ のとき変位の変化率が最大となる．このときの変位は，

$$y_p = e\left(1 - \cos\frac{\pi}{2}\right) = e\left(1 - \cos\frac{3\pi}{2}\right) = e$$

より，d_p は次のようになる．

$$d_p = 2\left(\frac{d}{2} - e + y_p\right) = d - 2e + 2e = d$$

(3) (1) の結果を時間 t で微分して，次のようになる．

$$y = e(1 - \cos\theta), \quad \dot{y} = e\sin\theta \cdot \frac{d\theta}{dt} = e\omega\sin\theta, \quad \ddot{y} = e\omega\cos\theta \cdot \frac{d\theta}{dt} = e\omega^2\cos\theta$$

グラフを図 6.9 に示す．

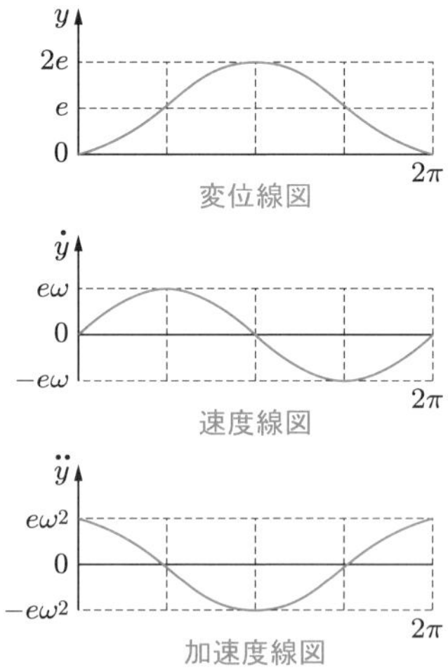

図 6.9　円板カムの変位・速度・加速度線図

6.3.2　緩衝曲線

カムは半径線 ρ の長さの変化により従動節を動かす．図 6.10 に示すように，半径が ρ_1，角度が θ_1 の点 A と，半径が ρ_2，角度が θ_2 の点 B をつなぐ曲線を考える．この間を直線で結ぶと，各接続点で半径方向の速度が不連続になり，大きな加速度が発生

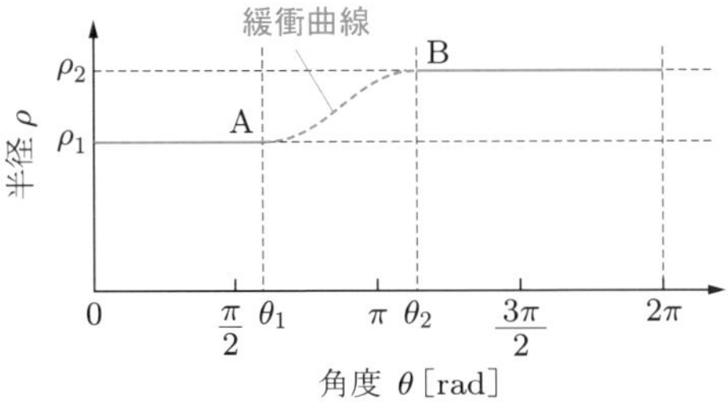

図 6.10 緩衝曲線

する．この衝撃を少なくするためには，なめらかな曲線で点 A，B 間をつなぐ必要がある．これは接続点 A，B の接線が不連続にならず，かつ AB 間で接線が連続的に変化しなければならないことを意味する．このように，衝撃を緩和することを目的とした曲線を**緩衝曲線**（easement curve）という．

緩衝曲線として代表的なものを，図 6.11 に示す．図 (a) は放物線，図 (b) は三角関数を用いたものである．なお，三角関数は θ が $\pi/2$ より小さい範囲を用い，それを対称にしてつなげてもよい．

放物線を用いた緩衝曲線の使い方を図 6.12 に示す．接続区間の中点 M をとり，点 A と点 M を緩衝曲線で結ぶ．次に，点 M に対して点対称になるように緩衝曲線を回転する．これにより，緩衝曲線と回転した緩衝曲線の点 M での接線は一致する．

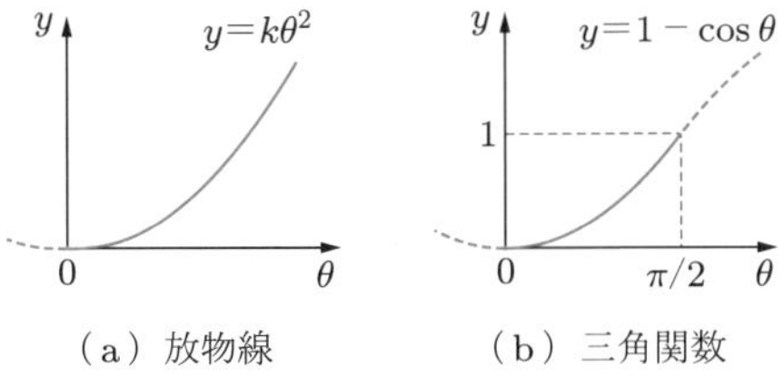

図 6.11 緩衝曲線の例

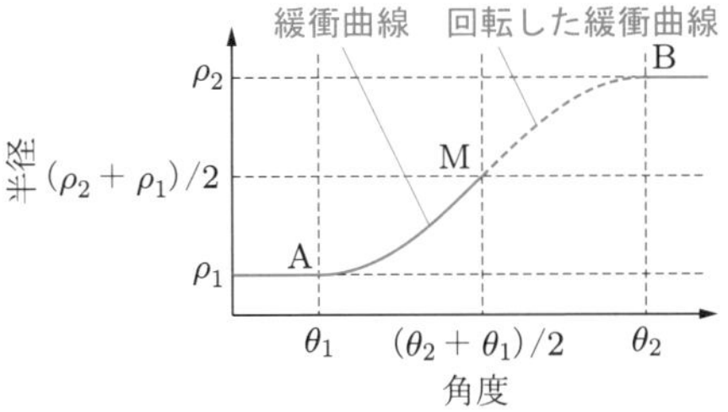

図 6.12 緩衝曲線の使い方

例題 6.2　ピッチ円半径 $\rho_p = 30\,\mathrm{mm}$ の平面カムにおいて，角度 $0°$〜$60°$ の間に高さが $8\,\mathrm{mm}$ 変化するようにカム曲線を設計したい．図 6.13 に示すように緩衝曲線として放物線を採用したとき，係数 k を求めて放物線を決定せよ．

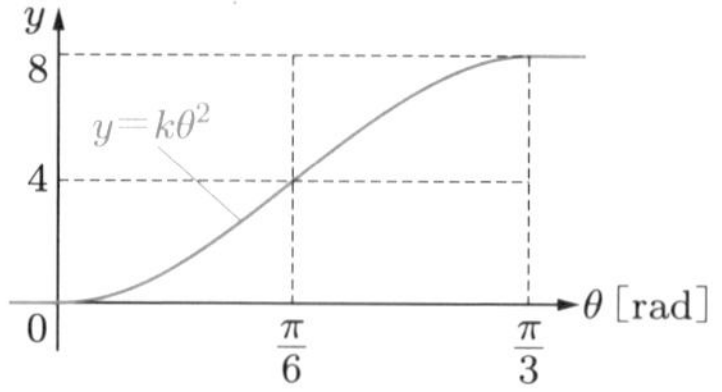

図 6.13

解答

$$4 = k\left(\frac{\pi}{6}\right)^2 = \frac{\pi^2}{36}k, \quad \therefore\ k = 14.6$$

これより放物線の式を得る．

$$y = 14.6\theta^2$$

6.4 カムの設計

6.4.1 輪郭曲線の作成

カムの設計を行うには，まず，従動節に必要な運動を表すカム曲線を生成し，これを極座標系に展開する．図 6.14 に示すように，横軸に角度 θ を，縦軸に半径 ρ をとり，カム曲線の角度 θ に対応した半径 ρ を曲線 $f(\theta)$ で表す．次に，長さ ρ，角度 θ のベクトルを xy 直交座標系に描く．ベクトルの先端をなめらかな曲線で結ぶと，カムの輪郭曲線が得られる．ここで，$f(\theta)$ が連続関数として与えられるときは，$\mathrm{P}(\rho\cos\theta, \rho\sin\theta)$ として点 P の軌跡を計算すればよい．

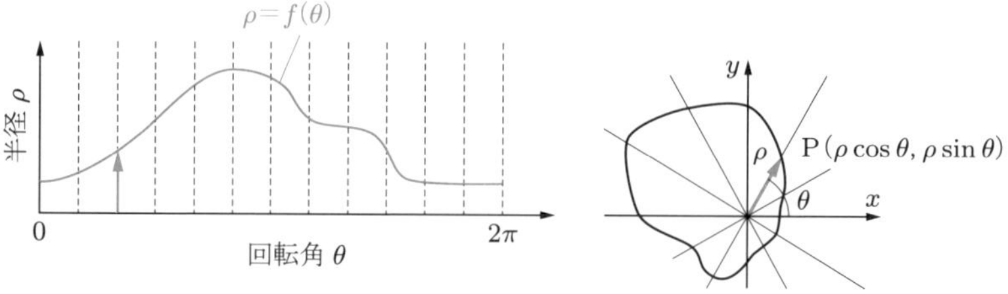

図 6.14　輪郭曲線の作成

6.4.2　単調増加のカム

単調増加の直線変位をカム輪郭に写し取る方法を，図 6.15 に示す．図の左側のグラフには，横軸に回転角度 θ を，縦軸に半径 ρ をとり，点 A から点 B まで角度に比例する直線変位を描く．横軸の角度 θ を右側の点 O を中心とする円にとり，対応する半径 ρ をその角度の半径線上にプロットする．これをなめらかにつなげば，直線 AB が曲線 AB に移る．この曲線 AB がカムの輪郭になる．

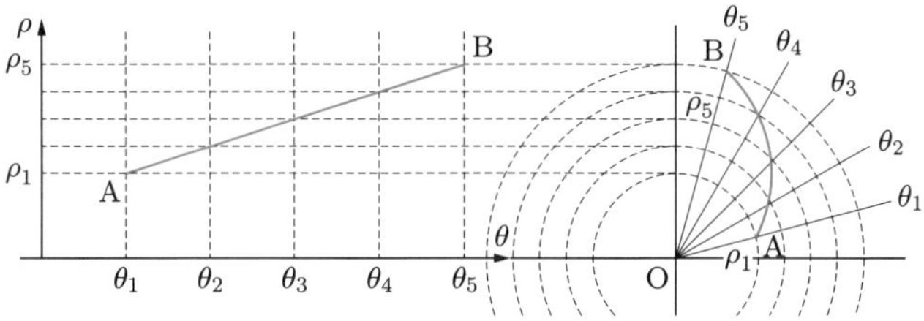

図 6.15　輪郭曲線の描き方

これを数式で表してみよう．図 6.16 に示すように，xy 直交座標系において，角度 θ に対応する半径を ρ とする．また，端末条件を θ_1 のとき ρ_1，θ_2 のとき ρ_2 とする．2 点間の半径が角度に比例するとして，次式が得られる．

$$\rho = \rho_1 + \frac{\rho_2 - \rho_1}{\theta_2 - \theta_1}(\theta - \theta_1) \tag{6.7}$$

これを点 $\mathrm{P}(x, y)$ の座標に換算すると，x，y は θ の関数として次のように表される．

$$\begin{cases} x = \rho\cos\theta = \left\{\rho_1 + \dfrac{\rho_2 - \rho_1}{\theta_2 - \theta_1}(\theta - \theta_1)\right\}\cos\theta \\[2ex] y = \rho\sin\theta = \left\{\rho_1 + \dfrac{\rho_2 - \rho_1}{\theta_2 - \theta_1}(\theta - \theta_1)\right\}\sin\theta \end{cases} \tag{6.8}$$

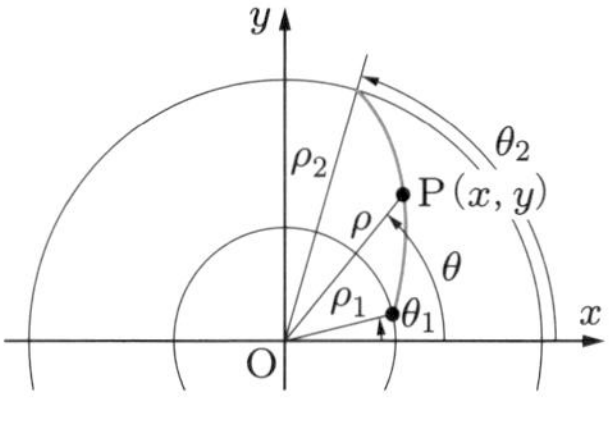

図 6.16　極座標表示

6.4.3　接線カム

図 6.17 に示すような円弧と直線で構成されるカムを，**接線カム**（tangent cam）という．円弧の中心間距離を a，大円弧の半径を ρ_1，小円弧の半径を ρ_2 とする．大円弧の中心 C，小円弧の端点 B として，直線 BC と大円弧の半径線 AC がなす角を θ_1，大円弧の半径線 AC と中心線とがなす角を θ_2 とすると，次のような関係が得られる．

$$\theta_1 = \tan^{-1}\frac{\sqrt{a^2-(\rho_1-\rho_2)^2}}{\rho_1}, \quad \theta_2 = \cos^{-1}\frac{\rho_1-\rho_2}{a} \tag{6.9}$$

大円弧の中心点 C から直線上の任意の点 P に至る半径線の長さを ρ，大円弧の半径線 AC からの角度を θ とする．このとき，直線 AB 部分の半径線の長さ ρ は，次のように表される．

$$\rho = \frac{\rho_1}{\cos\theta} \tag{6.10}$$

また，小円弧の部分の半径 ρ は，図 6.18 を参考にして，次のようになる．ただし，$\angle\mathrm{BDP} = \phi$ とする．

$$\begin{cases} \rho\sin\theta = \rho_2\sin\phi + a\sin\theta_2 \\ \rho\cos\theta = \rho_2\cos\phi + \rho_1 - \rho_2 \end{cases} \tag{6.11}$$

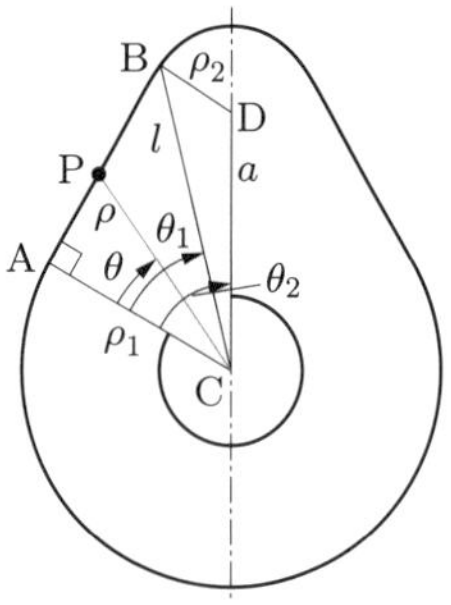

図 6.17　接線カム

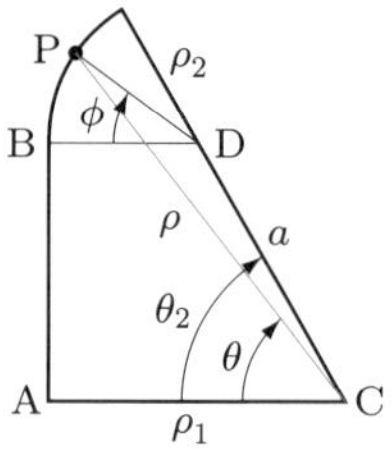

図 6.18　小円弧部分

移項して二乗和をとり，ϕ を消去する．

$$(\rho_2\sin\phi)^2 + (\rho_2\cos\phi)^2 = {\rho_2}^2 = (\rho\sin\theta - a\sin\theta_2)^2 + (\rho\cos\theta - \rho_1 + \rho_2)^2$$

$$\therefore\ \rho^2 - 2p\rho + q = 0 \tag{6.12}$$

ただし，

$$\begin{cases} p = a\sin\theta_2\sin\theta + (\rho_1-\rho_2)\cos\theta \\ q = a^2\sin^2\theta_2 + (\rho_1-\rho_2)^2 - {\rho_2}^2 \end{cases} \tag{6.13}$$

である．これより，θ_1 での ρ の値の一致を考慮して，

$$\rho = p + \sqrt{p^2 - q} \tag{6.14}$$

となる．

図 6.19 に ρ の計算例を示す．この ρ の変化は，従動節の高さの変化になる．

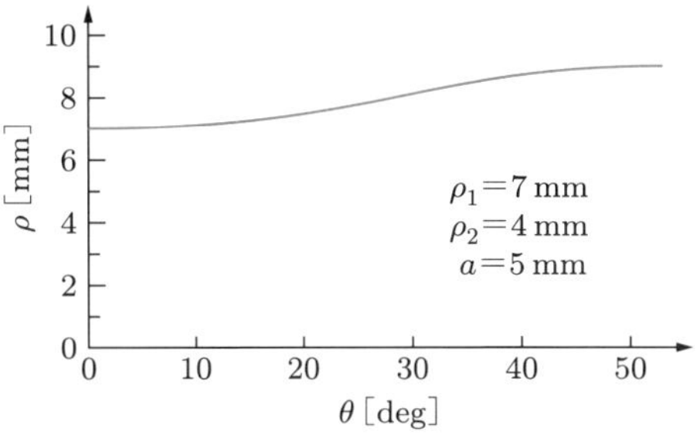

図 6.19　接線カムの半径の変化

6.4.4　三角カム

確動カムの一つとして三角カムがある．図 6.20 に示すように，四角の枠内におむすび形のカムが入っていて，枠の上下がカムに接している．カムは半径 R_1，角度 60° の小円弧と半径 R_2，角度 60° の大円弧とが向き合ったものを 120° 回転して 3 組結合した形をもち，弧の中心の結合点の一つに回転軸を備えている．カムの回転に伴って，回転軸が上側（図 (a)）の場合と，回転軸が下側（図 (b)）の場合が交互に繰り返され，従動節である枠は上下に移動する．枠の上下幅 $W = R_1 + R_2$ である．図 6.21 に示すように，回転角が 0°〜60° では回転軸が上側にあって，枠は上昇し，60°〜120° では回転軸が下側にあって，枠はさらに上昇する．120°〜180° の間は回転軸が下側にあっ

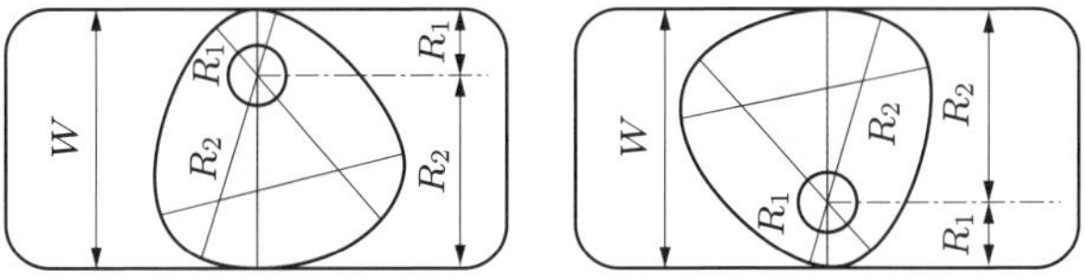

（a）回転軸が上側　　（b）回転軸が下側

図 6.20　三角カムの構造

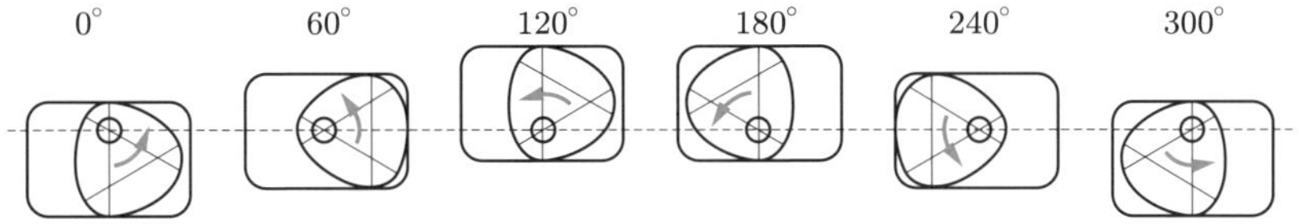

図 6.21　三角カムの動作

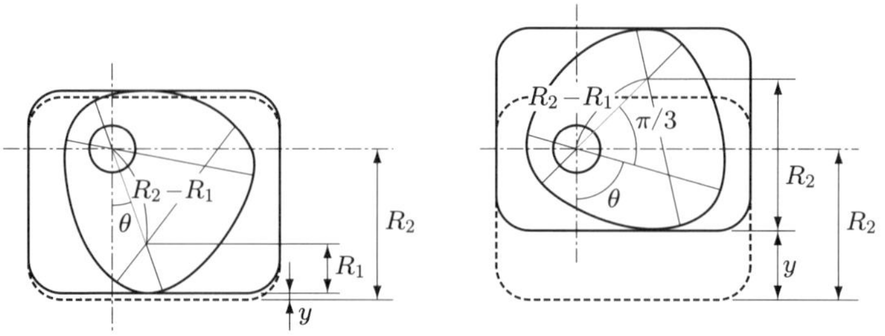

（a）0°～60°の場合　　（b）60°～120°の場合

図 6.22 三角カムの変位

て，枠は上下動しない．180°～240° では回転軸が下側にあって，枠は下降し，240°～300° は回転軸が上にあって，枠はさらに下降する．300°～0° では回転軸が上にあって，枠は上下動しない．

この従動節の変位 y は次のようにして求めることができる．まず，0°～60° の範囲では，図 6.22 (a) より，従動節の変位 y は次のようになる．

$$y = R_2 - \{R_1 + (R_2 - R_1)\cos\theta\} = (R_2 - R_1)(1 - \cos\theta) \tag{6.15}$$

次に，60°～120° の範囲では，図 6.22 (b) に示すように，従動節の変位 y は次のようになる．

$$y = R_2 - (R_2 - R_1)\cos\left(\theta + \frac{\pi}{3}\right) - R_2 = \frac{(R_2 - R_1)}{2}\left(\sqrt{3}\sin\theta - \cos\theta\right) \tag{6.16}$$

図 6.23 に，三角カムの変位曲線の例を示す．

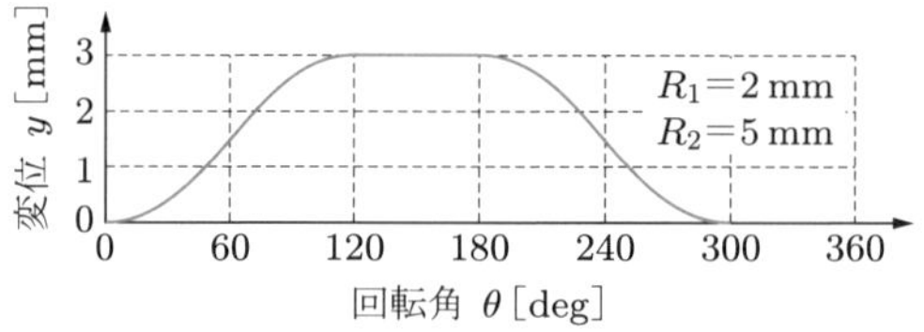

図 6.23 三角カムの変位曲線

演習問題

6.1 問図 6.1 の円板カム機構は，従動節の中心線が d だけオフセットしている．円板の半径を R，ローラの半径を r，偏心量を e としたとき，従動節の高さ y をカムの回転角 θ の関数として求めよ．

6.2 問図 6.2 に示す端面カムについて，次の問いに答えよ．ただし，水平面内回転半径を r，上下動の大きさであるリフトを h とする．

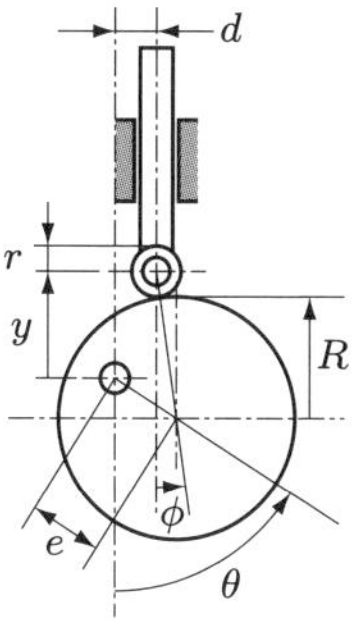

問図 6.1

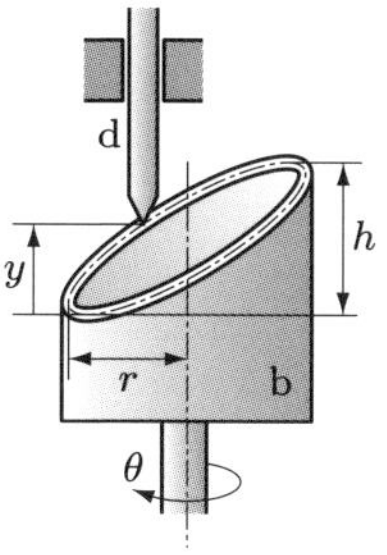

問図 6.2

(1) 従動節 d の変位 y をカム b の最下点位置を基準とする回転角 θ の関数として求めよ.

(2) 横軸 θ, 縦軸 y として変位線図を描け.

(3) 変位 y を θ で微分して, 最大傾斜 $\tau_{\max}$ となる回転角を求め, 変位線図上にピッチ線を描け.

6.3 問図 6.3 に示すカムの変位線図を描け. ただし, カムの曲線は次式で表されるアルキメデス渦巻き線を 2 本対称に組み合わせたものとする.

$$\rho = \frac{d}{2} + \frac{h}{\pi}\theta$$

6.4 問図 6.4 に示すカムの変位線図において, h だけ異なる高さ一定の直線部分を, 正弦曲線を用いた緩衝曲線で接続する. 次の問いに答えよ. ただし, $h = 8\,\mathrm{mm}$, $\theta_0 = \pi/2\,\mathrm{rad}$ とする.

(1) この曲線は両端で直線部になめらかに接する. 曲線を表す方程式を求めよ.

(2) 従動節の速度が最大 160 mm/s になるように, カムの角速度 ω を決めよ.

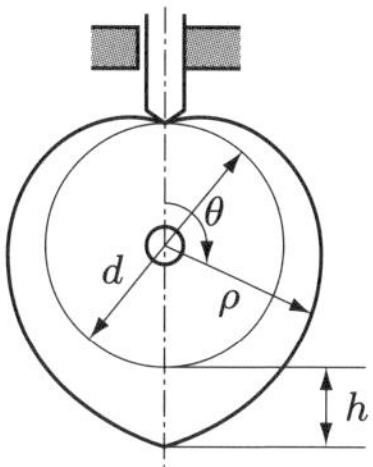

問図 6.3

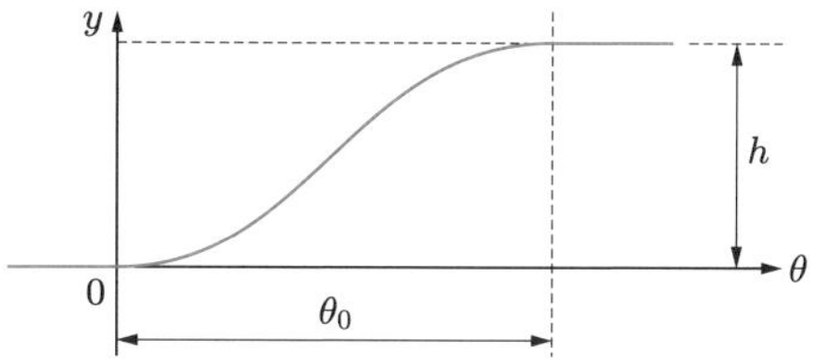

問図 6.4

7章 歯車機構

図 7.1 に，一般的な歯車の例を示す．歯車は，昔から水車や風車の回転を伝えるために使われてきた．また，機械時計は歯車の組み合わせでできており，精密な歯車が生まれる基礎となった．摩擦伝動にはすべりやずれが発生するのに対し，歯車は大きな回転力を伝達できるほかに，位置がずれないという大きな特徴がある．水車は大きな回転力を利用したものであり，時計は位置がずれない性質を利用している．

図 7.1　平歯車

初期の歯車は，すべることなく確実に回転を伝えるためのもので，円板に単に突起物を埋め込んだだけであった．歯面の形状については工学的考察がなされておらず，回転は均一ではなかったと思われる．現在では，歯形曲線に対して理論的な考察がなされており，なめらかで正確な回転伝達が可能になっている．本章では，歯車の理論について理解し，工業的に広く使われているインボリュート歯車の種類や使い方について学ぶ．

7.1 歯車の基礎

7.1.1 歯車の特徴と種類

歯車は，歯のない摩擦伝動に比較して次のような特徴がある．

①速度比が一定で，位置関係がずれないのであいまいさがない．

②歯が折れない限り，大きなトルクが伝達できる．

③摩擦力を増やすために軸を強い力で押す必要がなく，回転伝達の効率が良い．

現在までに非常に多くの歯車が開発されている．次のような種類がある．

(1) 平行軸回転伝達

回転軸が平行に配置された歯車を，図 7.2 に示す．

平歯車（spur gear）：

一般的に用いられる歯車で，円筒の外周に回転軸と平行な歯を付けた**外歯車**（external gear）．外歯車どうしを組み合わせると，回転方向が逆になる．

はすば歯車（helical gear）：

歯筋が回転軸に対して斜めになった平歯車．歯の傾きが逆方向の歯車を組み合わせる．斜めの歯にすることによって，かみ合いが途切れず，なめらかな回転伝達ができるが，軸方向に推力が発生する．

やまば歯車（double-helical gear）：

はすば歯車の軸方向推力を相殺するために，歯を山形にした平歯車．加工が難しいので，船舶の推進軸の大型ギヤなど特殊な用途に用いられる．

内歯車（internal/annulus gear）：

円筒内面に歯がある歯車で，外歯車と組み合わせて用いる．内歯車と外歯車は回転方向が一致する．

ラック（rack）：

直線状の歯車である．通常，小径の平歯車である**ピニオン**（pinion）と組み合わせて用いる．

（a）平歯車　（b）はすば歯車　（c）やまば歯車

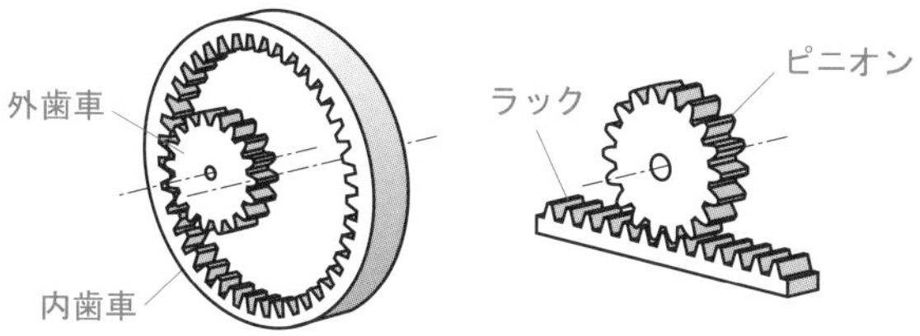

（d）内歯車　（e）ラック

図 7.2　平行軸の歯車

(2)　交差軸回転伝達

面内で交差する回転軸の間に回転を伝える歯車を，図 7.3 に示す．

すぐばかさ歯車（straight bevel gear）：

もっとも一般的に用いられているかさ歯車（円錐台の外周に歯を付けた歯車）．かさ歯車どうしは回転方向が逆になる．軸の交差角度は 0°～180° の範囲で設定できる．交差角度が 90° で歯数が等しい場合を**マイタギヤ**（miter gear）という．

はすばかさ歯車（skew/helical bevel gear）：

歯筋が斜めになったかさ歯車．斜めの歯にすることによって，かみ合いが途切れず，なめらかな回転伝達ができる．

まがりばかさ歯車（spiral bevel gear）：

歯筋が曲線になったかさ歯車．曲線にすることによって，かみ合いが途切れず，さらになめらかな回転伝達ができる．

フェースギヤ（contrate gear）：

薄い円環の表面に歯が切ってある歯車．

クラウンギヤ（crown gear）：

おもちゃなどに使われる簡便なもので，形が王冠に似ている．

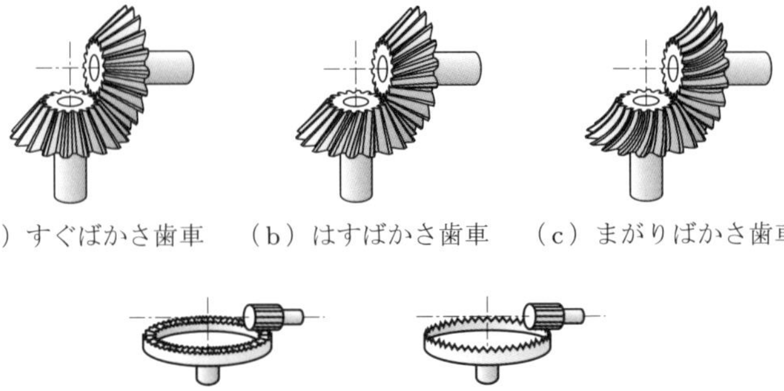

（a）すぐばかさ歯車　（b）はすばかさ歯車　（c）まがりばかさ歯車

（d）フェースギヤ　（e）クラウンギヤ

図 7.3　交差軸の歯車

(3)　食い違い交差軸回転伝達

面外で交差する食い違い軸の歯車を，図 7.4 に示す．

ねじ歯車（crossed helical gear）：

はすば歯車の歯の傾きが同方向のものを組み合わせたもの．

ウォームギヤ（worm gear）：

ねじ状のものを**ウォーム**（worm），歯車状のものを**ウォームホイール**（worm wheel）

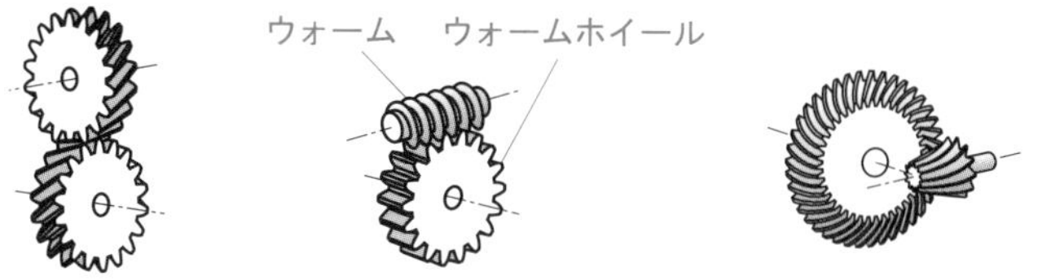

（a）ねじ歯車　（b）ウォームギヤ　（c）ハイポイドギヤ

図 7.4　**食い違い軸の歯車**

という．接触面を増やすための，**鼓形**《つづみがた》**ウォーム**（enveloping worm）や，歯の中央部が凹んだウォームホイールもある．歯数にもよるが，一般にウォームホイールからウォームを回転させることができない**セルフロッキング**（self-locking）の性質がある．

ハイポイドギヤ（hypoid gear）：

かさ歯車に似ているが，食い違い交差軸にすることによって，歯の強度を高めることができる．

7.1.2　歯形の条件

(1)　速　比

歯車は，歯面が接触して回転を伝える．一定の速比でなめらかな回転伝達を行うために歯形曲線に課せられる条件について考えよう．

図 7.5 は，二つの歯車 b，c の歯形曲線が接触した状態を表す．歯車 b の回転速度を ω_b，歯車 c の回転速度を ω_c とする．接触点 P における共通接線と共通法線をとり，歯車 b の回転中心点 B から共通法線に下ろした垂線の足を D，歯車 c の回転中心点 C から共通法線に下ろした垂線の足を E とし，直線 BC と共通法線の交点を Q とする．

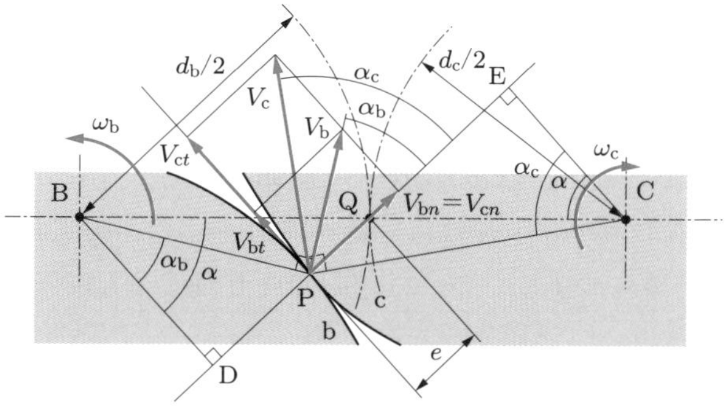

図 7.5　**歯面の接触状態**

ここで，歯車 b，c の点 P における速度を $V_{\rm b}$，$V_{\rm c}$ としたとき，二つの歯車が離れることなく接触状態を維持するためには，共通法線の方向の速度成分 $V_{{\rm b}n}$，$V_{{\rm c}n}$ が等しくなければならない．共通法線と速度 $V_{\rm b}$，$V_{\rm c}$ との角度を $\alpha_{\rm b}$，$\alpha_{\rm c}$ とすると，次式が成り立つ．

$$V_{\rm b}\cos\alpha_{\rm b} = V_{\rm c}\cos\alpha_{\rm c} \tag{7.1}$$

直線 BP と $V_{\rm b}$，および直線 CP と $V_{\rm c}$ とは直交するので，$\angle{\rm PBD} = \alpha_{\rm b}$，$\angle{\rm PCE} = \alpha_{\rm c}$ である．一方，速度 $V_{\rm b}$，$V_{\rm c}$ は次式のように表される．

$$V_{\rm b} = \overline{\rm BP}\,\omega_{\rm b}, \quad V_{\rm c} = \overline{\rm CP}\,\omega_{\rm c} \tag{7.2}$$

式 (7.1)，(7.2) より，原動節を b とする角速度比 u は次のようになる．

$$u = \frac{\omega_{\rm c}}{\omega_{\rm b}} = \frac{V_{\rm c}}{V_{\rm b}}\cdot\frac{\overline{\rm BP}}{\overline{\rm CP}} = \frac{\cos\alpha_{\rm b}}{\cos\alpha_{\rm c}}\cdot\frac{\overline{\rm BP}}{\overline{\rm CP}} = \frac{\overline{\rm BD}}{\overline{\rm CE}} \tag{7.3}$$

ここで，対向する直角三角形 BQD，CQE は相似であるから，式 (7.3) は次のようになる．

$$u = \frac{\omega_{\rm c}}{\omega_{\rm b}} = \frac{\overline{\rm BD}}{\overline{\rm CE}} = \frac{\overline{\rm BQ}}{\overline{\rm CQ}} = \frac{d_{\rm b}}{d_{\rm c}} \tag{7.4}$$

線分 BC の長さは一定であるから，角速度比 u が一定になるためには，点 Q の位置が一定でなければならない．つまり，角速度比を一定にする歯形曲線は，その接触点の共通法線がつねに固定点 Q を通らなければならない．点 Q を**ピッチ点**（pitch point）とよぶ．後述する基準円はピッチ点を通り，ここで接する．

(2)　すべり率

図 7.5 からわかるとおり，$V_{\rm b}$，$V_{\rm c}$ の接線方向の速度成分 $V_{{\rm b}t}$，$V_{{\rm c}t}$ は一般的に一致しない．このことは接線方向にすべりが生じていることを示す．そのすべり率を求めてみよう．図より，式 (7.2) を考慮すると次式が成り立つ．

$$V_{{\rm b}t} = V_{\rm b}\sin\alpha_{\rm b} = \overline{\rm BP}\,\omega_{\rm b}\sin\alpha_{\rm b}, \quad V_{{\rm c}t} = V_{\rm c}\sin\alpha_{\rm c} = \overline{\rm CP}\,\omega_{\rm c}\sin\alpha_{\rm c} \tag{7.5}$$

また，相似三角形 BDQ，CEQ より，

$$\angle{\rm DBQ} = \angle{\rm ECQ} = \alpha \tag{7.6}$$

とする．PQ の長さを e とすると，次の関係が成り立つ．

$$\overline{\rm BQ}\sin\alpha - \overline{\rm BP}\sin\alpha_{\rm b} = \overline{\rm CP}\sin\alpha_{\rm c} - \overline{\rm CQ}\sin\alpha = e \tag{7.7}$$

式 (7.7) から，式 (7.5) は次のようになる．

$$V_{{\rm b}t} = (\overline{\rm BQ}\sin\alpha - e)\omega_{\rm b}, \quad V_{{\rm c}t} = (\overline{\rm CQ}\sin\alpha + e)\omega_{\rm c} \tag{7.8}$$

ここで，すべり率 $\sigma_{\rm b}$ を次のように定義する．

$$\sigma_{\rm b} = \frac{V_{{\rm b}t} - V_{{\rm c}t}}{V_{{\rm b}t}} = \frac{(\overline{\rm BQ}\,\omega_{\rm b} - \overline{\rm CQ}\,\omega_{\rm c})\sin\alpha - (\omega_{\rm b} + \omega_{\rm c})e}{(\overline{\rm BQ}\sin\alpha - e)\omega_{\rm b}} \tag{7.9}$$

式 (7.4) と $\overline{\mathrm{BQ}} = d_\mathrm{b}/2$ を考慮すると，歯車 b のすべり率 σ_b は次式のように表される．

$$\sigma_\mathrm{b} = \frac{-(d_\mathrm{b}/d_\mathrm{c}+1)e}{(d_\mathrm{b}/2)\sin\alpha - e} = -\frac{2e(1+d_\mathrm{b}/d_\mathrm{c})}{d_\mathrm{b}\sin\alpha - 2e} \tag{7.10}$$

同様にして，歯車 c に対するすべり率 σ_c は次式のように表される．

$$\sigma_\mathrm{c} = \frac{V_\mathrm{ct} - V_\mathrm{bt}}{V_\mathrm{ct}} = \frac{2e(1+d_\mathrm{c}/d_\mathrm{b})}{d_\mathrm{c}\sin\alpha + 2e} \tag{7.11}$$

7.1.3 歯形曲線

代表的歯形としては，**サイクロイド歯形**（cycloid tooth）と**インボリュート歯形**（involute tooth）がある．サイクロイド歯形は時計の歯車として古くから使われてきたが，工業用としては加工や組み立てに有利なインボリュート歯形が多く使われている．

(1) サイクロイド歯形

図 7.6 のように，転がり円が基準円の上を転がりながら進むときに転がり円上の 1 点が描く曲線を，サイクロイド曲線という．転がり円上の定点を O′，基準円と転がり円との接触点を P とすると，円弧 O′P の長さは移動距離 OP に等しい．また，点 P は基準円と転がり円との瞬間中心であり，直線 O′P は，点 O′ におけるサイクロイド曲線の接線と直交する法線である．転がり円が，図 (a) のように円の外側を転がる場合を**外転サイクロイド**（epicycloid），図 (b) のように円の内側を転がる場合を**内転サイクロイド**（hypocycloid）という．サイクロイド歯形は，サイクロイド曲線を歯形曲線とする．ただし，基準円の外側は外転サイクロイド，基準円の内側は内転サイクロイドを用いる．

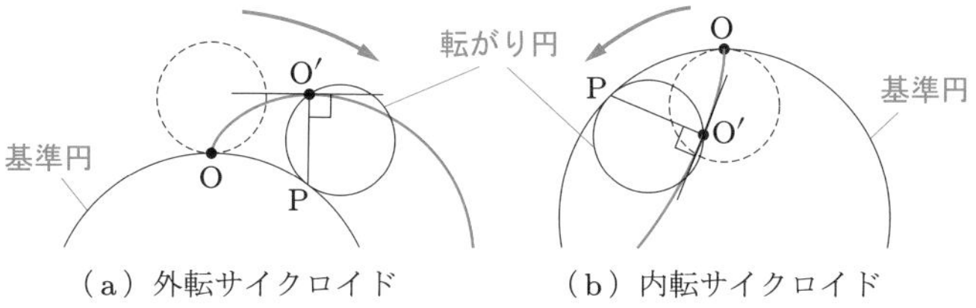

図 7.6 **サイクロイド曲線**

図 7.7 (a) のように，点 B，C に中心をもつ歯車 b，c の基準円と，二つの転がり円 d，e が，直線 BC 上の点 O で接しているとする．ここで，歯車 b，c と転がり円 d，e が，中心位置固定で互いにすべることなく回転するとしよう．点 O にあった転がり円 e 上の定点が，回転によって点 S に移動したとする．この点が描く軌跡は，歯車 b

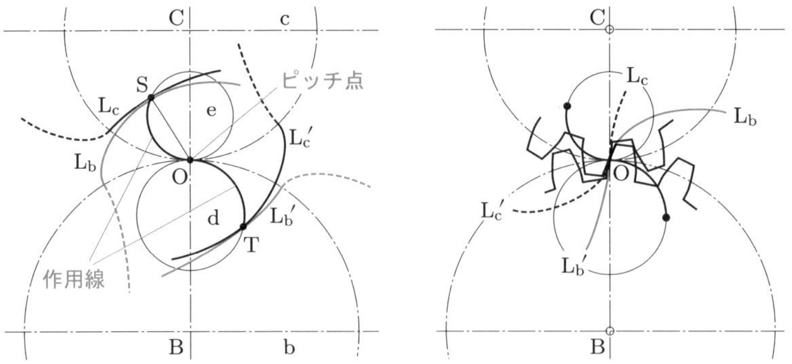

（a）サイクロイド歯形　　（b）サイクロイド歯車の歯

図 7.7　**サイクロイド歯車**

から見ると外転サイクロイド $\mathrm{L_b}$ であり，歯車 c から見ると内転サイクロイド $\mathrm{L_c}$ である．サイクロイド曲線の性質より，直線 OS は点 S における $\mathrm{L_b}$，$\mathrm{L_c}$ それぞれの接線と直交するので，$\mathrm{L_b}$，$\mathrm{L_c}$ は点 S で接している．また，共通法線 SO がピッチ点 O を通るので，$\mathrm{L_b}$，$\mathrm{L_c}$ は歯形曲線の条件を満たしている．同様に，転がり円 d 上の定点が回転によって点 T に移動したときに描く軌跡は，歯車 b から見た内転サイクロイド $\mathrm{L_b'}$ および歯車 c から見た外転サイクロイド $\mathrm{L_c'}$ であり，これらは歯形曲線の条件を満たす．点 S，T は二つの歯形が接する作用点である．このように，作用点はつねに転がり円上にあり，歯車の回転に従って転がり円上を移動する．つまり，作用点の移動軌跡である作用線は，転がり円の円弧 SO および OT になる．

図 7.7 (b) に，サイクロイド曲線を歯形に用いた歯車を示す．サイクロイド歯車の歯は，サイクロイド曲線を対称にして作られる．図に示すように，歯車 b はサイクロイド曲線 $\mathrm{L_b}$ および $\mathrm{L_b'}$ を，歯車 c はサイクロイド曲線 $\mathrm{L_c}$ および $\mathrm{L_c'}$ を基準円上で接続したものになる．

サイクロイド歯形を解析的に求めてみる．図 7.8 に示すように，歯車 b の基準円の半径を R_1 とする．点 O を原点とする直交座標系を設定し，サイクロイド曲線上の点 $\mathrm{O_o}(x, y)$ および $\mathrm{O_i}(x, y)$ の座標を求める．サイクロイドの定義から，円弧 $\mathrm{OP_o}$，$\mathrm{O_oP_o}$ の長さは等しい．$\angle \mathrm{OBQ_o} = \theta_\mathrm{o}$，$\angle \mathrm{P_oQ_oO_o} = \phi_\mathrm{o}$ としたとき，次式が成り立ち，θ_o と ϕ_o の関係が得られる．

$$\phi_\mathrm{o} = \frac{R_1}{r_\mathrm{o}}\,\theta_\mathrm{o} \tag{7.12}$$

これより，点 $\mathrm{O_o}$ の座標が次のように得られる．

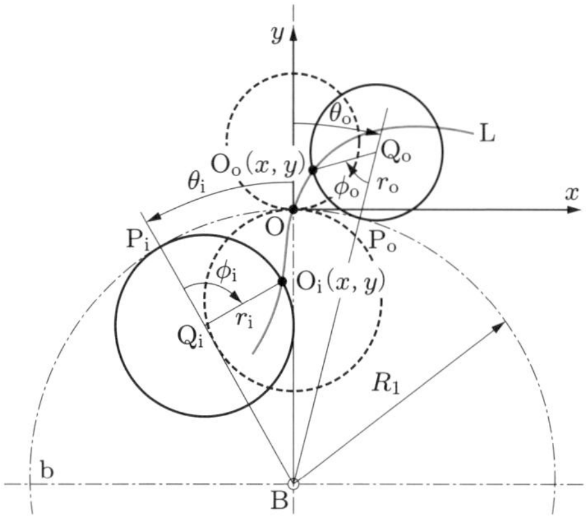

図 7.8 サイクロイド曲線上の点の座標

$$\begin{cases} x = (R_1 + r_o)\sin\theta_o - r_o\sin\left(\dfrac{R_1 + r_o}{r_o}\,\theta_o\right) \\ y = (R_1 + r_o)\cos\theta_o - r_o\cos\left(\dfrac{R_1 + r_o}{r_o}\,\theta_o\right) - R_1 \end{cases} \tag{7.13}$$

次に，$O_i(x,y)$ の座標を求める．サイクロイドの定義から，円弧 OP_i，O_iP_i の長さは等しい．$\angle OBQ_i = \theta_i$，$\angle P_iQ_iO_i = \phi_i$ としたとき，次式が成り立ち，θ_i と ϕ_i の関係が得られる．

$$\phi_i = \frac{R_1}{r_i}\,\theta_i \tag{7.14}$$

これより，点 O_i の座標が次のように得られる．

$$\begin{cases} x = -(R_1 - r_i)\sin\theta_i + r_i\sin\left(\dfrac{R_1 - r_i}{r_i}\,\theta_i\right) \\ y = (R_1 - r_i)\cos\theta_i + r_i\cos\left(\dfrac{R_1 - r_i}{r_i}\,\theta_i\right) - R_1 \end{cases} \tag{7.15}$$

式 (7.13)，(7.15) より，θ_o，θ_i をパラメータとしてサイクロイド曲線を描くことができる．

(2) インボリュート歯形

作用線が直線になる歯形曲線がインボリュート歯形である．図 7.9 (a) のように，円周上に巻き付けた糸を，円は固定したまま回転させずに，糸をぴんと張った状態を保ちながらほどいていく．このときに糸上の 1 点が描く曲線がインボリュート曲線である．図 (b) に示すように，巻き付けた糸上に 2 点 A，B をとれば，これらは平行な 2 本

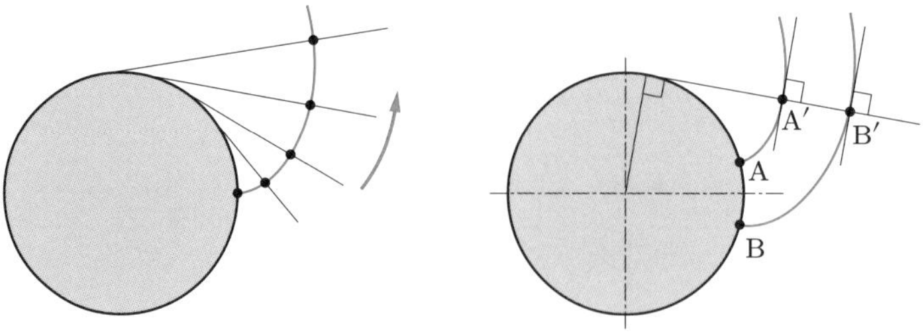

（a）円周上の点が描く軌跡　　（b）インボリュート曲線の性質

図 7.9　**インボリュート曲線**

のインボリュート曲線 AA′，BB′ を描く．直線 A′B′ は，円の接線であり，線分 A′B′ の長さは円弧 AB の長さに等しい．また，点 A′，B′ におけるインボリュート曲線の接線は，直線 A′B′ と直交する．

図 7.10 (a) に示すように，二つの円筒 b，c があり，円筒 b に巻き付けられていたベルトが円筒 c に巻き取られるとする．これは，4 章で説明したクロスベルトによる巻き掛け伝動と同じ動きであるが，インボリュート歯形を用いると，これと等価な回転伝達を行うことができる．

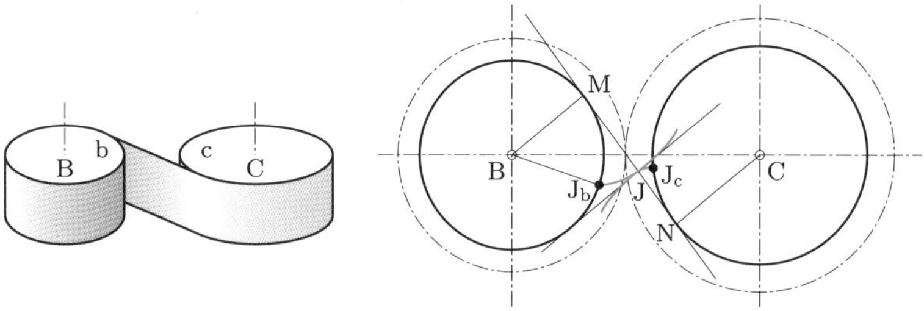

（a）ベルトによる伝動　　（b）インボリュート歯形曲線

図 7.10　**インボリュート歯形の原理**

図 (b) のように，円筒上の点 J_b にあった点が，ベルトが引き出されて点 J に移動したとする．このとき，円筒 b とともに回転する座標系で描いたこの点の軌跡はインボリュート曲線 J_bJ となる．点 J におけるインボリュート曲線の接線は，円筒の共通接線 MN と直交する．相手側の円筒のインボリュート曲線 J_cJ は点 J でインボリュート曲線 J_bJ と接し，この点での接線を共有する．すなわち，接点における共通法線は共通接線 MN と一致し，ピッチ点を通るため，歯形曲線の条件を満たしている．このように，インボリュート歯車どうしの接点はつねに二つの円筒の共通接線 MN 上にあり，歯車の回転につれて MN 上を移動する．これは，前述したベルト伝動と等価な回

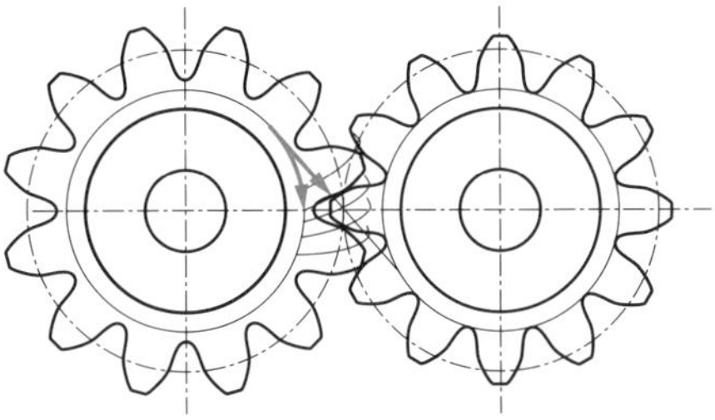

図 7.11　インボリュート曲線を歯形とした歯車

転伝達である．また，作用線は二つの円筒の共通接線に一致し，直線となる．

図 7.11 に，インボリュート曲線を歯形に用いた歯車を示す．インボリュート歯車は，中心距離（歯車の軸間距離）が変わってもインボリュート曲線が回転することで理論的に正常なかみ合いができることが大きな特徴になる．このことは，後述するバックラッシュの調整や転位を許容できるという利点があり，インボリュート歯車が工業的に広く使われる理由の一つになっている．

7.2 歯車理論

7.2.1　歯車の寸法と各部の名称

図 7.12 に歯車の寸法を示す．歯形の基準となる円を**基礎円**（base circle）といい，その直径を d_b とする．かみ合いの基準となる**基準円**（reference circle）の直径を d とする．**歯先**（addendum）に接する円を**歯先円**（tip circle），**歯底**（dedendum）に接する円を**歯底円**（root circle）といい，直径をそれぞれ d_a，d_f とする．基準円か

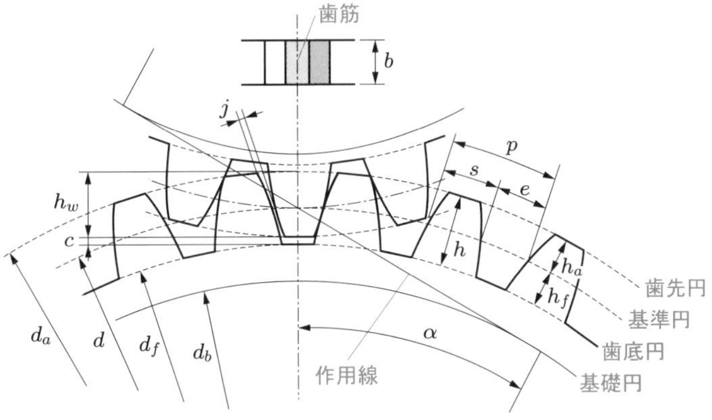

図 7.12　歯車の寸法

ら歯先円までの距離 h_a を**歯末のたけ**（addendum value），基準円から歯底円までの距離 h_f を**歯元のたけ**（dedendum value），両者を合わせた長さ h を**歯たけ**（tooth depth）という．また，歯末のたけ h_a と相手の歯車の歯末のたけ h'_a の和を**かみ合い歯たけ**（working depth）h_w という．ちなみに，「たけ（丈）」は高さの意味である．歯元のたけから相手の歯末のたけを引いた長さ c は**頂げき**（bottom clearance）といい，相手の歯先が歯底に当たらないために必要である．歯の軸方向に沿った線を**歯筋**（tooth trace），歯の軸方向長さ b を**歯幅**（face width）という．インボリュート歯車の歯の接触点は，二つの歯車における基礎円の共通接線の上にあり，この共通接線を**作用線**（line of action）という．また，共通接線の基礎円との接点を通る半径線と中心軸との角度 α を**圧力角**（pressure angle）という．

基準円上で一つの歯が占めている円弧の長さ s を**歯厚**（tooth thickness），歯のない部分の円弧の長さ e を**歯溝の幅**（space width）といい，両者を合わせた長さ p を（基準）**ピッチ**（pitch）という．ピッチは1歯分の基準円の円弧長さである．作用線上で隣り合う同じ向きの歯形曲線の間隔を**基礎円ピッチ**（base pitch）p_b という．ピッチは，歯車の歯数を z，基準円直径を d としたとき，次式のように表される．

$$p = \frac{\pi d}{z} \tag{7.16}$$

歯溝の幅から歯厚を引いた長さ j は，円周方向の**バックラッシュ**（backlash）という．バックラッシュがないと，歯は相手の歯と両面で接触し，大きな摩擦抵抗を生じることがある．バックラッシュは歯車がスムーズに回転するのに必要であるが，これが大きいと，逆転するとき回転が伝わらない遊びが生じる．

7.2.2　インボリュート歯車の創成歯切り

図7.13に示すように，インボリュート曲線を基礎円の周りに歯の数だけ等間隔に，かつ放射状に並べてみる．基礎円の接線とインボリュート曲線との交点をとると，その間隔 p_b が基礎円ピッチになる．また，接線と垂直の線はインボリュート曲線の接線となる．このインボリュート曲線の接線の横軸に対する角度は，半径線の回転角 α に等しい．半頂角が α の台形歯形Aをここに当てはめてみると，斜めの線がインボリュート曲線の接線となることがわかる．この台形歯形をラック形切削工具と考えれば，切り刃がインボリュート歯形に接することになる．したがって，工具を長手方向に送りながら歯車母材を回転させると，インボリュート歯形を切り出すことができる．このように，単純な形状の工具を用いて歯形の軌跡をたどらせながら切り出す方法を，創成歯切りという．

図7.14に示すねじ状の工具**ホブ**（hob）は，断面がラック形状である歯切工具であ

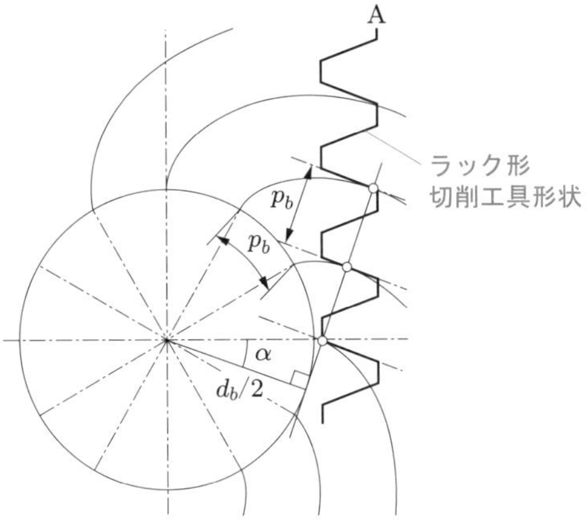

図 7.13 基礎円ピッチとラック形切削工具

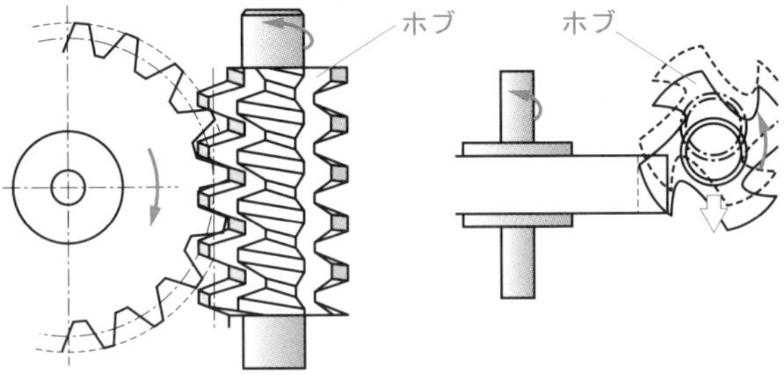

図 7.14 創成歯切り

る．ねじ状になっているため，ホブを回転させると，ラック形切削面は軸方向に進行する．歯車となる円筒状材料をホブに同期して回転させると，平歯車の歯切りを行うことができる．歯の厚みがあるため，ホブの回転軸は歯車の軸方向に移動させていく．

7.2.3 標準歯車

同じ直径の基準円にたくさん歯があるほど，一つひとつの歯は小さくなる．大きさの異なる歯はかみ合うことができない．また，圧力角 α や歯たけなどがばらばらでは歯形が合わず，一定速度比で回転を伝えることができない．そこで，規格を統一するために**モジュール**（module）m という値を導入し，これと歯数 z を基に一定の約束で作る歯車を**標準歯車**（standard gear）という．標準歯車では，モジュールが一致する歯車はかみ合うことができる．標準歯車の条件を以下に示す．具体的な位置・寸法は図 7.15 に示す．

基準円直径 d　：$d = mz$ (7.17)

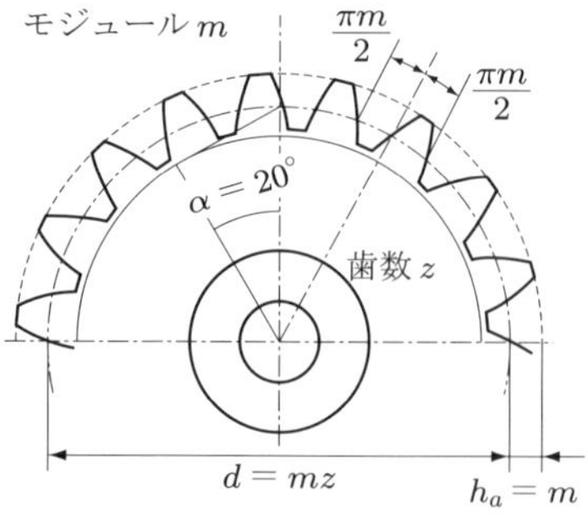

図 7.15　標準歯車

ピッチ p　　　　：$p = \dfrac{\pi d}{z} = \pi m$　　(7.18)

基準圧力角 α　：$\alpha = 20^\circ$

歯厚 s　　　　　：ピッチの 1/2

歯末のたけ h_a　：$h_a = m$

歯元のたけ h_f　：$h_f \geqq 1.25m$

基礎円の直径 d_b：$d_b = d\cos\alpha = mz\cos\alpha$　　(7.19)

基礎円ピッチ p_b：$p_b = \dfrac{\pi d_b}{z} = \pi m\cos\alpha$　　(7.20)

モジュールの大きさは JIS 規格で決められている．なお，インチ寸法の歯車については，歯数をインチ単位で表した直径で割った値である**ダイヤメトラルピッチ**（diametral pitch）P が使われる．

7.2.4　インボリュート関数

図 7.16 に示すように，インボリュート曲線上の点 P と，基準円の中心 B を直線で結び，同様にインボリュート歯形曲線と基礎円との交点 G と，基礎円の中心 B を直線で結び，この二つの直線がなす角を ν [rad] とする．また，基準円の中心 B から点 P を通る基礎円の接線に下ろした垂線の足を D とし，$\angle \mathrm{PBD} = \alpha$ [rad] とする．基準円の直径を d，基礎円の直径を d_b とする．

インボリュート曲線の定義から，円弧 GD の長さと線分 PD の長さ l は等しい．したがって，次式が成り立つ．

$$\frac{d_b}{2}(\nu + \alpha) = \frac{d_b}{2}\tan\alpha$$

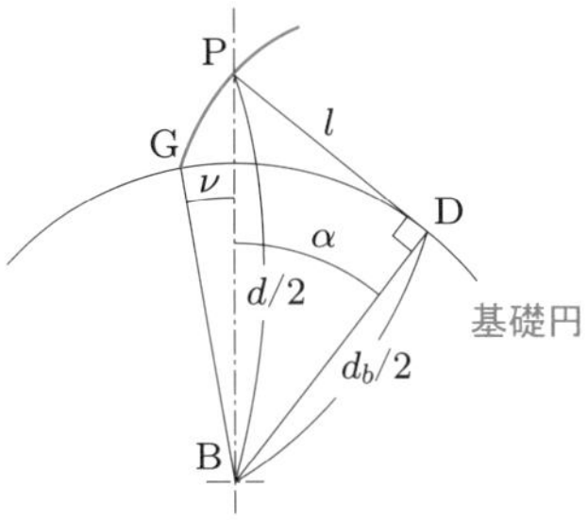

図 7.16 **インボリュート関数**

これより，角度 ν は次式のように α の関数として表される．

$$\nu = \mathrm{inv}\,\alpha = \tan\alpha - \alpha \tag{7.21}$$

これを**インボリュート関数**（involute function）$\mathrm{inv}\,\alpha$ という．

インボリュート曲線を式で表してみる．図 7.17 に示すように，基礎円の中心 O を原点とする xy 座標系を設定する．基礎円の直径を d_b，x 軸と基礎円の交点 S から出発するインボリュート曲線上の点を $\mathrm{P}(x, y)$ としてその座標を求め，インボリュート曲線を描くことを考える．点 P から基礎円に接線を引き，接点を Q とすると，∠OQP は直角である．インボリュート曲線の定義から，線分 PQ の長さと円弧 QS の長さは等しい．$\angle\mathrm{POS} = \theta\,[\mathrm{rad}]$，$\angle\mathrm{POQ} = \phi\,[\mathrm{rad}]$ とすると，インボリュート関数より次式が成り立つ．

$$\theta = \tan\phi - \phi \tag{7.22}$$

線分 OP の長さを l とすると，点 P の座標は

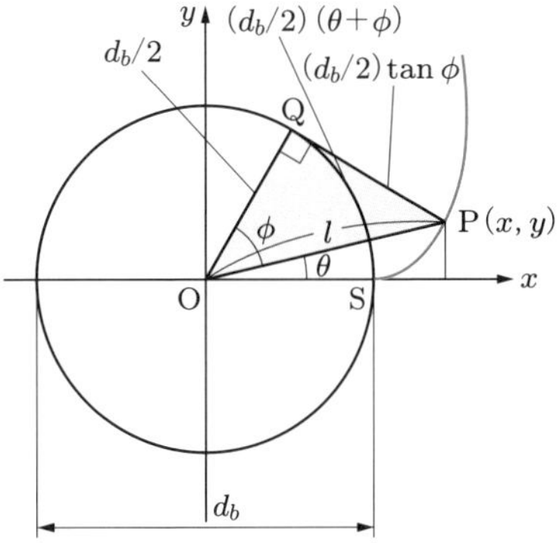

図 7.17 **インボリュート曲線の作図**

$$\begin{cases} x = l\cos\theta = \dfrac{d_b}{2\cos\phi}\cdot\cos\theta \\ y = l\sin\theta = \dfrac{d_b}{2\cos\phi}\cdot\sin\theta \end{cases}$$

となる．よって，点 P の座標は，ϕ の関数として次のように表される．

$$\begin{cases} x = \dfrac{d_b\cos(\tan\phi - \phi)}{2\cos\phi} \\ y = \dfrac{d_b\sin(\tan\phi - \phi)}{2\cos\phi} \end{cases} \tag{7.23}$$

これより，ϕ をパラメータとしてインボリュート曲線を描くことができる．

例題 7.1 図 7.18 に示すモジュール $m = 2$，歯数 $z = 24$ の標準平歯車について，次の問いに答えよ．

(1) 基準円直径 d と基礎円直径 d_b を求めよ．

(2) 歯元のたけを $1.25m$ として，歯先円の直径 d_a と歯底円の直径 d_f を求めよ．

(3) すきま角 χ を求めよ．

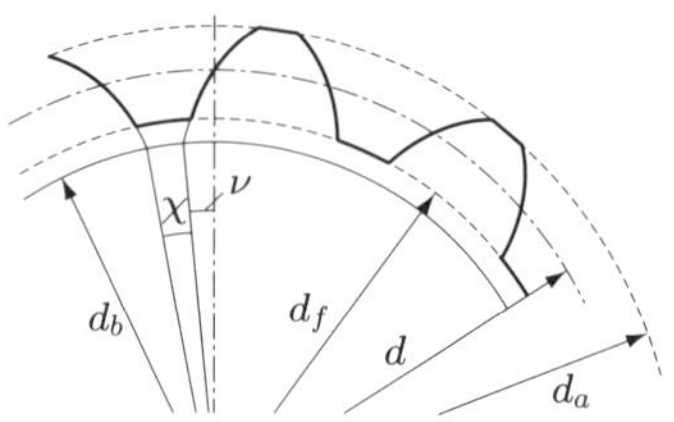

図 7.18

解答

(1) $d = mz = 48\,\text{mm}$，$d_b = mz\cos 20^\circ = 45.1\,\text{mm}$

(2) $d_a = m(z+2) = 52\,\text{mm}$，$d_f = m(z - 1.25\times 2) = 43\,\text{mm}$

(3) $\nu = \tan 20^\circ - \dfrac{20\pi}{180}\,\text{rad} = 0.015\,\text{rad}$，$\chi = \dfrac{\pi m}{2} \div \dfrac{d}{2} - 2\nu = \dfrac{\pi}{z} - 2\nu = 0.101\,\text{rad}$

7.2.5 かみ合い率

二つのインボリュート歯車のかみ合い点は，つねに二つの基礎円の共通接線，すなわち作用線上にあり，歯車の回転とともにこの上を移動していく．このかみ合い線は，二つの歯車の歯先円で囲まれた範囲内にあり，この範囲を越えるとこの歯は接触せず，回転を伝えることができない．しかし，その前に隣の歯がかみ合いを始めていれば，連続的な回転伝達が可能になる．基礎円ピッチの長さに対するかみ合い長さの比率 ε を**かみ合い率**（contact ratio）といい，これが 1 を超えないと連続的な回転伝達ができない．

図 7.19 に示すように，歯車 1，2 それぞれの基礎円の共通接線に回転中心 O_1，O_2 から下ろした垂線の足を D，E とし，直線 DE と歯車 1，2 の歯先円との交点を M，N とする．線分 MN の長さがかみ合い長さである．隣り合う二つの歯の同じ向きのインボリュート曲線の間隔を直線 DE 上で測った長さは，基礎円ピッチ p_b である．ここで，歯車 1，2 の基準円直径と基礎円直径を，それぞれ d_1，d_2 および d_{b1}，d_{b2} とする．標準歯車では，歯先円直径は基準円直径に $2m$ を足したものになる．

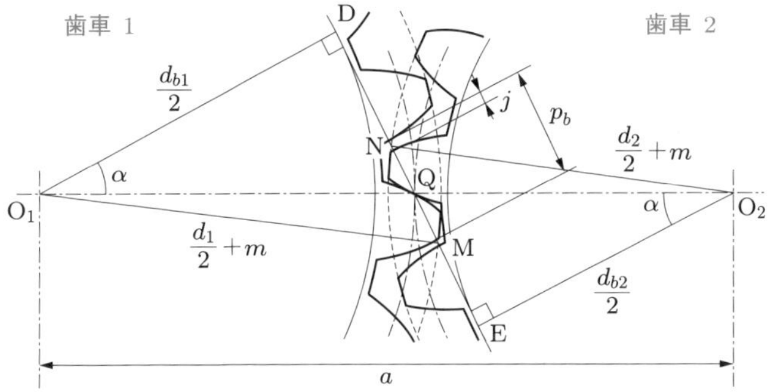

図 7.19 **かみ合い率**

かみ合い長さ MN は，線分 DM，EN の長さの和から線分 DE の長さを引くことで得られる．歯数を z_1，z_2 とし，標準歯車の式 (7.17)，(7.20) を用いて，図より次式が成り立つ．

$$\overline{\mathrm{DM}}=\sqrt{\left(\frac{d_1}{2}+m\right)^2-\left(\frac{d_{b1}}{2}\right)^2}=\frac{m\sqrt{(z_1+2)^2-{z_1}^2\cos^2\alpha}}{2},$$
$$\overline{\mathrm{EN}}=\sqrt{\left(\frac{d_2}{2}+m\right)^2-\left(\frac{d_{b2}}{2}\right)^2}=\frac{m\sqrt{(z_2+2)^2-{z_2}^2\cos^2\alpha}}{2} \tag{7.24}$$

線分 DE の長さは，中心距離と圧力角 α より，次のようになる．

$$\overline{\mathrm{DE}}=\frac{(d_1+d_2)\sin\alpha}{2}=\frac{m(z_1+z_2)\sin\alpha}{2} \tag{7.25}$$

かみ合い率 ε は，次のように得られる．

$$\varepsilon=\frac{\overline{\mathrm{DM}}+\overline{\mathrm{EN}}-\overline{\mathrm{DE}}}{p_b}$$
$$=\frac{\sqrt{(z_1+2)^2-{z_1}^2\cos^2\alpha}+\sqrt{(z_2+2)^2-{z_2}^2\cos^2\alpha}-(z_1+z_2)\sin\alpha}{2\pi\cos\alpha} \tag{7.26}$$

7.2.6　中心距離とバックラッシュ

歯車にはわずかながら製作誤差があり，中心距離の加工誤差も生じるので，中心距離を理論どおり正確にとったつもりでも，歯が強く当たることがある．この場合，歯の両面に摩擦力が発生し，大きな回転抵抗が発生する．これを避けるため，バックラッシュを考慮した中心距離とするのがよい．インボリュート歯車の優れた特徴の一つは，中心距離が少し離れてかみ合い圧力角が変化しても，歯車を少し回転すると歯が接触し，かみ合いが理論上正確に行える点である．バックラッシュを与える方法は，歯切りの際に切り込みを少し大きくして歯車自体がバックラッシュをもつようにする方法と，中心距離を調整する方法がある．後者は，歯車の利用者が任意に設定できる利点がある．

後述するかみ合い圧力角を α_w とすると，

$$\cos\alpha_w = \frac{d_{b1}+d_{b2}}{2a} = \frac{(d_1+d_2)}{2a}\cos\alpha \tag{7.27}$$

である．ここで，バックラッシュを j とすると，

$$a = \frac{d_1+d_2}{2} + j\sin\alpha_w \tag{7.28}$$

となる．バックラッシュによる圧力角の変化は微小なので，バックラッシュと中心距離の関係は，上式において α_w を α とおいて近似的に求めることができる．

7.3　転　位

7.3.1　切り下げ現象

歯数の少ない歯車を創成歯切りで加工すると，**切り下げ**（undercut）という現象が発生することがある．切り下げというのは，図 7.20 に示すように，工具の刃先がインボリュート曲線に干渉して歯の根元を切り取る現象である．このようになると，歯は強度が低下し，また，切りとられた部分は正常なかみ合いができない．したがって，切り下げを防がなければならない．

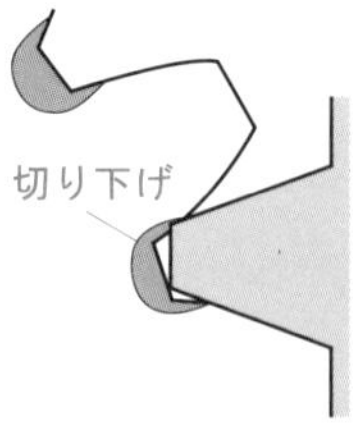

図 7.20　切り下げ

インボリュート曲線は基礎円から発し外側に展開する．通常はラック形工具の歯面がインボリュート曲線に接するように移動するが，図 7.21 のように工具の刃が高く，作用線の端を越えて歯切りが進行すると切り下げが発生する．図 7.22 に示すように歯数を少なくしていくと，作用線の端がピッチ点に近づき，ラック形工具の歯末のたけ（標準歯車では m で一定）の中に入り込んでしまうので，切り下げが生じる．

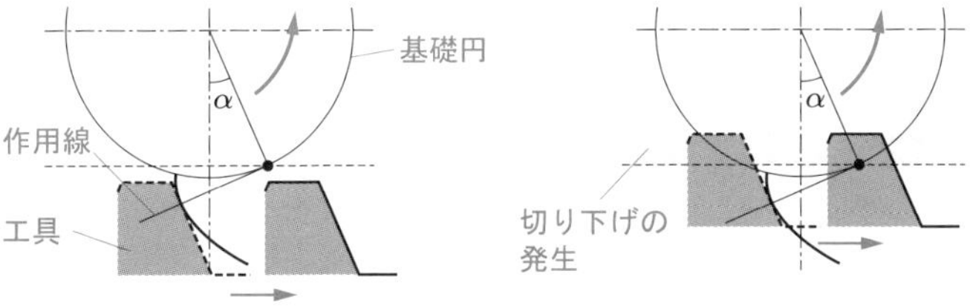

（a）工具の刃が低い場合　（b）工具の刃が高い場合

図 7.21　**ラック形工具の位置**

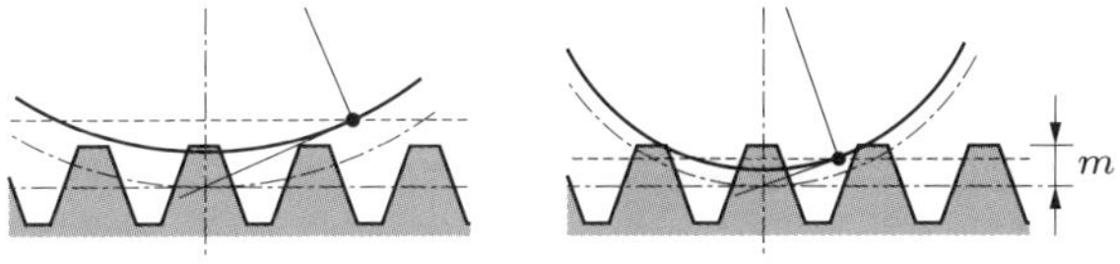

（a）歯数が多い場合　（b）歯数が少ない場合

図 7.22　**歯数による変化**

7.3.2 最小歯数

切り下げが生じない最小歯数は，ラック形工具の歯先の線が作用線の端点を越えないという条件で得られる．図 7.23 において，接点 E から基準線 BQ に下ろした垂線の足を S とすると，直角三角形 BEQ，EQS は相似である．これより，圧力角 $\angle \mathrm{EBQ} = \alpha$ として，次式が得られる．

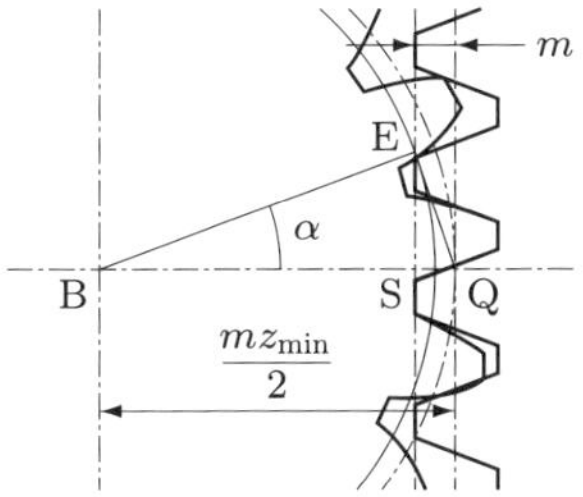

図 7.23　**最小歯数の条件**

$$\overline{QS} = \overline{EQ}\sin\alpha = \overline{BQ}\sin^2\alpha \tag{7.29}$$

標準歯車の場合，ラックの歯末のたけは m で，基準円の半径は $\overline{BQ} = mz/2$ であるから，切り下げが起きない条件として次式が成り立つ．

$$\frac{mz}{2}\sin^2\alpha > m$$

$$\therefore\ z > \frac{2}{\sin^2\alpha} \tag{7.30}$$

圧力角 $\alpha = 20°$ とすれば，切り下げが起きない最小歯数 $z_{\min}$ は次のようになる．

$$z_{\min} > 17.1 \tag{7.31}$$

したがって，最小歯数は 18 となる．

7.3.3　転　位

最小歯数が 18 であれば，速比を大きくとるために相手の歯車が大型化する原因にもなり，実用上都合が悪い．しかし，身の周りにはもっと少ない歯数の歯車が存在する．これは転位という手法で作られたものである．

図 7.24 に示すように，先端が干渉線 ES を越えてしまわないように，ラック形工具の位置を歯車中心から遠ざけて歯切りを行う．この場合，インボリュート曲線の先のほうを使うので，歯元が太く先細りの歯になる．モジュールを m として，遠ざける距離すなわち**転位量**（amount of addendum modification）を xm としたとき，x を**転位係数**（rack shift coefficient）という．x の値が正の場合を正転位，負の場合を負転位という．

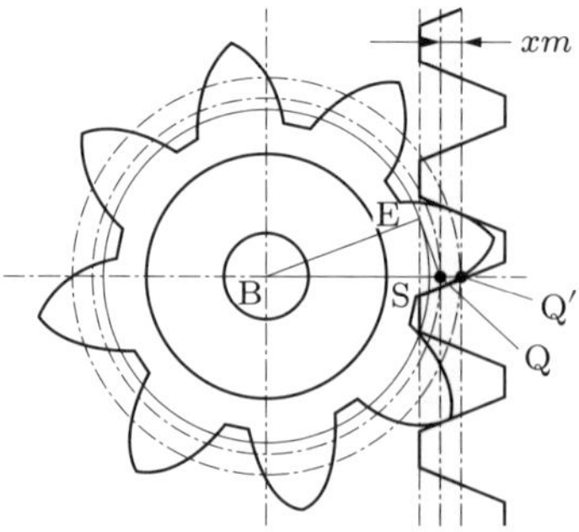

図 7.24　転位による歯切り

7.3.4 転位とパラメータ

標準歯車では，歯厚と歯溝の幅が等しい．しかし，歯切りのときの基準円上で測る歯厚は，正転位をすると大きくなり，そのぶん歯溝の幅は小さくなる．図 7.25 に示すように，xm だけ正転位した状態を考える．ラックの歯の傾斜角は歯切りのときの基準圧力角 α_0 に等しいので，歯厚 s と歯溝の幅 e は次式となる．

$$\begin{cases} s = \dfrac{p}{2} + 2xm\tan\alpha_0 = m\left(\dfrac{\pi}{2} + 2x\tan\alpha_0\right) \\ e = p - s = m\left(\dfrac{\pi}{2} - 2x\tan\alpha_0\right) \end{cases} \tag{7.32}$$

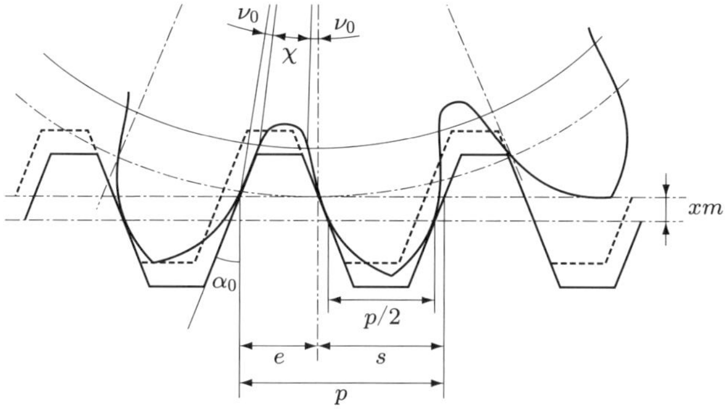

図 7.25　転位とパラメータ

基礎円上で，インボリュート曲線開始点と，隣の歯の逆側歯面のインボリュート曲線開始点の間の角度を，すきま角 χ という．これは次のようにして求められる．

インボリュート曲線と基準円の交点からインボリュート曲線の開始点までの角度を ν_0 とすると，式 (7.32) を用いて次式が成り立つ．

$$\chi + 2\nu_0 = \frac{e}{mz/2} = \frac{\pi - 4x\tan\alpha_0}{z} \tag{7.33}$$

ν_0 はインボリュート関数で表されるから，以下のように展開される．

$$\chi = \frac{\pi - 4x\tan\alpha_0}{z} - 2(\tan\alpha_0 - \alpha_0) \tag{7.34}$$

7.3.5 転位係数と最小歯数

転位係数と最小歯数の関係を求めてみよう．図 7.24 と式 (7.29) より，標準歯車の基準円半径 $\overline{\mathrm{BQ}} = mz/2$ を適用して，次式を得る．

$$\overline{\mathrm{QS}} = \overline{\mathrm{EQ}}\sin\alpha_0 = \frac{mz}{2}\sin^2\alpha_0 \tag{7.35}$$

最小歯数 $z_{\min}$ の条件は，転位によりちょうどラックの刃先が干渉線 ES の位置になる場合である．最小歯数を得る限界転位係数 x は，次式のように得られる．

$$\overline{\mathrm{QS}} + xm = m$$

$$\therefore\ x = 1 - \frac{z_{\min}\sin^2\alpha_0}{2} \tag{7.36}$$

これは直線の式であり，グラフにすると，図 7.26 のようになる．転位係数が 0，すなわち転位しない場合の最小歯数は 17.1 になっている．グラフでは，歯数が 0 のときは転位係数は 1 になるが，実際は歯数が 0 とか 1 とかは考えられない．では，転位した場合の最小歯数はいくつになるのであろうか．

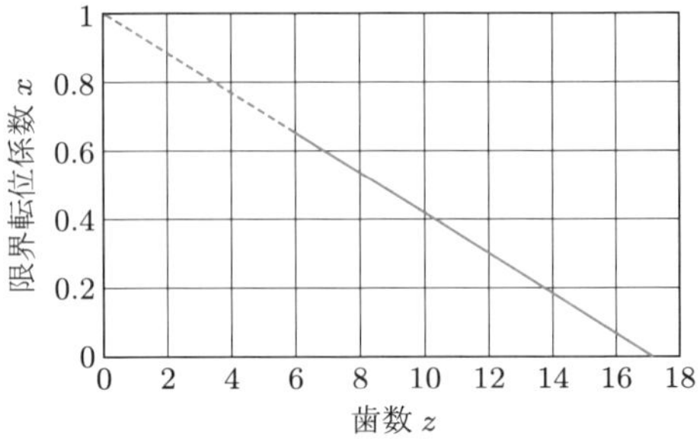

図 7.26　**最小歯数と転位係数**

歯数が少なくなると転位量が大きくなり，歯形曲線がインボリュート曲線の外側の大きく曲がったところを使うことになる．そうすると，歯の先端の円弧部分，すなわち歯先幅がなくなり，歯の先端が尖ってくる．それから先は歯末のたけが確保できなくなるので，歯末のたけがあり，歯先幅が消滅するところが最小歯数の限界と考えられる．図 7.27 を用いて最小歯数を求めてみよう．

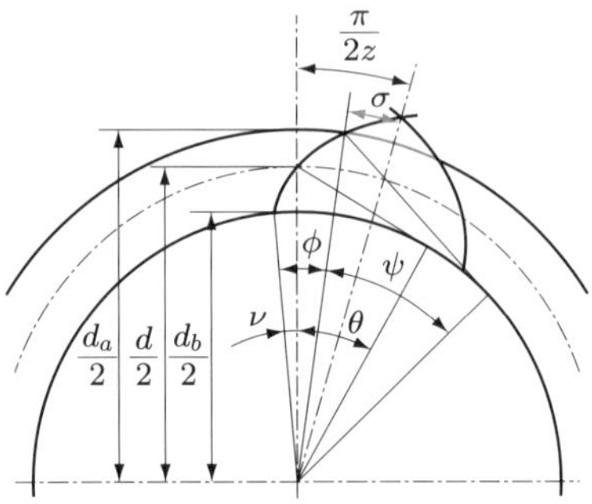

図 7.27　**転位歯車の最小歯数**

転位して拡大した基準円直径 d および歯先円直径 d_a は，歯末のたけを m，転位係数を x として，次式となる．

$$d = m(z + 2x), \quad d_a = m(z + 2 + 2x) \tag{7.37}$$

ここで，転位係数 x は式 (7.36) に基づいて決めるものとする．インボリュート歯形曲線の基礎円上の開始点から基準円に達するまでの角度を ν，対応する角度を θ，基礎円上の開始点から歯先円に達するまでの中心角を ϕ，対応する角度を ψ としたとき，図 7.16 と式 (7.21)，(7.37) より次式を得る．

$$\begin{cases} \theta = \cos^{-1}\dfrac{d_b/2}{d/2} = \cos^{-1}\dfrac{z\cos\alpha_0}{z+2x} = \cos^{-1}\dfrac{z\cos\alpha_0}{2+z(1-\sin^2\alpha_0)} \\ \nu = \tan\theta - \theta \end{cases} \tag{7.38}$$

$$\begin{cases} \psi = \cos^{-1}\dfrac{d_b/2}{d_a/2} = \cos^{-1}\dfrac{z\cos\alpha_0}{z+2+2x} = \cos^{-1}\dfrac{z\cos\alpha_0}{4+z(1-\sin^2\alpha_0)} \\ \phi = \tan\psi - \psi \end{cases} \tag{7.39}$$

z を 18 から 1 ずつ減らしながら式 (7.36)，(7.38)，(7.39) で ν，ϕ を求め，次式から σ を求める．

$$\sigma = \frac{\pi}{2z} + \nu - \phi \tag{7.40}$$

図 7.28 に示すように，σ は z が 6 と 5 の間で 0 になる．これより，最小歯数は 6 ということがわかる．

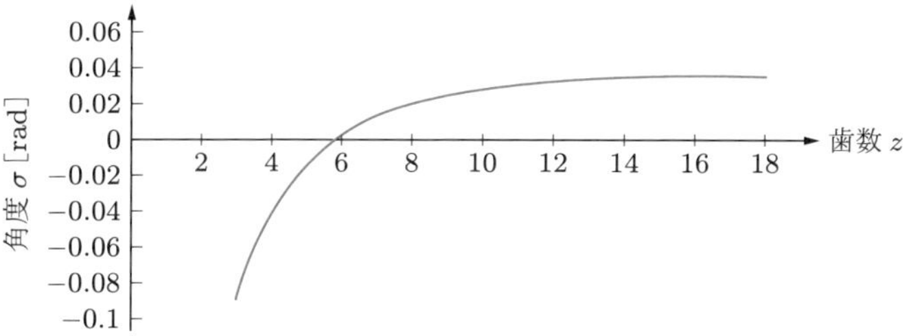

図 7.28　**歯先の円弧角度**

7.3.6　かみ合い方程式

転位した歯車をほかの歯車と組み合わせると，転位により中心距離が変わって，基準円の直径やかみ合いのときの圧力角が変わる．また，バックラッシュもこれらに影響を与える．転位やバックラッシュの影響を考慮して，実際に歯車がかみ合うときの関係式であるかみ合い方程式を求めてみよう．

図 7.29 に示すように，x_1 だけ転位した歯車 1 と x_2 だけ転位した歯車 2 が，中心距

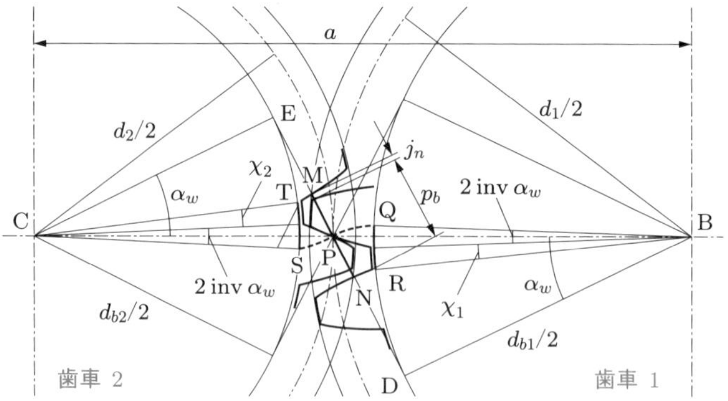

図 7.29 **中心距離の変化**

離 a だけ離れた 2 点 B，C に置かれ，法線バックラッシュ j_n を設けた状態でかみ合っているとする．このときのかみ合い圧力角 α_w は，歯切りの基準となる圧力角 α_0 とは異なる．ここで，ピッチ点を P として，点 P を通るインボリュート曲線のうち歯面と対称なインボリュート曲線が基礎円と交わる点をそれぞれ Q，S とする．図より，作用線 ED 上の線分 MN の長さは，基礎円ピッチ p_b と法線バックラッシュ j_n の和になる．また，インボリュート曲線の性質から，線分 MP の長さは円弧 TS の長さに等しく，線分 NP の長さは円弧 QR に等しくなる．これより，以下の式が成り立つ．

$$j_n + p_b = \overline{\mathrm{QR}} + \overline{\mathrm{TS}} = \frac{d_{b1}}{2}(2\,\mathrm{inv}\,\alpha_w + \chi_1) + \frac{d_{b2}}{2}(2\,\mathrm{inv}\,\alpha_w + \chi_2) \tag{7.41}$$

基礎円直径は，次のように表される．

$$\begin{cases} d_{b1} = mz_1 \cos\alpha_0 \\ d_{b2} = mz_2 \cos\alpha_0 \end{cases} \tag{7.42}$$

すきま角は，式 (7.34) より次式で表される．

$$\begin{cases} \chi_1 = \dfrac{\pi - 4x_1 \tan\alpha_0}{z_1} - 2\,\mathrm{inv}\,\alpha_0 \\ \chi_2 = \dfrac{\pi - 4x_2 \tan\alpha_0}{z_2} - 2\,\mathrm{inv}\,\alpha_0 \end{cases} \tag{7.43}$$

式 (7.41)〜(7.43) より，$\mathrm{inv}\,\alpha_w$ を求める．

$$\begin{aligned} \mathrm{inv}\,\alpha_w &= \frac{2(j_n + p_b) - (d_{b1}\chi_1 + d_{b2}\chi_2)}{2(d_{b1} + d_{b2})} \\ &= \frac{z_1 z_2 j_n + mz_1 z_2 \cos\alpha_0 (z_1 + z_2)\,\mathrm{inv}\,\alpha_0 + 2mz_1 z_2 \cos\alpha_0 (x_1 + x_2) \tan\alpha_0}{mz_1 z_2 \cos\alpha_0\,(z_1 + z_2)} \\ &= \mathrm{inv}\,\alpha_0 + \frac{j_n}{m\cos\alpha_0\,(z_1 + z_2)} + \frac{2(x_1 + x_2)}{z_1 + z_2} \tan\alpha_0 \end{aligned} \tag{7.44}$$

これより，α_w は数値的に求めることができる．この α_w を使って，中心距離 a は次式で得られる．

$$a = \frac{d_1 + d_2}{2} = \frac{d_{b1} + d_{b2}}{2\cos\alpha_w} = \frac{m(z_1 + z_2)\cos\alpha_0}{2\cos\alpha_w} \tag{7.45}$$

例題 7.2 モジュール $m = 2$，歯数 8 の平歯車 b と，同じく歯数 12 の平歯車 d について，次の問いに答えよ．

(1) 切り下げを防止する転位係数をそれぞれ求めよ．

(2) 基準圧力角 $\alpha_0 = 20°$ として，$\mathrm{inv}\,\alpha_w$ を求めよ．ただし，バックラッシュ $j = 0.01\,\mathrm{mm}$ とする．

解答

(1) 式 (7.36) を用いて転位係数を求める．

$$x_b = 1 - \frac{8\sin^2 20°}{2} = 0.532, \quad x_d = 1 - \frac{12\sin^2 20°}{2} = 0.298$$

(2) 式 (7.44) より求める．

$$\begin{aligned}\mathrm{inv}\,\alpha_w &= (\tan 20° - 0.349) + \frac{0.01}{2\cos 20°\,(8+12)} + \frac{2(0.532 + 0.298)}{8+12}\tan 20° \\ &= 0.045\,\mathrm{rad}\end{aligned}$$

7.4 各種の歯車

7.4.1 ウォームギヤ

ウォームギヤを図 7.30 に示す．ねじ状のウォームと，はすば歯車状のウォームホイールで構成され，回転軸は食い違い直交軸である．ウォームはらせん状の歯が一つである 1 条の場合のほか，2 条，3 条のものがある．1 条の場合は，ウォームが 1 回転するとウォームホイールの歯が 1 歯送られる．このため，1 組で 2 桁の高い減速比が得られる利点がある．一方，歯面が擦り合わされるため，平歯車より力の伝達効率

図 7.30 ウォームギヤ

は低下する．また，減速比にもよるが，後述するように，一般的にはウォームホイール側からウォームを駆動することができない．この**メカニカルストップ**（mechanical stop）あるいは**セルフロック**（self-lock）機能は，調整ねじなど逆駆動されないほうが好ましい箇所には適している．

図7.31はウォームが円筒状の円筒ウォームギヤである．ウォームホイールの歯面は，図(a)に示す歯が直線状のものと，図(b)に示す円弧状のものがある．円弧状のほうが接触面が大きくなり，油膜保持に優れる利点があるが，ウォーム軸の位置を円弧に合わせて正確に保持する必要がある．図7.32は鼓形ウォームギヤで，多数の歯面がかみ合うので，大きなトルクを伝達することができる．

図7.33に，ウォームギヤにかかる力の関係を示す．中心軸を含むウォームの断面はラック形をしており，接触点において歯面には，法線方向に押圧力 F_n が，接線方向に

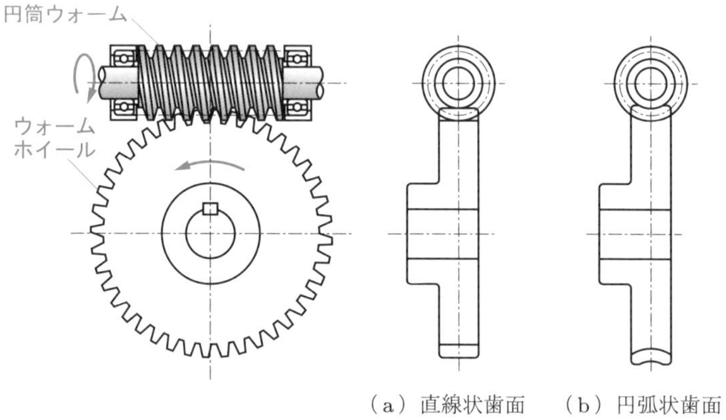

図7.31 円筒ウォームギヤ

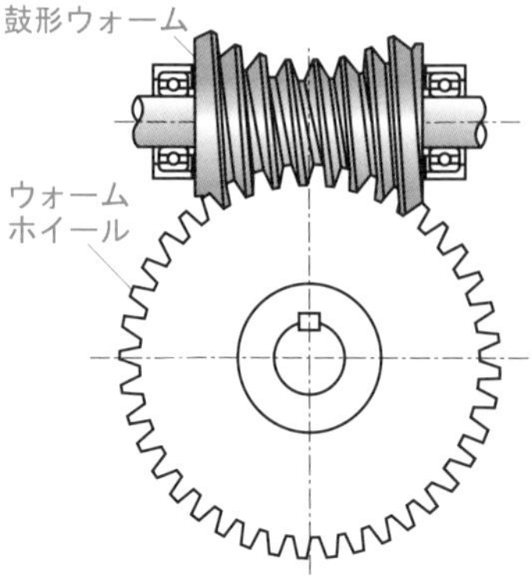

図7.32 鼓形ウォームギヤ

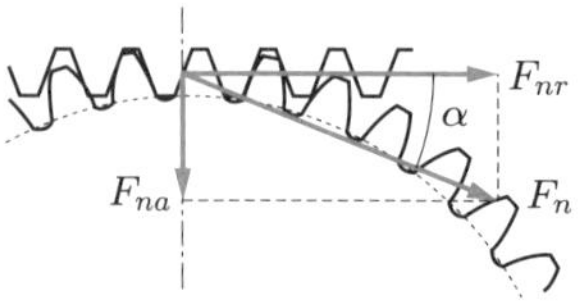

図7.33 圧力角の影響

は摩擦係数を μ として摩擦力 μF_n が作用する．ウォームとウォームホイールが接する部分の基準面における作用力 F_{nr} は，圧力角を α として次式で表される．

$$F_{nr} = F_n \cos\alpha \tag{7.46}$$

F_{na} はウォームとウォームホイールの歯が押し合う力で，軸受反力とつり合い，ウォームの動作には関係しない．

図 7.34 はウォームとウォームホイールの接合面をウォーム側から見た図で，図 (a) はウォームからウォームホイールを駆動する場合の力の関係を示す．駆動力 F_{nr} はウォームの回転力の接線力 F_t と軸受反力 F_r により作られる．ウォームは図の上側に移動するので，ウォームホイールに作用する摩擦力はすべり面に沿って上向きにはたらく．駆動力 F_{nr} はウォームホイールに作用し，摩擦力 μF_n を加えて力 F_d がウォームホイールにはたらく．この力はウォームホイールを回転する力 F_{dt} とウォームホイールの軸受に向けた力 F_{dr} に分かれる．

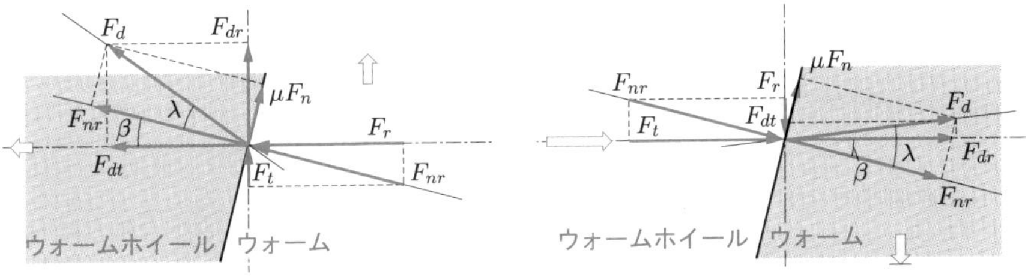

（a） ウォームからウォームホイールを駆動する場合

（b） ウォームホイールからウォームを駆動する場合

図 7.34 **摩擦力とメカニカルストップ**

摩擦係数 μ と摩擦角 λ については，次のようになる．

$$F_d \cos\lambda = F_{nr}, \quad F_d \sin\lambda = \mu F_n \tag{7.47}$$

式 (7.46)，(7.47) より，

$$\lambda = \tan^{-1}\left(\frac{\mu}{\cos\alpha}\right) \tag{7.48}$$

となる．あるいは，次のように表される．

$$\mu = \tan\lambda\cos\alpha \tag{7.49}$$

ウォームの駆動トルク T_{w} とウォームホイールの回転力 T_{wh} の関係は，ウォームの歯の傾斜を表すすすみ角を β，摩擦角を λ，ウォームの基準円直径を d_{w}，ウォームホイールの基準円直径を d_{wh} として，次式のようになる．

$$T_{\mathrm{w}} = \frac{d_{\mathrm{w}}}{2}(F_{nr}\sin\beta + \mu F_n\cos\beta) \tag{7.50}$$

$$F_{dt} = F_d \cos(\beta + \lambda), \quad F_{dr} = F_d \sin(\beta + \lambda) \tag{7.51}$$

$$T_{\mathrm{wh}} = \frac{d_{\mathrm{wh}}}{2} F_{dt} \tag{7.52}$$

式 (7.46)，(7.47)，(7.49)，(7.50) より，次のようになる．

$$T_{\mathrm{w}} = \frac{d_{\mathrm{w}}}{2}\left(\sin\beta + \mu\frac{\cos\beta}{\cos\alpha}\right)F_{nr} = \frac{d_{\mathrm{w}}}{2}(\sin\beta + \tan\lambda\cos\beta)F_{nr} \tag{7.53}$$

また，式 (7.47)，(7.51)，(7.52) より，次のようになる．

$$T_{\mathrm{wh}} = \frac{d_{\mathrm{wh}}}{2}\cos(\beta+\lambda)F_d = \frac{d_{\mathrm{wh}}}{2}\cdot\frac{\cos(\beta+\lambda)}{\cos\lambda}F_{nr} \tag{7.54}$$

さらに，式 (7.53)，(7.54) より，次のようになる．

$$T_{\mathrm{wh}} = \frac{d_{\mathrm{wh}}}{d_{\mathrm{w}}}\cdot\cot(\beta+\lambda)\cdot T_{\mathrm{w}} \tag{7.55}$$

図 7.34 (b) は，逆にウォームホイールからウォームを駆動しようとする場合の力の関係を示す．駆動力 F_{nr} は，ウォームホイールの回転力の接線力 F_t と軸受反力 F_r により作られる．ウォームホイールは図の右側に移動しようとし，ウォームは下側に移動しようとするため，ウォームに作用する摩擦力はすべり面に沿って上向きにはたらく．ウォームホイールが与える駆動力 F_{nr} はウォームに作用し，摩擦力 μF_n を加えた力 F_d がウォームにはたらく．この力はウォームを回転する方向の力 F_{dt} とウォームホイールの軸受に向けた力 F_{dr} に分かれる．

ウォームホイールの駆動トルク T_{wh} とウォームの回転力 T_{w} の関係は，ウォームのすすみ角を β，摩擦角を λ，ウォームの基準円直径を d_{w}，ウォームホイールの基準円直径を d_{wh} として，次式のようになる．

$$T_{\mathrm{w}} = \frac{d_{\mathrm{w}}}{2}(F_{nr}\sin\beta - \mu F_n\cos\beta) \tag{7.56}$$

$$F_{dt} = F_d \sin(\beta - \lambda), \quad F_{dr} = F_d \cos(\beta - \lambda) \tag{7.57}$$

$$T_{\mathrm{wh}} = \frac{d_{\mathrm{wh}}}{2} F_{dr} = \frac{d_{\mathrm{wh}}}{2}\cdot\frac{\cos(\beta-\lambda)}{\cos\lambda}F_{nr} \tag{7.58}$$

式 (7.46)，(7.49)，(7.56) より，次のようになる．

$$T_{\mathrm{w}} = \frac{d_{\mathrm{w}}}{2}\left(\sin\beta - \mu\frac{\cos\beta}{\cos\alpha}\right)F_{nr} = \frac{d_{\mathrm{w}}}{2}(\sin\beta - \tan\lambda\cos\beta)F_{nr} \tag{7.59}$$

また，式 (7.58)，(7.59) より，次のようになる．

$$T_{\mathrm{w}} = \frac{d_{\mathrm{w}}}{d_{\mathrm{wh}}}\tan(\beta-\lambda)\cdot T_{\mathrm{wh}} \tag{7.60}$$

一般的には，摩擦角 λ がすすみ角 β より大きいので，T_{w} は負となり，ウォームは逆駆動されない．ちなみに，計算上 T_{w} が負となるが，ウォームが逆方向に回転するわけではない．なぜならば，摩擦係数 μ は上限値であって，実際の摩擦力は回転を止めるようにはたらくからである．したがって，すすみ角 β が摩擦角 λ を超えるまでは $\lambda=\beta$ となる．

7.4.2 はすば歯車とねじ歯車

図 7.35 に示す，回転軸に対して歯筋が斜めになっている歯車をはすば歯車という．角度 β の三角形を円筒に巻き付けたときのつる巻き線を歯筋とし，ねじれの方向によって右ねじれと左ねじれがある．はすば歯車は大きな負荷の伝達が可能で，振動や騒音が小さい特徴があるが，軸方向にスラスト力が発生するので，これを支える軸受の工夫が必要である．

図 7.36 に示すように，ねじり角が等しい右ねじれと左ねじれの歯車を組み合わせると，平行軸間の回転伝達ができる．一方，ねじれ角が異なる場合やねじれ方向が同じ場合をとくにねじ歯車とよび，食い違い交差軸への回転伝達ができる．

ねじ歯車は，図 7.37 に示す二つのタイプがある．図 (a) は右ねじれ歯車どうしを組み合わせたもので，回転軸の交差角 Σ はそれぞれの交差角 β_1 と β_2 の和になる．図 (b)

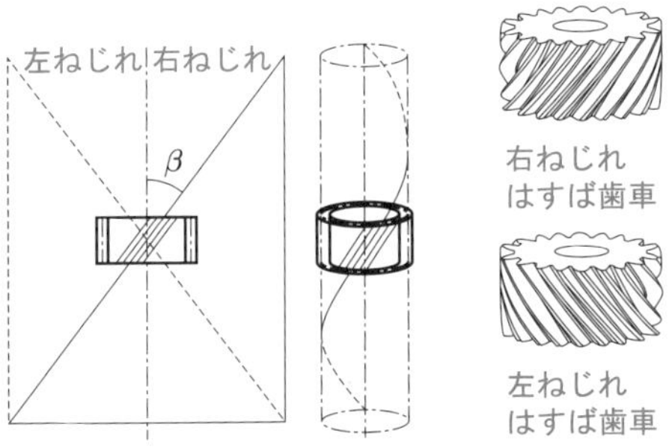

（a）はすば歯車の歯筋　（b）ねじれ方向

図 7.35 はすば歯車

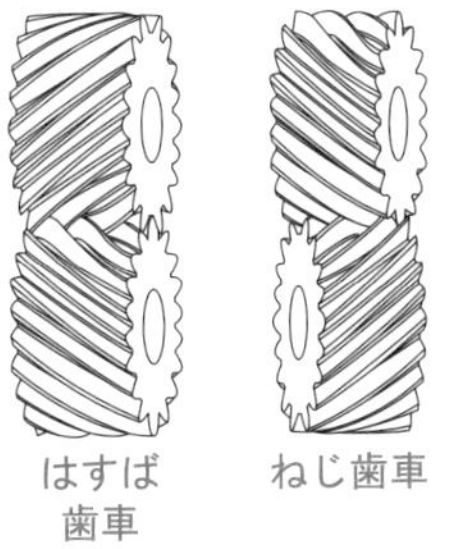

図 7.36 はすば歯車とねじ歯車

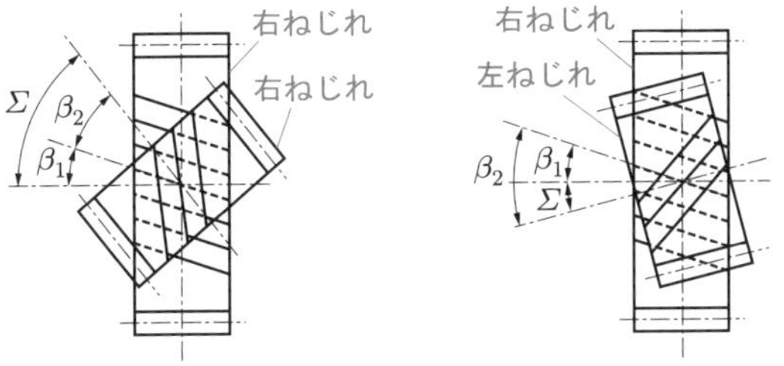

（a）右ねじれどうしの場合　（b）右ねじれと左ねじれを組み合わせた場合

図 7.37 ねじ歯車の交差角

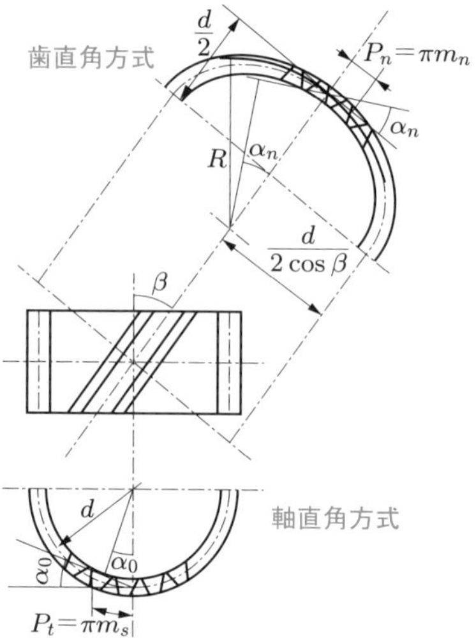

図 7.38　歯直角方式と軸直角方式

は右ねじれ歯車と左ねじれ歯車を組み合わせたもので，回転軸の交差角 Σ はそれぞれの交差角 β_1 と β_2 の差になる．このとき，歯筋に垂直な断面内で歯車のかみ合いが正常になるよう，歯直角モジュール m_n と歯直角圧力角 α_n が等しくなければならない．

はすば歯車は歯直角方式と軸直角方式がある．図 7.38 に示すように，歯直角方式は歯筋に直角な断面内の歯形を基準とするもので，軸直角方式は中心軸に垂直な断面の歯形を基準とするものである．

歯直角方式は，歯直角モジュール m_n と歯直角圧力角 α_n により歯形が決まり，ねじれ角 β によらず同じホブで歯切りができる特徴がある．この場合，歯切りの半径 R は次式のようになる．

$$R = \frac{d}{2\cos\beta} \tag{7.61}$$

軸直角方式では，ねじれ角 β が変わるとホブも変えなければならない．しかし，平歯車と同じ計算式が使えるメリットがある．

7.4.3　かさ歯車

円錐の側面に歯を付けたものをかさ歯車という．図 7.39 に示すように，半頂角 δ_b，δ_c の円錐が接しているとして，その接線に垂直な平面内で二つの平歯車がかみ合っていると考える．これを相当平歯車とよぶ．この歯形を頂点に向かって小さくした歯形が，かさ歯車の歯形になる．

相当平歯車の基準円直径をそれぞれ d_{eb}，d_{ec} とし，実際の基準円の直径を d_b，d_c と

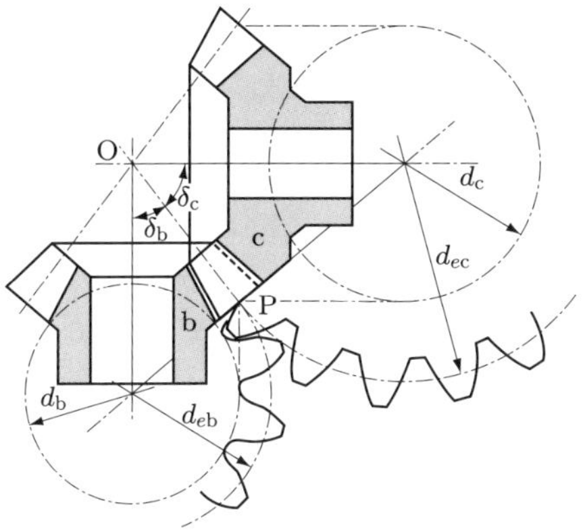

図 7.39 かさ歯車の相当平歯車

する．図より次式の関係を得る．

$$\frac{d_b}{2} = \overline{OP}\sin\delta_b, \quad \frac{d_{eb}}{2} = \overline{OP}\tan\delta_b, \quad \frac{d_c}{2} = \overline{OP}\sin\delta_c, \quad \frac{d_{ec}}{2} = \overline{OP}\tan\delta_c \tag{7.62}$$

これより，d_b，d_c と d_{eb}，d_{ec} の関係は次のようになる．

$$d_b = d_{eb}\cos\delta_b, \quad d_c = d_{ec}\cos\delta_c \tag{7.63}$$

相当平歯車の歯数を z_{eb}，z_{ec}，かさ歯車の歯数を z_b，z_c として，上記の関係を歯数で表せば，次のようになる．

$$z_b = z_{eb}\cos\delta_b, \quad z_c = z_{ec}\cos\delta_c \tag{7.64}$$

7.4.4 内歯車

内歯車は，図 7.40 のように円環の内側に歯を切った歯車で，小径の外歯車と組み合わせて用いる．大小の外歯車を組み合わせ，ピッチ点 Q に対して小歯車を点対称の位置に移動したものと考えればよい．ただし，内歯車は大歯車のインボリュート歯形の外側に実体があり，内側を削り取ったものに相当する．よって，歯面は凹面である．

作用線となる基礎円の共通接線 E_1E_2 は点 Q を通る．また，内歯車の場合，歯先円は基準円より内側になる点に注意しなければならない．また，中心距離 a は次式に示すように，内歯車の基準円直径 d_2 と外歯車の基準円直径 d_1 の差の半分になる．

$$a = \frac{d_2 - d_1}{2} = \frac{m(z_2 - z_1)}{2} \tag{7.65}$$

内歯車は基準円より内側に歯がある．インボリュート曲線は基礎円の内側に歯が定義されておらず，干渉が起きる．したがって，歯の先端が基礎円の中に入ってはなら

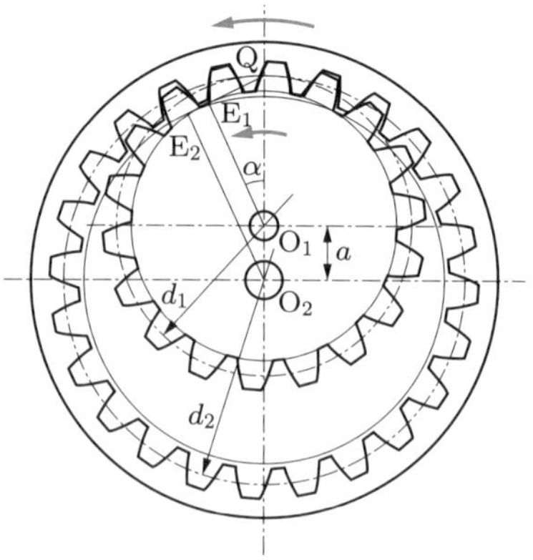

図 7.40　**内歯車**

ない．標準歯車の歯の高さは m であるから，次式が成り立つ．

$$\frac{mz_2 - mz_2\cos\alpha_0}{2} \geqq m \tag{7.66}$$

これより，標準歯車の最小歯数 z_2 は，次式より 34 であることがわかる．

$$z_2 \geqq \frac{2}{1-\cos 20°} = 33.2 \tag{7.67}$$

内歯車の歯と外歯車の歯は，次に示す 3 種類の干渉を起こすことがあるので，歯数の設定には注意しなければならない．これらは，転位により改善できる場合がある．

(1)　インボリュート干渉

外歯車の歯元と内歯車の歯先が干渉するものである．標準歯車では，内歯車の歯数 z_2 が 34 以上でなければならない．

(2)　トロコイド干渉

外歯車の歯先が歯溝から抜け出るときに，内歯車の歯先と干渉するものである．内歯車の歯数 z_2 と外歯車の歯数 z_1 の差が 8 以下のときに起きる．

(3)　トリミング

内歯車と外歯車が正常にかみ合っている状態で，外歯車を半径方向に移動することができないというものである．内歯車の歯数 z_2 と外歯車の歯数 z_1 の差が少ないときに起きる．ただし，外歯車を軸方向に移動して内歯車にかみ合わせれば，正常なかみ合いができる．

7.5 歯車列

7.5.1 平歯車の使い方

歯数の異なる平歯車を組み合わせると，回転速度を増減することができる．図 7.41 に示すように，かみ合う歯数が等しいことから，速比（角速度比）は歯数の比の逆数に等しい．また，回転方向は逆になる．高い速比を得るには，この組み合わせを複数重ねて多段にすればよい．後述するように，速比は各段の速比の積になる．また，1 段ごとに回転方向は逆になる．

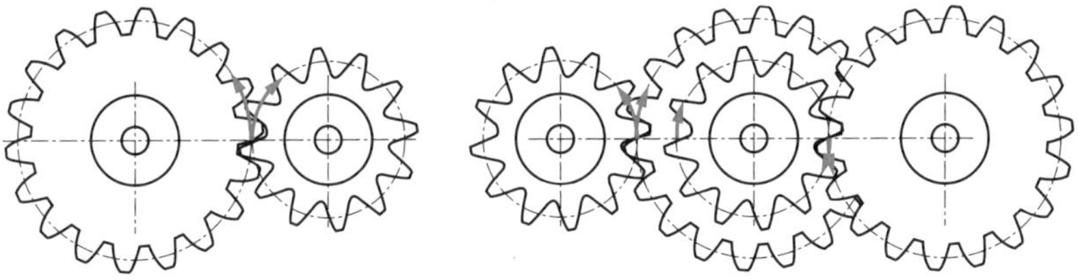

（a）1 段伝動　（b）2 段伝動

図 7.41　歯車列

二つの歯車の中心距離を調整するには，図 7.42 に示すように，両歯車の間にアイドラ（idler または idler gear；自由回転する平歯車）をはさむことが有効である．ただし，回転方向が変わるので，駆動歯車と従動歯車は同じ方向に回転する．アイドラの位置を変えることで，駆動歯車と従動歯車の中心距離を調整することができる．

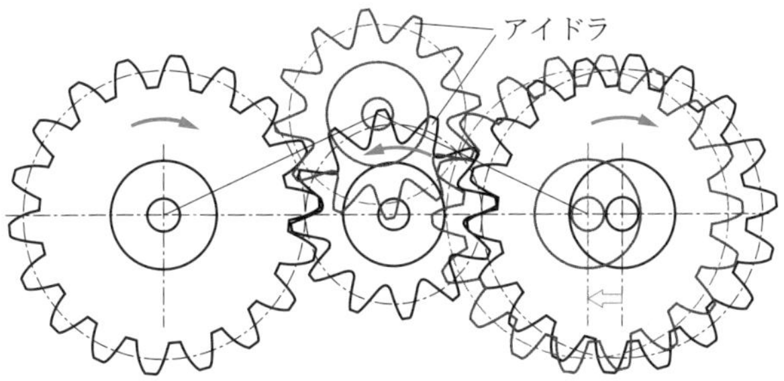

図 7.42　アイドラによる中心距離の調整

アイドラを使用して立体的な構成をとると，入力軸と出力軸を共通の中心軸上に配置することができる．図 7.43 は，アイドラを 2 個使用して歯車 b，e を逆方向に回転させる例である．アイドラ c，d は歯幅の一部がかみ合っており，その他の部分は歯車 b，e とかみ合っている．このため回転方向は逆になる．図に示すものはアイドラの

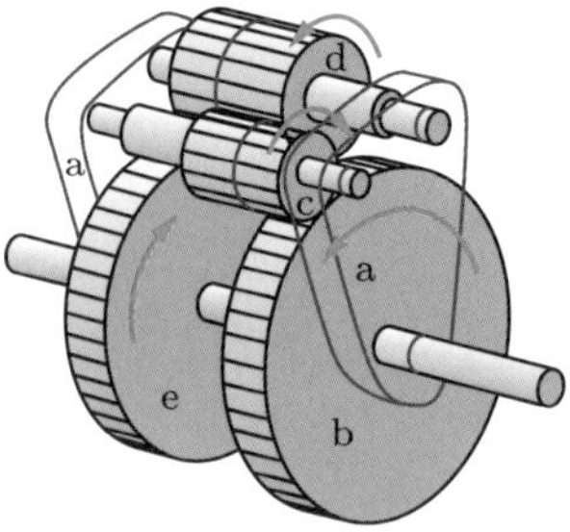

図 7.43　平歯車列の立体構成

軸を支える腕 a があり，これも回転要素とすると後述する差動歯車になる．差動歯車はかさ歯車を用いるが，図の構造において，歯車 b，e の歯数を等しくし，アイドラ c，d の歯数を等しくすると，平歯車だけで差動ギヤが構成できる．

7.5.2　平歯車の速比の求め方

図 7.44 に平歯車 1 段変速の原理を示す．歯車 b，c の基準円が転がり接触をしていると考える．ピッチ点 Q での共通接線速度 V_{q} が等しいとして，速比 u は次式で得られる．

$$u = \frac{\omega_{\mathrm{c}}}{\omega_{\mathrm{b}}} = -\frac{\overline{\mathrm{BQ}}}{\overline{\mathrm{CQ}}} = -\frac{d_{\mathrm{b}}}{d_{\mathrm{c}}} = -\frac{z_{\mathrm{b}}}{z_{\mathrm{c}}} \tag{7.68}$$

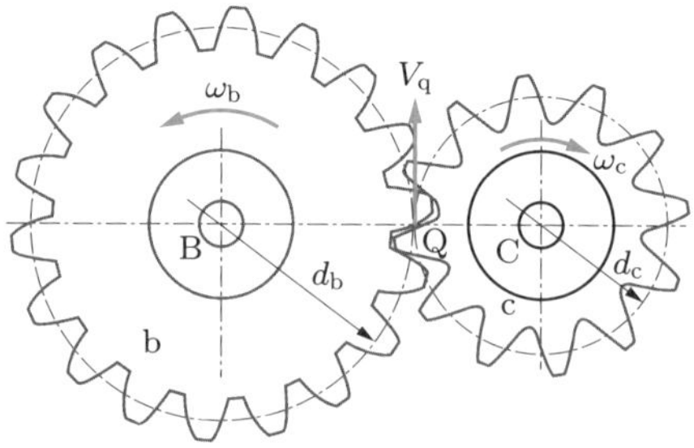

図 7.44　平歯車 1 段の速比

同じ平面でかみ合う歯車の数を増やしても，中間の歯車はアイドラとなって速比には関係せず，速比は最初と最後の歯車の歯数の比で決まる．図 7.45 に示すように，基準円の接触点 $\mathrm{Q_1}$，$\mathrm{Q_2}$，$\mathrm{Q_3}$ での共通接線速度は等しい．速比 u は次式のように求められる．

$$V_{\mathrm{q1}} = V_{\mathrm{q2}} = V_{\mathrm{q3}} \tag{7.69}$$

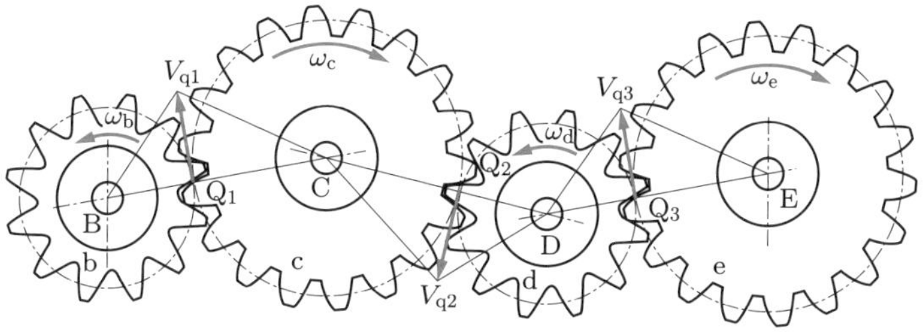

図 7.45 アイドラを含む歯車列の速比

$$
V_{q1} = \frac{mz_b}{2}\omega_b = \frac{mz_c}{2}\omega_c, \quad V_{q2} = \frac{mz_c}{2}\omega_c = \frac{mz_d}{2}\omega_d,
$$
$$
V_{q3} = \frac{mz_d}{2}\omega_d = \frac{mz_e}{2}\omega_e \tag{7.70}
$$

$$
u = \frac{\omega_e}{\omega_b} = \frac{\omega_c}{\omega_b}\cdot\frac{\omega_d}{\omega_c}\cdot\frac{\omega_e}{\omega_d} = \left(-\frac{z_b}{z_c}\right)\cdot\left(-\frac{z_c}{z_d}\right)\cdot\left(-\frac{z_d}{z_e}\right) = -\frac{z_b}{z_e} \tag{7.71}
$$

これより，速比は最初と最後の歯車の歯数の比で決まることがわかる．

図 7.46 に平歯車 2 段変速の原理を示す．中間の歯車 c_1，c_2 は一体で回転するので，角速度 ω_c は共通である．したがって，接線速度 V_{q1}，V_{q2} は基準円の半径に比例する．平歯車を用いた 2 段変速における速比は，次のように各段の速比の積として得られる．

$$
V_{q1} = \overline{BQ_1}\,\omega_b = \overline{CQ_1}\,\omega_c, \quad V_{q2} = \overline{CQ_2}\,\omega_c, \quad V_{q3} = V_{q2} = \overline{DQ_3}\,\omega_d \tag{7.72}
$$

$$
u = \frac{\omega_d}{\omega_b} = \frac{\omega_c}{\omega_b}\cdot\frac{\omega_d}{\omega_c} = \left(-\frac{\overline{BQ_1}}{\overline{CQ_1}}\right)\cdot\left(-\frac{\overline{CQ_2}}{\overline{DQ_3}}\right) = \left(-\frac{d_b}{d_{c1}}\right)\cdot\left(-\frac{d_{c2}}{d_d}\right)
$$
$$
= \frac{z_b z_{c2}}{z_{c1} z_d} \tag{7.73}
$$

なお，本書では，出力の角速度を入力の角速度で割った値を速比としているが，ほかの表記方法がある．速度伝達比は，入力の角速度を出力の角速度で割った値（すなわち速比の逆数），減速比は減速歯車の速度伝達比，増速比は増速歯車の速度伝達比の逆数である．

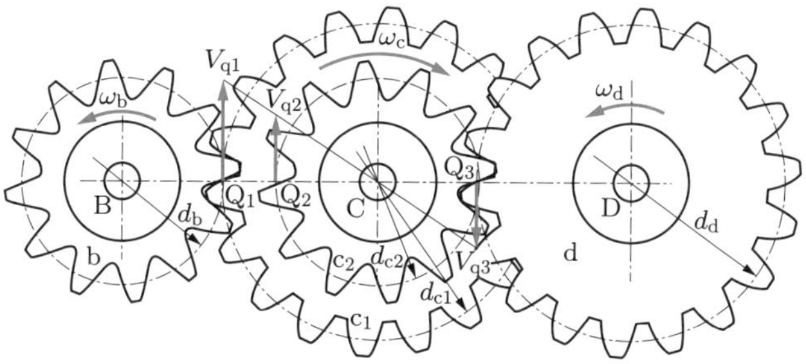

図 7.46 平歯車 2 段の速比

7.5.3　遊星歯車装置

(1)　遊星歯車列

遊星歯車列（planetary gear）は，図7.47に示すように**太陽歯車**（sun gear）の周りを遊星歯車が回る構造で，太陽歯車と遊星歯車はかみ合いが外れないように**遊星腕**（carrier）でつながれている．通常，太陽歯車は回転しない．静止節に対し，遊星腕cと遊星歯車dがそれぞれω_c，ω_dで回転する．太陽歯車と遊星歯車の基準円の接点Qにおける共通接線速度Vより，次式を得る．

$$V = \frac{mz_b}{2}\omega_c = \frac{mz_d}{2}(\omega_d - \omega_c) \tag{7.74}$$

速比uは次式のようになる．

$$u = \frac{\omega_d}{\omega_c} = \frac{z_b + z_d}{z_d} \tag{7.75}$$

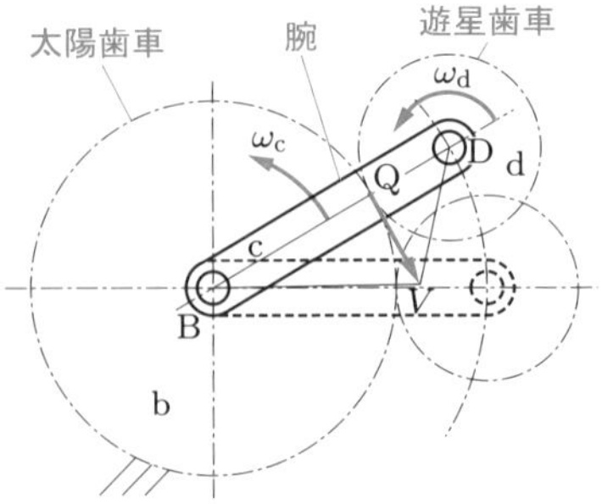

図7.47　遊星歯車の速比

(2)　遊星歯車装置

遊星歯車装置を，図7.48に示す．太陽歯車bの周りを遊星歯車dが自転しながら公転し，太陽歯車と遊星歯車の回転軸は腕（キャリヤ）cによって結ばれている．さらに，遊星歯車の外周に内歯車fを配置する．この内歯車は太陽歯車と同軸上で回転する．遊星歯車dはアイドラとして機能するので，独立に回転できるのは太陽歯車bと腕cと内歯車fである．

このように遊星歯車には三つの回転要素があるので，速比は一意には決まらない．図に示すように，太陽歯車b，腕c，遊星歯車d，内歯車fの回転速度をそれぞれω_b，ω_c，ω_d，ω_fとする．基準点の交点Q_1，Q_2における共通接線速度Vについて次式を得る．

$$V = \frac{mz_b}{2}(\omega_c - \omega_b) = \frac{mz_d}{2}(\omega_d - \omega_c) = \frac{mz_f}{2}(\omega_f - \omega_c) \tag{7.76}$$

上式よりω_dを消去すると，速比に関する次式を得る．

$$(z_b + z_f)\omega_c = z_b\omega_b + z_f\omega_f \tag{7.77}$$

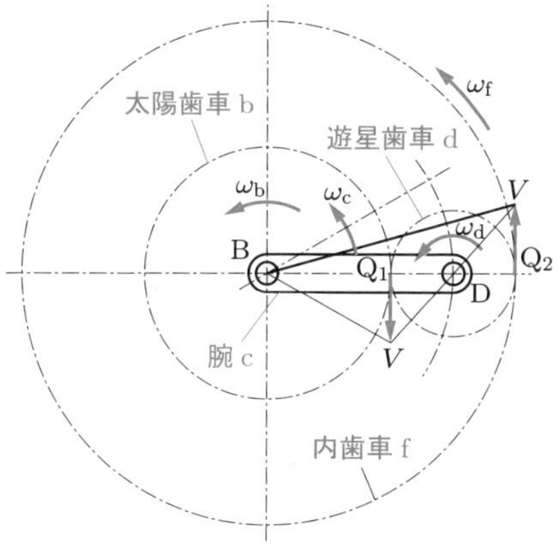

図 7.48　**遊星歯車装置**

(3)　のり付け法

速比を簡単に求める方法として，のり付け法がある．これは，全体を「のり付け」したと仮定して腕の単位時間当たりの回転数を与える場合と，腕を回転しないものとして太陽歯車を回転する場合を別個に計算し，それを合算して速比を求めるものである．太陽歯車，腕，遊星歯車，内歯車の単位時間当たりの回転数をそれぞれ n_b，n_c，n_d，n_f とする．のり付け法は，表 7.1 に示すような表を用いて速比を計算する．横軸には要素の記号を入れるが，アイドラである d は速比に関係しないので除く．

表 7.1　**のり付け法**

	c	b	f
のり付け	n_c	n_c	n_c
腕固定	0	$n_b - n_c$	$-(z_b/z_f)(n_b - n_c)$
合　計	n_c	n_b	$n_f = n_c - (z_b/z_f)(n_b - n_c)$

まず，全体を腕の回転数 n_c だけ回転する．次に，腕を固定し，太陽歯車を $n_b - n_c$ だけ回転する．このとき，内歯車の回転角 n_f は，式 (7.68) において回転角を $n_b - n_c$ とすれば得られる．得られたそれぞれの回転数の合計を求める．すると，腕の回転数は n_c，太陽歯車の回転数は n_b となる．このようにして，内歯車の回転数は表から次のように得られる．

$$(z_b + z_f)n_c = z_b n_b + z_f n_f \tag{7.78}$$

これは，すでに求めた遊星歯車の速比の基本式 (7.77) と同じである．

太陽歯車，遊星歯車，内歯車がかみ合うためには，太陽歯車の基準円の半径と遊星歯車の基準円の直径の和が，内歯車の基準円の半径に等しくなければならない．これより，三つの歯車の歯数には，次式に示す関係が成り立つ必要がある．

$$z_\mathrm{f} = z_\mathrm{b} + 2z_\mathrm{d} \tag{7.79}$$

遊星歯車装置には三つの入出力要素があり，その間には式 (7.78) に示す関係がある．これをそのまま用いれば，二つの入力回転数の差を出力する，あるいは一つの入力を二つの出力に分割するという差動歯車としての特性をもつ．ここで，三つの入出力軸の一つを固定すると，ほかの二つの速度に一定の関係が得られ，次に示す三つのケースが選択できる．

太陽歯車固定（$n_\mathrm{b} = 0$）：

$$n_\mathrm{f} = \frac{z_\mathrm{b} + z_\mathrm{f}}{z_\mathrm{f}} n_\mathrm{c} \tag{7.80}$$

内歯車固定（$n_\mathrm{f} = 0$）：

$$n_\mathrm{c} = \frac{z_\mathrm{b}}{z_\mathrm{b} + z_\mathrm{f}} n_\mathrm{b} \tag{7.81}$$

腕固定（$n_\mathrm{c} = 0$）：

$$n_\mathrm{b} = -\frac{z_\mathrm{f}}{z_\mathrm{b}} n_\mathrm{f} \tag{7.82}$$

ここで，腕固定では出力が逆回転することがわかる．

この特性を利用したものとして，図 7.49 に示す自動車の自動変速機がある．遊星歯車装置（図には上半面のみを示す）を 2 組使って，表 7.2 のようなクラッチの組み合わせで固定する要素を選択する．

図 7.50 は，後輪駆動方式の自動車の後車軸に用いられているかさ歯車を用いた差動歯車の例である．これも原理は遊星歯車と同じである．ただし，遊星歯車を立体的

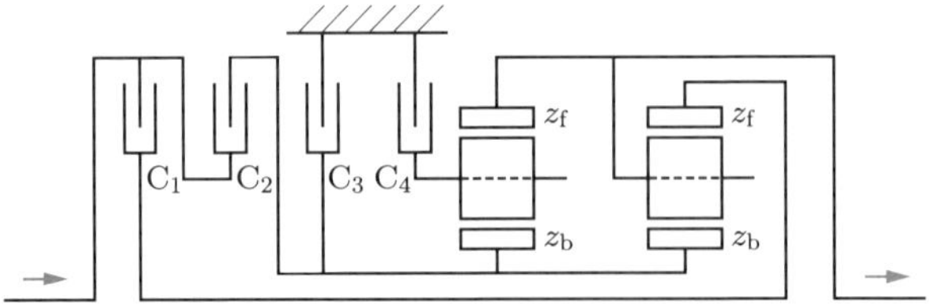

図 7.49　遊星歯車を用いた変速装置

表 7.2　自動変速機の動作モード

変則段	中立	1 速	2 速	3 速	後退
接続クラッチ	—	C_1, C_4	C_1, C_3	C_1, C_2	C_2, C_4
初段 $n_\mathrm{f} = n_\mathrm{out}$	フリー	$n_\mathrm{c} = 0$	フリー	フリー	$n_\mathrm{b} = n_\mathrm{in}$, $n_\mathrm{c} = 0$
次段 $n_\mathrm{c} = n_\mathrm{out}$	フリー	$n_\mathrm{f} = n_\mathrm{in}$	$n_\mathrm{f} = n_\mathrm{in}$, $n_\mathrm{b} = 0$	$n_\mathrm{f} = n_\mathrm{b} = n_\mathrm{in}$	フリー
速比 $n_\mathrm{out}/n_\mathrm{in}$	—	$\dfrac{z_\mathrm{f}}{z_\mathrm{b} + 2z_\mathrm{f}}$	$\dfrac{z_\mathrm{f}}{z_\mathrm{b} + z_\mathrm{f}}$	1	$-\dfrac{z_\mathrm{b}}{z_\mathrm{f}}$

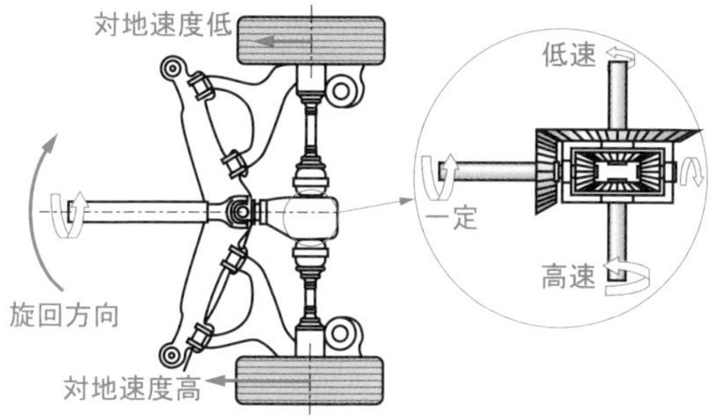

図 7.50 遊星歯車を用いた回転速度の調整機構（デフ）

に構成し，太陽歯車と内歯車の歯数を等しくしたものに相当する．式 (7.78) において $z_{\mathrm{f}} = z_{\mathrm{b}}$ とすると，次のようになる．

$$n_{\mathrm{c}} = \frac{n_{\mathrm{b}} + n_{\mathrm{f}}}{2} \tag{7.83}$$

カーブした路面を走行するときは外側の車輪が内側の車輪より速く回らなければならないため，路面抵抗によってエンジンからの回転力を均等に配分しながら，回転速度を自動的に調整している．図 7.51 にスケルトン図を示す．図 (a) に示すように，両車輪に均等負荷がかかるときは小かさ歯車は回転せず，車軸は歯車箱と一体に回転する．図 (b) のように一方の軸を固定すると，小かさ歯車が回転して他方の軸が 2 倍の速度で回転する．それ以外では，この二つのはたらきが合成されたものになる．

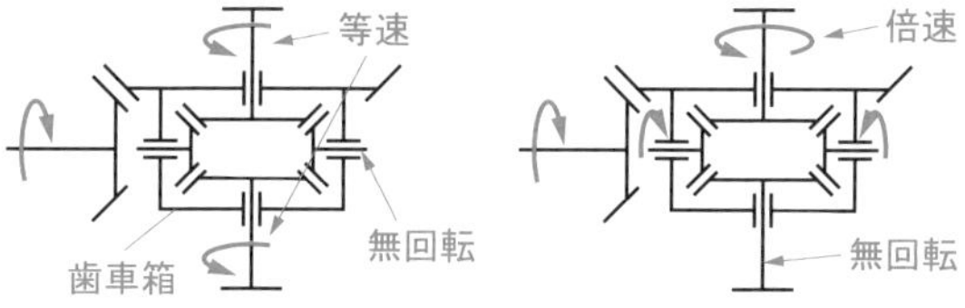

（a）均等負荷の場合　　（b）片軸固定の場合

図 7.51 デフのスケルトン図

(4) 差動遊星歯車

図 7.52 に，重量物を持ち上げる手動ホイストに遊星歯車を適用した例を示す．チェーン g を引くと太陽歯車 b が回転し，遊星歯車 d_2 が回される．d_2 と同軸に結合された歯車 d_1 は内歯車 f とかみ合っているが，f はハウジングに固定されている．このため，遊星歯車 d を支えるキャリヤ c が回転し，これにつながっている出力軸がチェーンを巻き取り，フック h の荷重を引き上げる．遊星歯車 d_1，d_2 は歯数が異なっており，これが減速比に影響する．

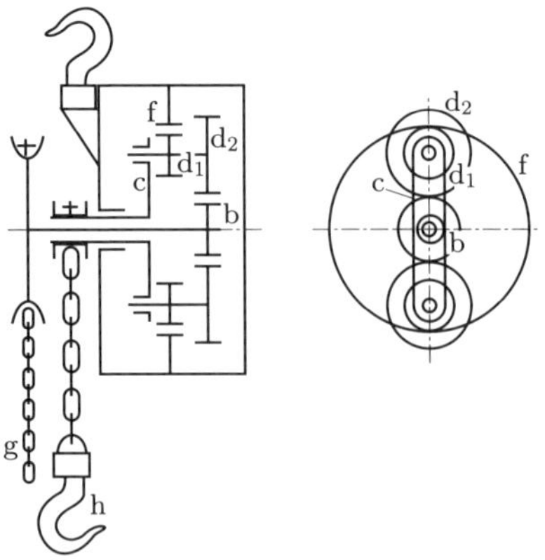

図 7.52　手動ホイスト

例題 7.3　図 7.52 における差動遊星機構について，節 b を入力，節 c を出力とするとき，のり付け法を用いて速比を求めよ．

解答

表 7.3

	c	b	d_1，d_2	f
のり付け	n_c	n_c	n_c	n_c
腕固定	0	$n_b - n_c$	$\dfrac{-z_b(n_b - n_c)}{z_{d2}}$	$\dfrac{-z_b z_{d1}(n_b - n_c)}{z_{d2} z_f}$
合　計	n_c	n_b	—	0

表 7.3 より速比を求める．

$$n_f = \frac{-z_b z_{d1}(n_b - n_c)}{z_{d2} z_f} + n_c = 0, \quad \therefore \ \frac{n_c}{n_b} = \frac{z_b z_{d1}}{z_b z_{d1} + z_{d2} z_f}$$

(5)　不思議遊星歯車

標準歯車の基準円の直径は歯数とモジュールの積であるから，二つの平歯車の中心距離は歯数の和によって決まる．しかし，転位歯車では転位量が中心距離に影響を及ぼすので，同じ中心距離でも歯数の異なる組み合わせが可能になる．これを利用すると，大きな減速比を得ることができる．図 7.53 に示すのは不思議遊星歯車機構である．歯車 1 は固定されている．転位歯車 1，2 は同じ遊星歯車 3 にかみ合っている．ただし，歯数は異なる．入力軸を回転すると，遊星腕が遊星歯車を歯車 1，2 の周りに回転させる．1 周すると歯車 2 は歯数の差だけ回転する．

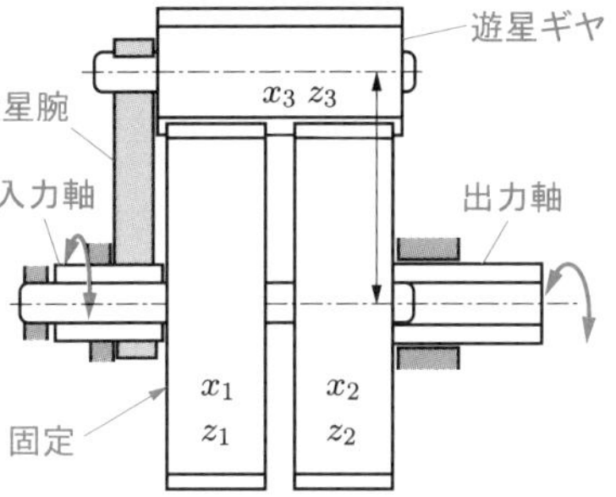

図 7.53 不思議遊星歯車

(6) 内部構造

遊星歯車は複数使用する場合が多い．その理由は，力を複数の歯車に分散させて大きなトルクを伝達するためである．この場合，歯車は製作誤差により多少の大きさの違いがあるので，その状態で組み立てると大きい遊星歯車に荷重が集中して不均衡になり，強度上問題になる．3 個使用する場合は，力を均等に配分するため，図 7.54 (a) に示すように太陽歯車の軸はケーシングに軸受で固定しない．太陽歯車は三つの遊星歯車から受ける力によってその位置を変化させ，三つの遊星に均等に力を与える位置で回転する．つまり，自動調心のはたらきである．

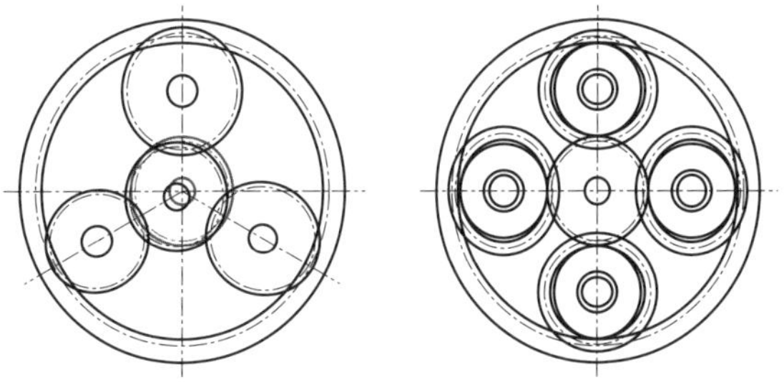

（a）自動調心　（b）変形による荷重分散

図 7.54 遊星歯車装置の内部構造

遊星歯車を 4 個以上にすると，上記の原理では力を均等化できない．この場合は遊星歯車の変形を利用する方法がある．図 (b) に示すものは遊星歯車が 4 個であるが，遊星歯車は円環状に作られていて，多少の変形ができるので，荷重が均等化できる．スペースシャトルに搭載されているロボットアームの関節には多段の遊星歯車装置が使用されているが，1 段に最大 11 個もの遊星歯車が組み込まれている．その遊星歯車の内部は削り込まれて空洞となっているが，それは軽量化のためだけでなく，荷重を均等に分散させることも意図している．

7.5.4　3要素減速機

遊星歯車は三つの入出力要素をもつことにより，3種類の速比と差動機構としての特性を得ている．同じような3要素変速機として，ハーモニックドライブ社の製品である波動歯車機構（商標名ハーモニックドライブ）がある．これを図7.55に示す．

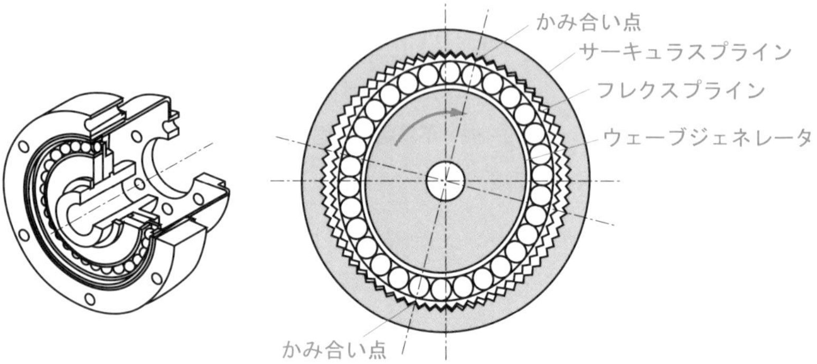

図7.55　ハーモニックドライブ

このハーモニックドライブは，ウェーブジェネレータ，フレクスプライン，サーキュラスプラインの3入出力要素で構成されている．スプラインとあるように，本来は歯車ではなく細かい凹凸がかみ合っているものであったが，近年は開発が進んで特殊な歯形が採用されているので，歯車に近いものとして考えられる．

ハーモニックドライブが特異であるのは，通常剛体として考えられている機械要素を弾性変形できるようにして，変形しながら回転を伝えている点である．つまり，フレクスプラインは薄肉のカップ状部品で，歯のある部分がだ円に変形できる．また，極薄のレース（内，外輪）をもつ変形可能な総玉軸受が，だ円断面をもつウェーブジェネレータにはめ込まれている．このだ円に変形したベアリングがフレクスプラインに押し込まれると，長半径のところの歯だけがサーキュラスプラインの歯にかみ合う．フレクスプラインの歯数はサーキュラスプラインの歯数より通常2枚少ないので，ウェーブジェネレータが1回転したとき，フレクスプラインとサーキュラスプラインの角度はこの差だけずれる．サーキュラスプラインの歯数は100あるいは200などの大きい数なので，ウェーブジェネレータとフレクスプラインとの間の速比はきわめて大きな3桁のものにできる．

7.5.5　特殊な歯車装置

図7.56に示すものはサイクロ減速機である．固定の内歯車dの中にやや小径の外歯車bがあり，偏心軸aで支えられている．外歯車bは偏心方向の1点で内歯車dと

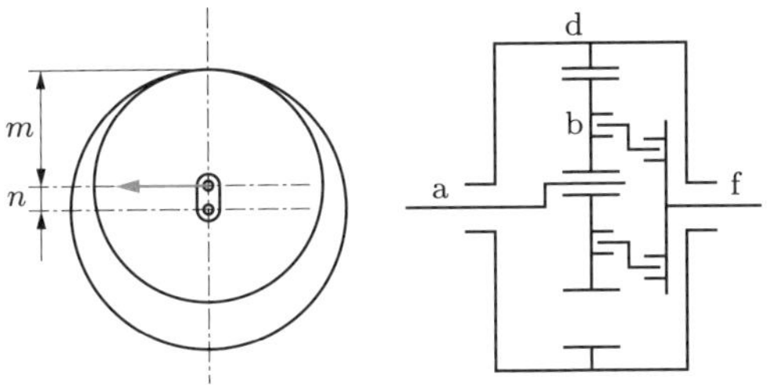

図 7.56 サイクロ減速機

かみ合っている．偏心軸 a を 1 回転させると，内歯車 d と外歯車 b の歯数の差だけ外歯車 b が回転する．この回転を出力として取り出す．出力軸 f は偏心軸と同じ偏心量の複数の偏心軸で外歯車とつながれており，偏心運動を妨げずに外歯車の回転を取り出すことができる．大きな減速比が得られ，剛性も高いことが特徴である．

図 7.57 に示すものはピン歯車を用いたラック・ピニオン機構である．摩擦抵抗を減らすため，ピンはニードルベアリングで支えられている．ラックの歯形はピンのトロコイド曲線（水平線上を転がる円上の 1 点が描く軌跡）に対して，ピンの半径分だけ内側に寄った曲線となる．

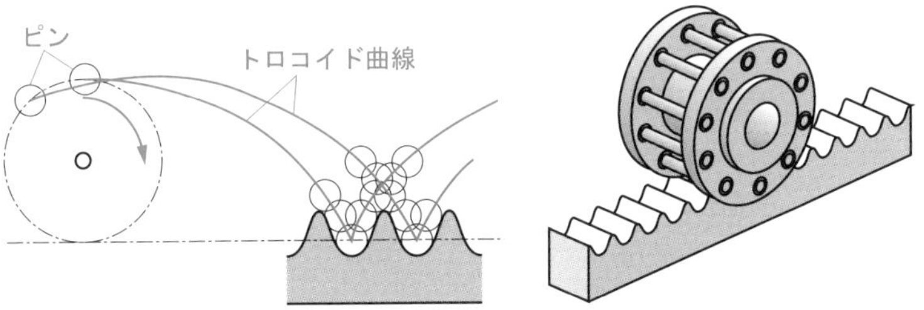

図 7.57 ピン歯車（商品名 TCG ランナー（加茂精工））

回転式計測装置などで精度が必要であるものを歯車で回転伝達する場合，回転方向が変わるとバックラッシュによる誤差が生じ，測定精度に影響が出る．このような場合に用いる方法として，図 7.58 のように歯車を 2 枚に分割し，角度差を与えることで相手の歯車の歯を両側から挟み込み，バックラッシュを除去する方法がある．図 (a) は 2 枚の歯車を引張ばねで結合したもので，ばねに引張力を与えた状態で相手の歯車をかみ合わせて用いる．図 (b) は C 形のばねを 2 枚の歯車の間に挟み込んだもので，構造がシンプルであり，挟み込む力も調整しやすい．

この歯車では，片側の回転はばね力によっている．したがって，負荷トルクは小さいものでなければならない．大きな負荷トルクの場合は，相手の歯を挟み込んだ状態

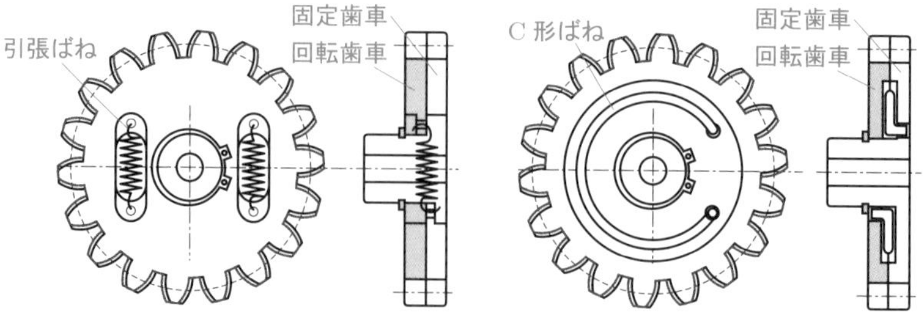

（a）引張ばねを用いる方法　　（b）C 形ばねを用いる方法

図 7.58　**バックラッシュ防止ギヤ**

で 2 枚の歯をボルト結合する方法がある．ただし，バックラッシュは軽減できるが，偏心や心ブレを考慮すると，完全にバックラッシュを除去することは難しい．

演習問題

7.1　問図 7.1 に示す標準歯車のインボリュート曲線について，次の問いに答えよ．

(1) 半径線の長さ ρ を，基礎円の直径 d_b [mm] と角度 θ [rad] の関数として表せ．

(2) モジュール $m = 3$，歯数 $z = 18$ として，歯先円直径と基礎円直径の値を求めよ．

(3) 半径線の長さ ρ が歯先円半径に達するときの角度 θ [rad] を求めよ．

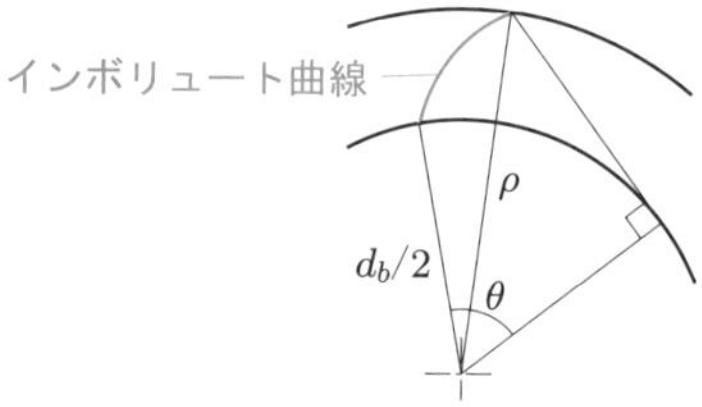

問図 7.1

7.2　標準平歯車について，次の問いに答えよ．ただし，モジュール $m = 1.5$，歯数 $z = 32$ とする．

(1) 基準円直径 d と基礎円直径 d_b を求めよ．

(2) 歯元のたけを $1.25m$ として，歯先円の直径 d_a と歯底円の直径 d_f を求めよ．

(3) ピッチ p と基礎円ピッチ p_b を求めよ．

7.3　歯数が $z_{\mathrm{b}} = 18$，$z_{\mathrm{d}} = 32$ の 2 枚の標準平歯車 b，d が中心距離 $a = 75$ mm になるように配置されている．モジュール m を求めよ．

7.4　モジュール $m = 3$ の標準平歯車が標準の中心距離でかみ合うとき，中心距離を 108 mm，角速度比を 0.5 としたときの歯数 z_{b}，z_{d} を求めよ．

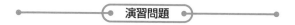

7.5 モジュール $m = 2$，歯数 $z_{\mathrm{b}} = 18$，$z_{\mathrm{d}} = 28$ の 2 枚の標準平歯車 b，d が標準的かみ合いになるように配置されている．次の問いに答えよ．

(1) 基準円直径 d_{b}，d_{d}，基礎円直径 d_{bb}，d_{bd}，歯先円直径 d_{ab}，d_{ad}，基礎円ピッチ p_b，中心距離 a を求めよ．

(2) かみ合い率 ε を求めよ．

7.6 モジュール $m = 2$，歯数 $z = 18$ の標準平歯車について，次の問いに答えよ．

(1) 基礎円直径 d_b，基準ピッチ p，歯先円直径 d_a，すきま角 χ を求めよ．

(2) 歯数を 16 に下げたとき，切り下げを防ぐ最小転位量を求めよ．

7.7 問図 7.2 に示すウォームギヤと平歯車と遊星歯車（太陽歯車固定）を組み合わせた伝動機構について，次の問いに答えよ．ただし，歯数は $z_{\mathrm{a}} = 1$，$z_{\mathrm{b}} = 60$，$z_{\mathrm{c}} = 30$，$z_{\mathrm{d}} = 50$，$z_{\mathrm{e}} = 42$，$z_{\mathrm{g}} = 20$ とする．

(1) 遊星歯車の歯数 z_{f} を求めよ．

(2) 遊星ギヤにおいて，内歯車 e の回転角 θ と腕 h の回転角 ϕ の関係を求めよ．

(3) ウォーム a を入力，遊星歯車の腕 h を出力として速比を求めよ．

7.8 問図 7.3 に示す歯車機構について，次の条件で速比を求めよ．ただし，歯車の歯数を $z_{\mathrm{b}} = 12$，$z_{\mathrm{c}} = 18$，$z_{\mathrm{d}} = 48$ とする．

(1) a を固定し，原動節を b とする場合

(2) d を固定し，原動節を a とする場合

(3) b を固定し，原動節を d とする場合

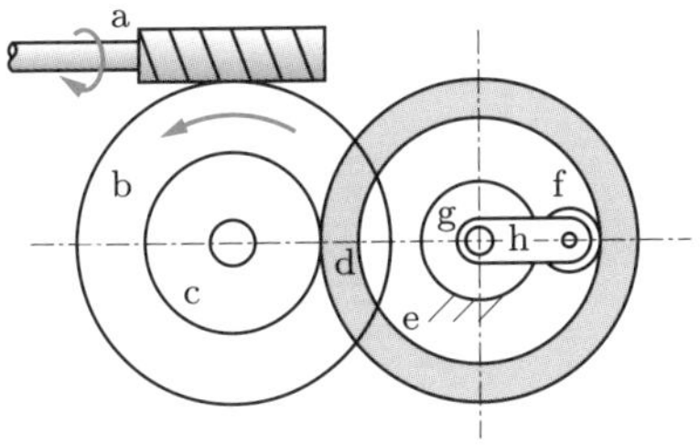

問図 7.2

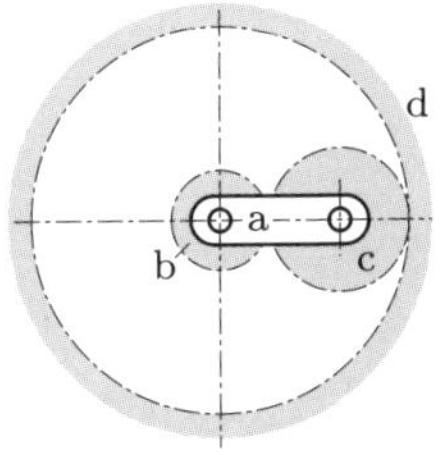

問図 7.3

7.9 問図 7.4 はスペースシャトルに搭載されているロボットアーム SRMS（shuttle remote manipulator system）の肩関節に使われている多段遊星歯車機構である．モータ軸の歯車 a は，内歯車を経て腕固定の遊星を 2 段通り，その 2 段目の内歯車は差動遊星の太陽歯車になっている．内歯車 h は固定であり，内歯車 i が出力軸である．各歯車の歯数を次のようにしたときの減速比 i を求めよ．

$z_{\mathrm{a}} = 39$，$z_{\mathrm{b1}} = 135$，$z_{\mathrm{b2}} = 39$，$z_{\mathrm{c}} = 48$，$z_{\mathrm{d1}} = 135$，$z_{\mathrm{d2}} = 32$，$z_{\mathrm{e}} = 46$，

$z_{\mathrm{f1}} = 124$，$z_{\mathrm{f2}} = 143$，$z_{\mathrm{g1}} = 49$，$z_{\mathrm{g2}} = 45$，$z_{\mathrm{h}} = 238$，$z_{\mathrm{i}} = 242$

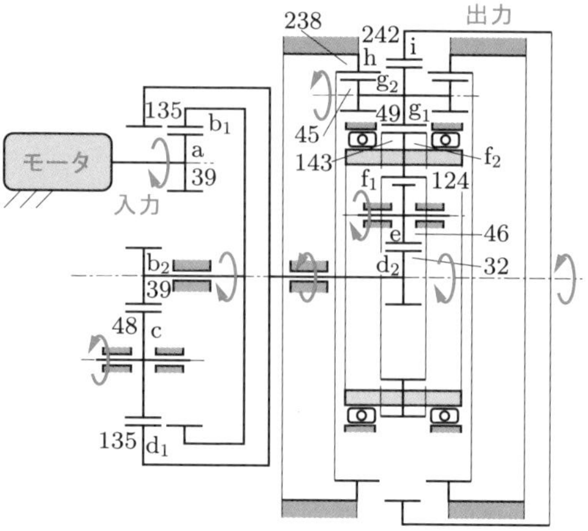

問図 7.4

7.10 問図 7.5 に示すような 2 重遊星歯車機構において，a，h を固定し，b に入力を与え，e を出力とする．出力と入力との間の回転速度の比を求めよ．ただし，d，f は同一部品の内歯車と外歯車であり，各歯車の歯数は $z_\mathrm{b} = 32$，$z_\mathrm{c} = 46$，$z_\mathrm{d} = 124$，$z_\mathrm{f} = 143$，$z_\mathrm{g} = 52$，$z_\mathrm{h} = 247$ とする．

7.11 問図 7.6 の遊星歯車機構において，腕 f を 100 rpm で回転させたとき，歯車 e の回転速度を求めよ．ただし，歯車 b，c，d，e の歯数をそれぞれ 28，16，17，27 とし，歯車 b は静止節に対し回転しないものとする．

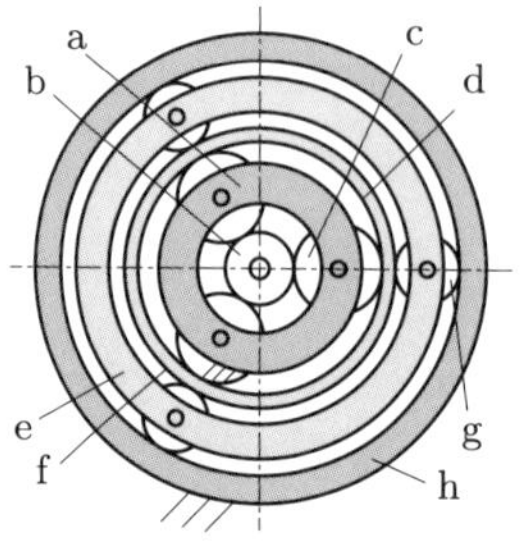

問図 7.5

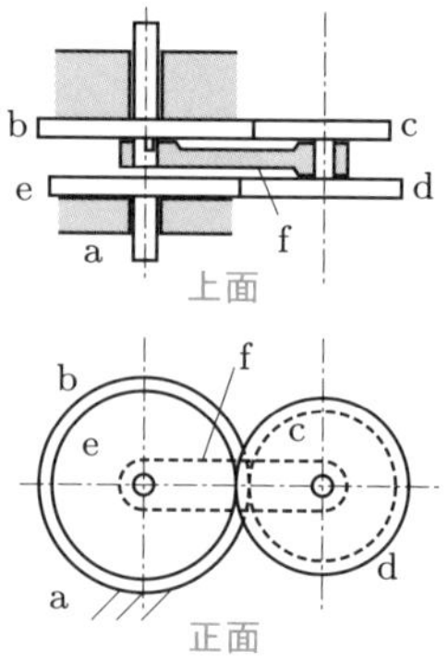

問図 7.6

8章 ねじ機構

限定対偶そのものであるねじは，古くから使われている単純な機構要素であり，とても役に立つ，なくてはならない機構として身の周りにも多くみられる．従来，ねじは旋盤で作られ，そのねじは旋盤の送りねじとしても使われている．このため，旋盤の発達に伴ってねじの精度も向上し，マイクロメータのような精密測定器具に使われるほか，摩擦抵抗を少なくするため鋼球を挟んだボールねじとして産業機械の軸駆動制御系にも多用されている．本章では，ねじの基礎理論を理解し，ジャッキなど力を拡大する性質を利用した用途や，ねじの組み合わせにより変位を拡大する使い方，差動により変位を縮小して精密な動作をさせる使い方を学ぶ．

8.1 ねじの種類

ねじは図 8.1 に示すように，三角形を丸棒に巻きつけたとき斜辺が作るらせん（つる巻き線）を基本とする．周方向に 1 周したとき軸方向に進む長さを**リード**（lead）という．通常はらせんが 1 本であるが，らせんが 2 本のものを 2 条ねじ，3 本のものを 3 条ねじという．リードの大きさは JIS（日本工業規格）により定められており，標準よりリードが小さいものを細目ねじという．

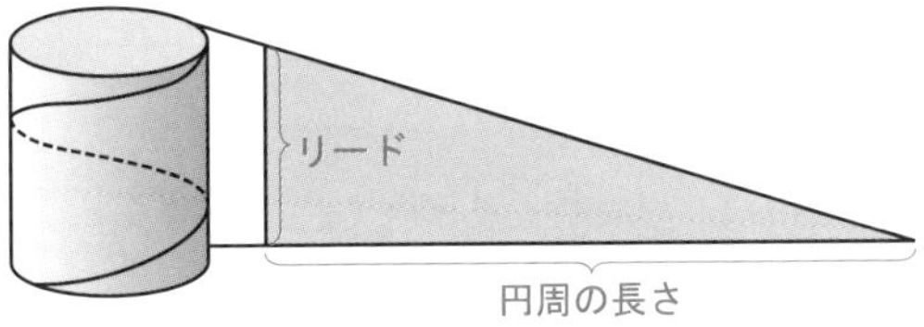

図 8.1　ねじとらせん

ねじの種類を図 8.2 に示す．断面形により，**三角ねじ**（triangular thread）と**角ねじ**（square thread）があり，その中間として**台形ねじ**（trapezoidal thread）がある．三角ねじは一般に広く用いられており，角ねじは大きな推進力を必要とするところに用いられる．

三角ねじの面は，図 8.3 に示すように，中心軸線上に 1 辺をもち，中心軸に垂直な

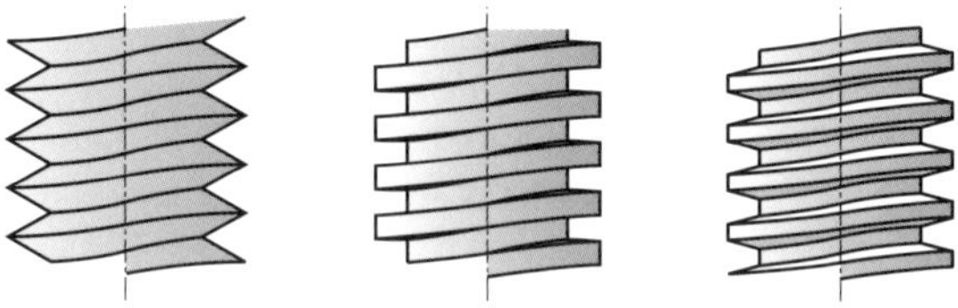

図 8.2　**ねじの種類**

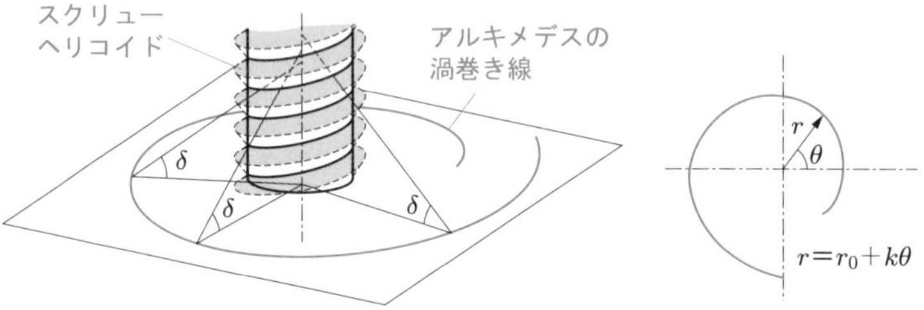

図 8.3　**スクリューヘリコイド**

面に対し一定の角度 δ を維持する直角三角形がつる巻き線に沿って回転したとき，三角形の斜辺が形成する面となる．この面を**スクリューヘリコイド**（screw helicoid）という．三角形の先端は，アルキメデスの渦巻き線を形成する．

角ねじの場合は，図 8.4 に示すように，ねじの谷径を示す円に巻き付けた三角形の紙をはがすとき，その斜辺が形成する曲面がねじの面になる．三角形の先端は歯車に使われるインボリュート曲線を描く．この曲面を**インボリュートヘリコイド**（involute helicoid）という．

角ねじは，図 8.5 に示すねじジャッキのような，大きな荷重を支えるところによく用いられる．

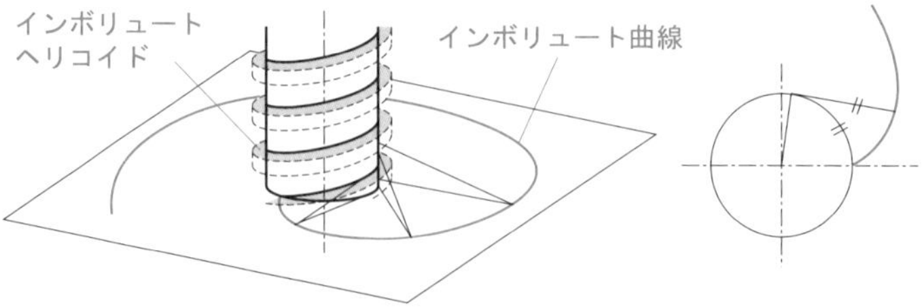

図 8.4　**インボリュートヘリコイド**

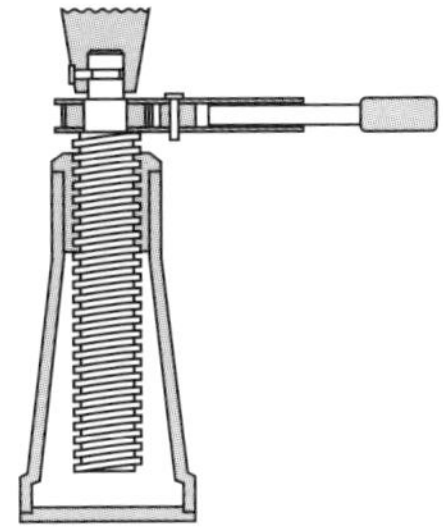

図 8.5 ねじジャッキ

8.2 組み合わせねじ機構

組み合わせねじ機構の例として，図 8.6 に**ターンバックル**（turnbuckle）を示す．O 字形のフレームの両端に右ねじと左ねじが切ってあり，ここにフックのねじ棒がはめ込まれている．フレームを回転させると，フックの間隔を調整することができるので，ロープの張力を調整するときなどによく使われる．フレーム 1 回転当たりの間隔の変化は，右ねじと左ねじのリードの和となる．

国内の創生期の鉄道では，図 8.7 に示すようなねじ式連結器が使われた．これにはターンバックルが仕込まれている．この連結器は引張力には耐えられるが，圧縮力には抵抗できない．このため，ばねを内蔵したバッファを併用する．連結作業が大変なので，現在は，国内では一部を除いて自動連結器に交換されている．

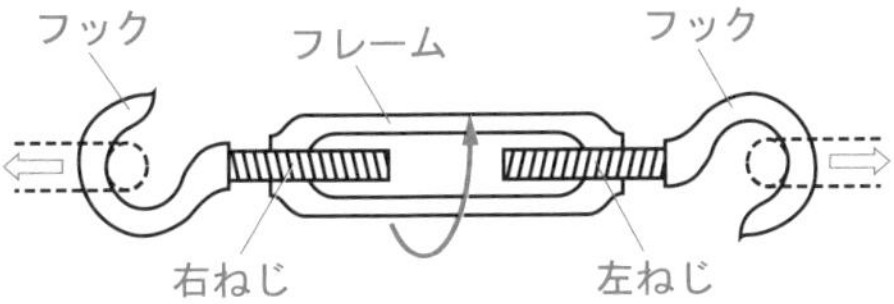

図 8.6 ターンバックル

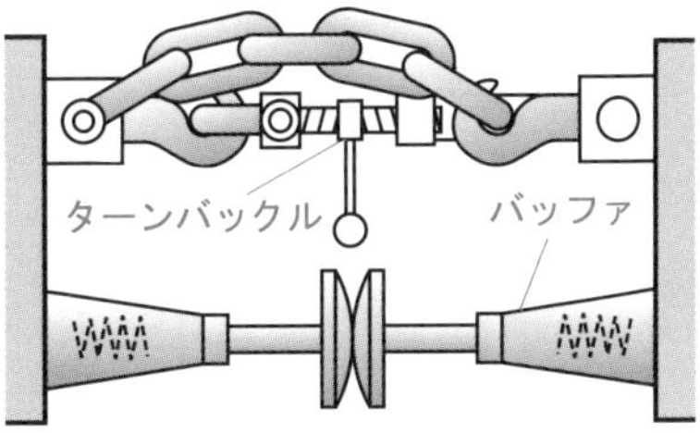

図 8.7 ねじ式連結器

図 8.8 にはマイクロメータの構造を示す．マイクロメータは軸を回転させてアンビルとスピンドルの間に挟んだ物体の大きさを，シンブルと軸に刻んだ目盛線で読み取るものである．スリーブに切られた精密細目ねじにシンブルに固定されたねじ棒をはめ込んだ構造で，ねじ棒はスピンドルにつながっている．ラチェットストップを回転させると，1 回転当たりリード分だけスピンドルが移動する．移動距離はシンブルの回転角に比例するので，シンブルに刻まれた目盛で長さを読み取る．これで 0.01 mm

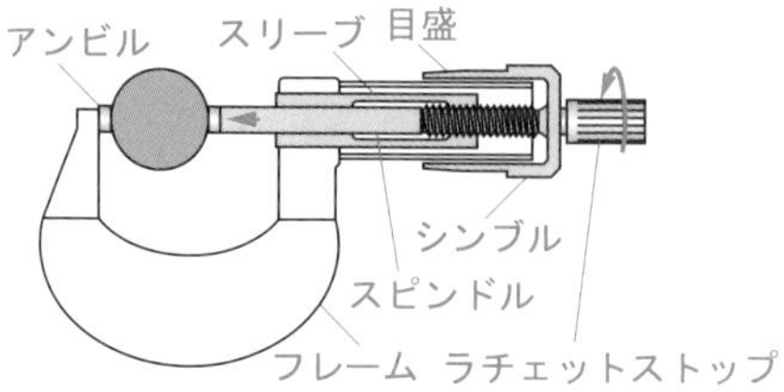

図 8.8　**マイクロメータ**

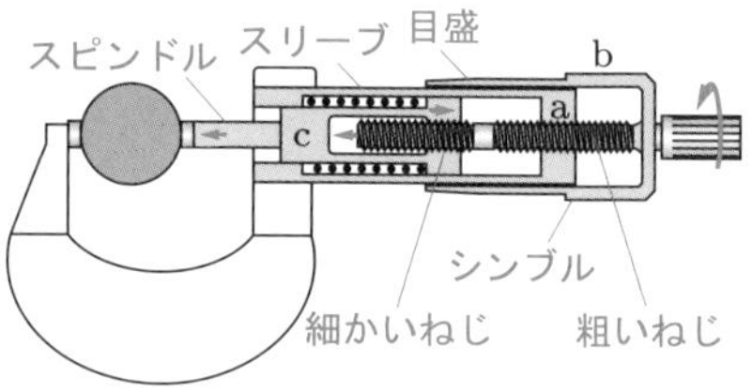

図 8.9　**差動マイクロメータ**

程度は読み取れるが，さらに精密な計測を行うためには，差動マイクロメータが使われる．図 8.9 にその例を示す．ねじ棒 b はリード l_{ab} の粗いねじとリード l_{bc} の細かいねじが一体に結合されている．シンブルを回転させると，ねじ棒はスリーブ a に対しリード l_{ab} と回転数 n の積の距離だけ移動する．細かいねじは，スピンドル c の根元にある細目ねじに対し粗いねじと同じだけ回転し，スピンドル c は，ねじ棒 b に対しリード l_{bc} だけ移動する．つまり，ねじ棒 b を基準に考えれば，スリーブ a とスピンドル c は同じ方向に異なる距離移動するので，スリーブ a とスピンドル c の距離変化は，それぞれの移動距離の差になる．この結果，スピンドルの変位 x は，次式のようにリードの差と回転数の積の距離として得られる．

$$x = (l_{\mathrm{ab}} - l_{\mathrm{bc}})n \tag{8.1}$$

二つのリードの差が小さければ，シンブルの回転に対するスピンドルの動きは小さくなり，より精密な測定ができる．

図 8.10 に旋盤の送りねじを示す．旋盤は，精密な送りねじを備えたことで加工精度が増し，刃物台の送りが自動化されて大きく発展した．また，旋盤はねじを製作する装置でもある．図中の破線で示す位置にもねじ機構が使われている．

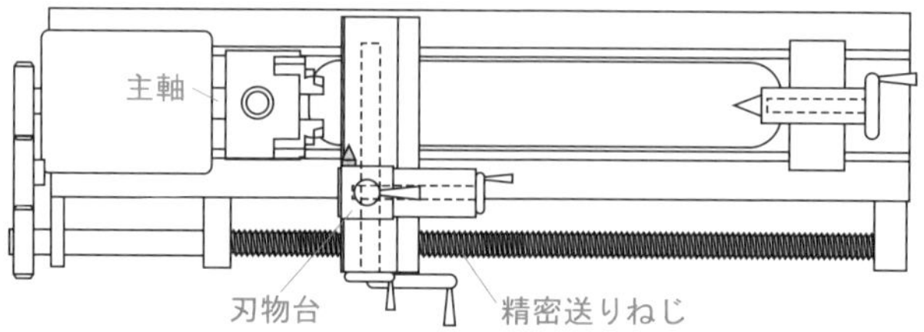

図 8.10　**旋盤**

例題 8.1　図 8.11 に示す 3 重ねじ機構において，三つのねじを順にリード l_1 の右ねじ，リード l_2 の左ねじ，リード l_3 の右ねじとしたとき，節 c の変位 x を節 b の回転数 n_{b} で表せ．ただし，回転数 n_{b} は変位 $x = 0$ のときを起点に数えるものとする．

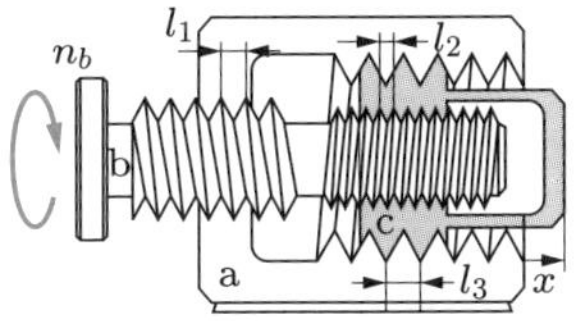

図 8.11

解答

ねじ棒 b の回転数を n_{b}，特殊ナット c の回転数を n_{c} とすると，次式が成り立つ．

$$\begin{cases} x = l_1 n_{\mathrm{b}} + l_2 (n_{\mathrm{b}} - n_{\mathrm{c}}) \\ x = l_3 n_{\mathrm{c}} \end{cases}$$

これより n_{c} を消去して次式を得る．

$$x = \frac{(l_1 + l_2) l_3}{l_2 + l_3} n_{\mathrm{b}}$$

8.3 ボールねじ

ねじを使って回転運動を直線運動に変換し，精密位置決めなどに応用することができる．しかし，通常のねじはおねじとめねじが摺動するので，摩擦力が発生して動作が重く，精密な制御には問題がある．摩擦力を低減する方法として，鋼球を用いた**ボールねじ**（ball screw）がある．図 8.12 にその構造を示す．ねじ棒の外周とナットの内周に刻まれた転動溝に，鋼球が多数はめ込まれており，摺動抵抗が転がり抵抗になるので，軽く動くことが特徴である．鋼球はナットから外れないように，循環する構造になっている．鋼球と転動溝との摩擦を少なくするためには，接触部分の面積は小さいほうがよい．図 8.13 に示すように，転動溝の半径が鋼球より少し大きいサーキュラーアークと，二つの曲面を使って 2 点で支えるゴシックアークがある．鋼球は同じ方向に回転するので，鋼球の相互間には摺動摩擦抵抗が生じる．玉軸受のようにリテーナ

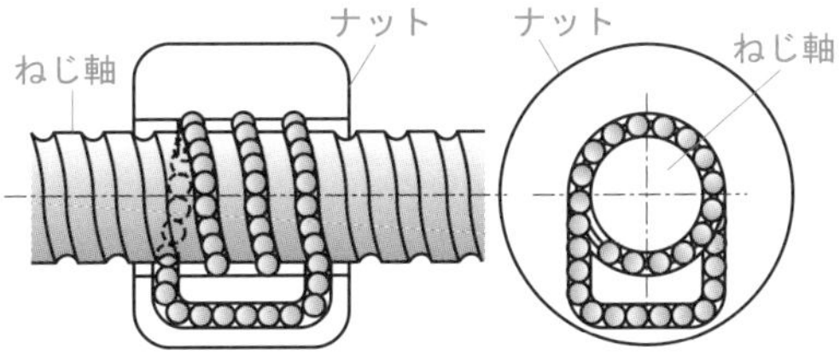

図 8.12　**ボールねじ**

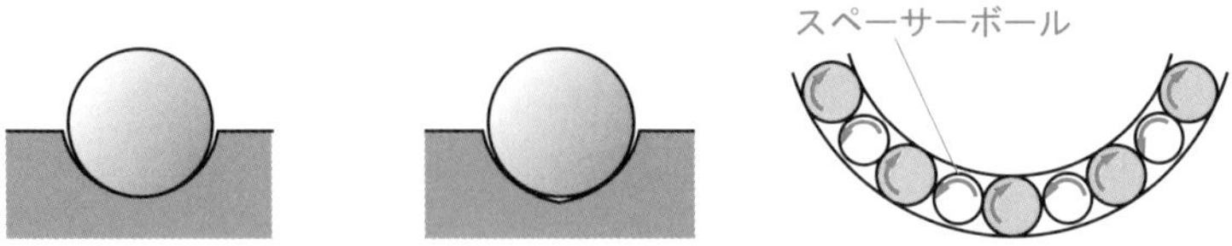

（a）サーキュラーアーク　（b）ゴシックアーク　（c）スペーサーボール

図 8.13　**鋼球と転動溝**

を用いて鋼球どうしを接触させないようにする方法は，ボールねじでは適用が難しいが，鋼球の間に少し直径の小さいスペーサーボールを入れているものがある．スペーサーボールは転動溝よりも鋼球に強く接して逆回転するので，鋼球間の摩擦抵抗は著しく軽減される．

演習問題

8.1　問図 8.1 に示すねじ機構は，静止節 a と節 b が右ねじでかみ合っており，節 b と節 c は左ねじでかみ合っているものとする．また，節 c は溝とふた d の突起によって静止節 a に対し回転止めされている．節 b を右に 1 回転させたとき，節 c の変位 x はどのように変化するか，文章で答えよ．ただし，節 a，b 間のねじのリードを l_1，節 b，c 間のねじのリードを l_2 とする．また，節 b，c 間のねじを右ねじに変えた場合はどうなるか．

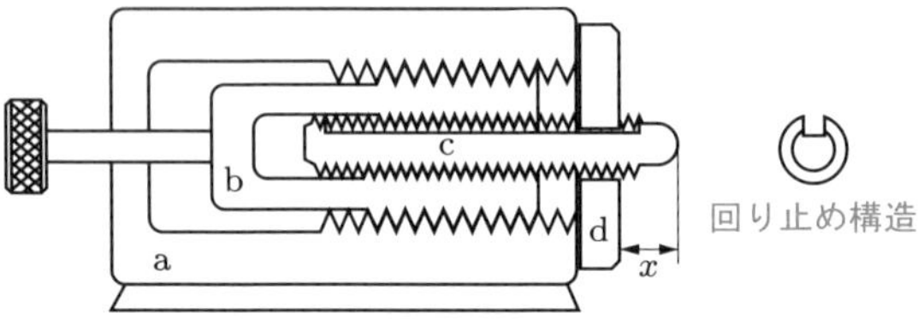

問図 8.1

9章 間欠運動機構

原動節の回転速度が一定でも従動節が間欠的に動いたり停止したりする必要がある場合，**間欠運動機構**（intermittent motion mechanism）が使われる．一つの機械において，複数の機構を機械的につなげて機構間で完全な同期がとれるようにし，一つのモータで駆動するほうが，動作の信頼性が高くなる．この場合，モータは一定速度で回転するので，個々の機構のほうで必要な運転・停止を行う必要があり，間欠運動機構が用いられる．本章では，ラチェット機構やゼネバ歯車機構などについてその特性を学び，設計法を理解する．

9.1 ラチェット機構

図 9.1 にラチェット機構を示す．**ラチェット**（ratchet），すなわち爪車は，逆転防止ができることに特徴がある．原動節 b が回転すると，リンク c を介して揺れ腕 d が往復回転する．爪 e はばね f によって引かれていて，揺れ腕 d が反時計方向に回転するとき，爪車 g を 1 歯分回転させる．揺れ腕 d が時計方向に回転するときは，もう一つの爪 h が**戻り止め**（detent）となって爪車 g の逆回転を止め，爪 e は爪車 g の歯に押されて次の歯溝に移動する．このように，原動節 b の連続回転に対し，爪車 g は間欠的に回転する．

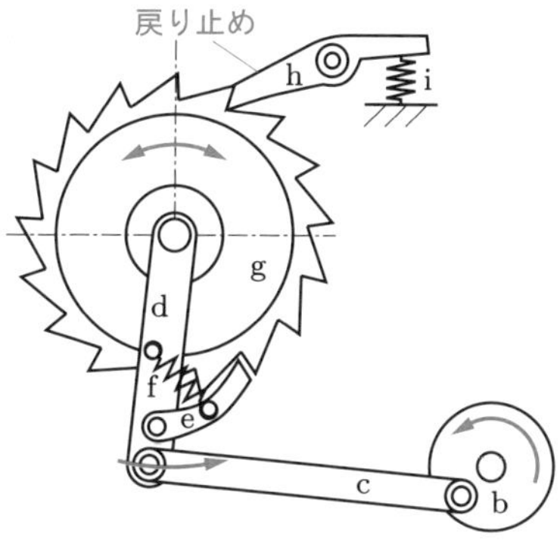

図 9.1　ラチェット機構

9.2　部分歯車機構

図 9.2 に示すものは部分歯車機構である．歯車 b の歯の一部はなくなっており，基準円に等しい円弧状になっている．一方，歯車 c の歯も一部が円弧になっているが，その円弧は相手の歯車の基準円の円弧になっており，ちょうど両方の歯車がこの円弧部分で接しているときは，歯車 b は回転できるが歯車 c は回転できず，ロックされたような状態にある．いま，歯車 b が時計方向に回転すると，両者の歯の部分がかみ合い，歯車 c が 1 回転すると，また円弧部分がはまり合う．歯車 c の 1 回転は歯車 b の回転角 α に対応するので，原動節である歯車 b の 1 回転の時間のうち，角度 α に相当する時間だけ従動節である歯車 c が回転する．つまり，歯車 c は間欠的に回転することになる．

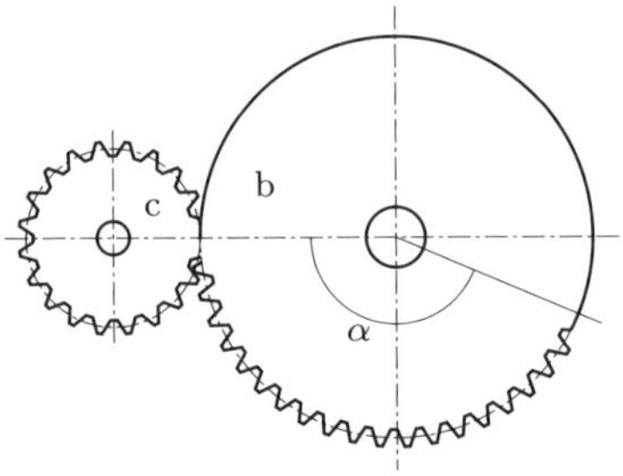

図 9.2　間欠歯車機構

9.3　ゼネバ機構

9.3.1　ゼネバ歯車

間欠運動機構としてよく知られているものに，図 9.3 に示す**ゼネバ歯車**（Geneva drive）がある．原動節 b には駆動ピンと円弧状のロックがある．駆動ピンは従動節 c の放射状の溝に入り，従動節を駆動する．節 c が一定角度回転すると，駆動ピンが溝から抜け出る．同時にロックが節 c の円弧状の切り欠きにはまるので，駆動ピンが再び溝に入ってロックが解除になるまで節 c が固定される．

駆動ピン中心 A と回転軸中心 B を結ぶ半径線 AB は，節 c の外接円の接線になっている．従動節 c の分割数を z とし，駆動ピンの回転半径を r，従動節の半径を R，節 b，c の中心距離を L とすると，次式が成り立つ．

$$r = L\sin\frac{\pi}{z}, \quad R = L\cos\frac{\pi}{z} \tag{9.1}$$

前述したように，駆動ピンが溝の入口あるいは出口にあるとき，駆動ピンの速度ベクトルは従動節の回転中心を通る直線上にあり，従動節の回転の初速度および終速度

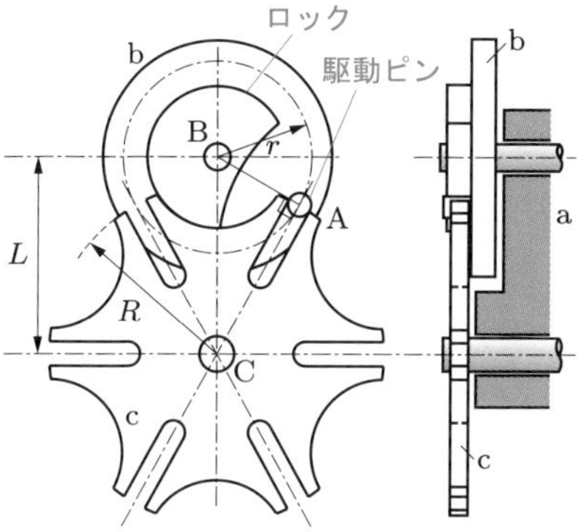

図 9.3　ゼネバ歯車

が 0 であるので，緩起動，緩停止することになる．このため動作がなめらかなのが特徴である．

従動節 c の回転角速度 ω_c を求める．図 9.4 に示すように，節 b の角度が θ のとき，節 c の角度が ϕ で，駆動ピンと従動節の中心間距離が s になるとする．節 b の角速度を ω_b，節 c の角速度を ω_c としたとき，原動節 b の接線速度 v_b と従動節の接線速度 v_c との関係は，次式のようになる．

$$v_c = v_b \cos(\theta + \phi) \tag{9.2}$$

ただし，

$$v_b = r\omega_b, \quad v_c = s\omega_c \tag{9.3}$$

である．

一方，幾何学的関係から次式を得る．

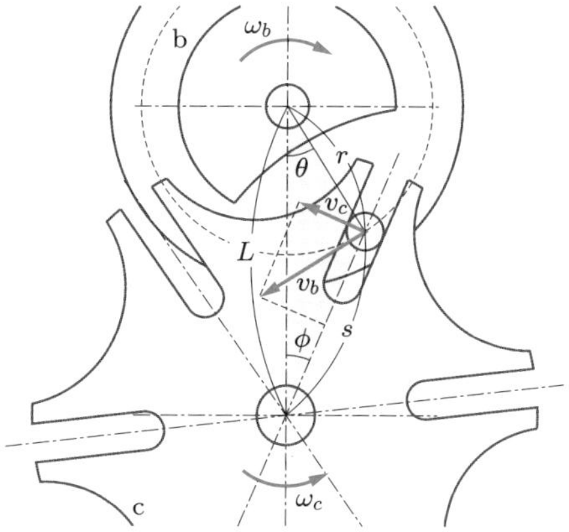

図 9.4　回転角

$$\begin{cases} r\cos\theta + s\cos\phi = L \\ r\sin\theta = s\sin\phi \end{cases} \tag{9.4}$$

式 (9.4) より，ϕ の項のみを左に移項して二乗和をとると次のようになる．

$$s^2 = L^2 - 2Lr\cos\theta + r^2 \tag{9.5}$$

一方，式 (9.2)〜(9.4) より，次のようになる．

$$\begin{aligned} \omega_c &= \frac{r}{s}(\cos\theta\cos\phi - \sin\theta\sin\phi)\omega_b \\ &= \frac{r}{s^2}\{\cos\theta(L - r\cos\theta) - r\sin^2\theta\}\omega_b \\ &= \frac{r}{s^2}(L\cos\theta - r)\omega_b \end{aligned} \tag{9.6}$$

式 (9.5) を代入して，従動節 c の角速度 ω_c が次式のように求められる．

$$\omega_c = \frac{r(L\cos\theta - r)}{L^2 - 2Lr\cos\theta + r^2}\,\omega_b \tag{9.7}$$

例として，$L = 50\,\mathrm{mm}$，分割数 $z = 6$ の場合を図 9.5 に示す．

図 9.6 に示すものは，図 9.3 で使われている従動節 c の回転を止めるための円弧状のカムを廃止し，その代わりに原動節 b のピンを 2 本にしたものである．2 本のピンは，どちらかのピンが溝に入るまでは，従動節の円弧状の部分を両側から挟みこんで，従動節 c の回転を止めている．

原動節の回転速度が一定とすると，原動節が 1 回転する間に従動節が回転している時間の割合は，原動節のピンが従動節の溝に入っている時間の割合となる．

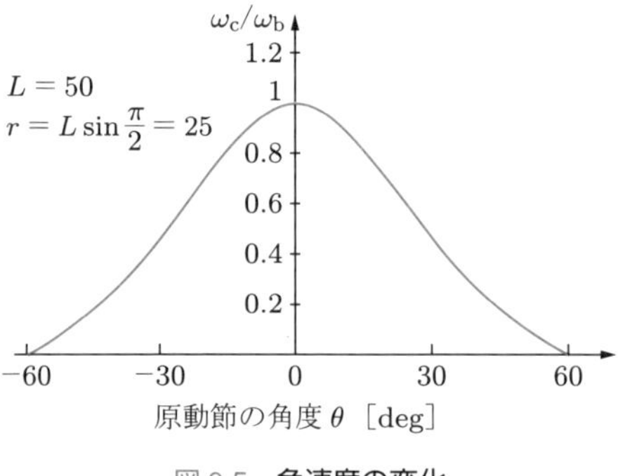

図 9.5　角速度の変化

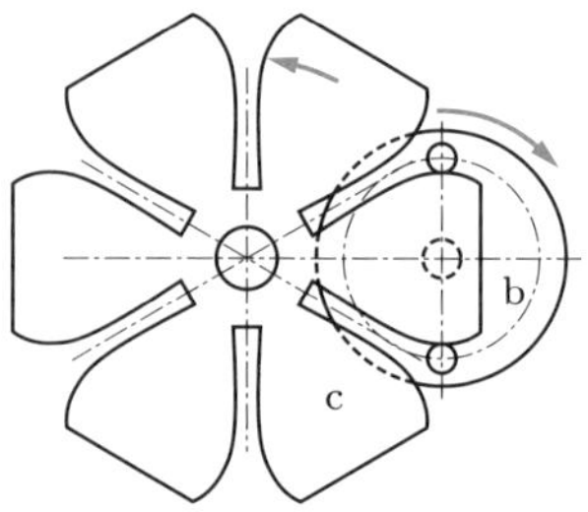

図 9.6　2 本のピンを用いたゼネバ歯車

例題 9.1　分割数 z のゼネバ歯車において，原動節であるピン車が一定速度で回転しているとする．ピン車が 1 回転する時間のうち，ゼネバ歯車が動いている時間の割合を求めよ．

解答

図 9.7 より，

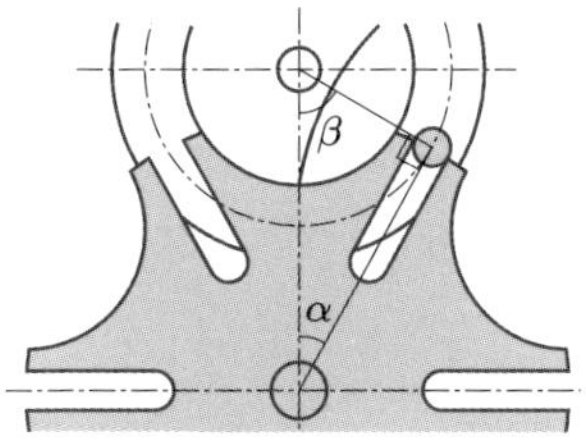

図 9.7

$$\alpha = \frac{\pi}{z}, \quad \beta = \frac{\pi}{2} - \alpha = \frac{z-2}{2z}\pi$$

である．したがって，回転している時間の割合は

$$\frac{2\beta}{2\pi} = \frac{z-2}{2z}$$

となる．

9.3.2 逆転ゼネバ機構

図 9.8 に示すものは，逆転ゼネバ機構とよばれる機構である．原動節である回転腕 b と従動節である溝付きディスク c が同じ方向に回転する点がゼネバ歯車とは異なる．回転腕 b の先にあるローラがディスクの放射状の溝に入っている．原動節が 1 回転すると，ローラは現在入っている溝から抜け出し，隣の溝に入る．したがって，原動節が 3 回転するとディスクが 1 回転することになる．ただし，従動節の回転速度は一様でなく，ローラが溝から抜け出して次の溝に入るまでの間は回転が停止するので，間欠回転になる．従動節の溝が 4 本のものもある．この場合は，原動節が 1 回転すると従動節は 90° の間欠回転を行う．

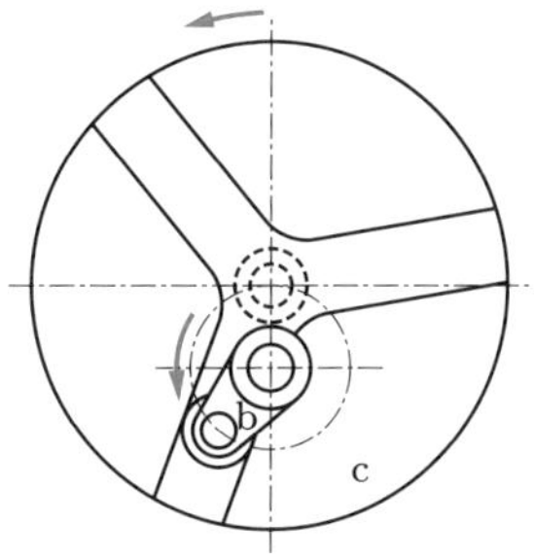

図 9.8 逆転ゼネバ機構

演習問題

9.1　身の周りの機械や道具で，ラチェットが使われている機構を挙げよ．

9.2　軸間距離を 100 mm として，1/8 回転ずつ間欠的に回転するゼネバ歯車を設計し，作図せよ．

9.3　問図 9.1 に示す間欠運動機構について，$a = \sqrt{2}\,r$ として，$\theta = 30^\circ$ のときの角速度 ω_c を求めよ．ただし，$\omega_b = \pi$ rad/s とする．

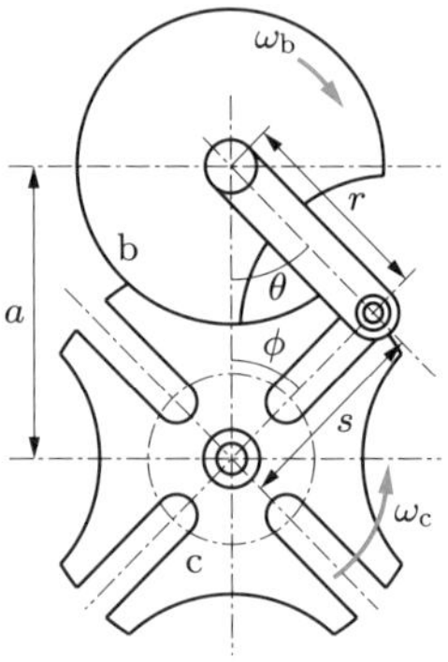

問図 9.1

9.4　ラチェットレンチは，ラチェット機構によりハンドルを揺動させるとねじを締めたり緩めたりすることができる．どのような構造になっているか調べて図示せよ．

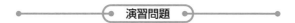

演習問題解答

1章

1.1 （省略）

1.2 (a) 1　(b) 4

1.3 (1)（不等長）4節連鎖　(2) 単節　(3) 節 b：原動節，節 a，c，d：従動節　(4) 節 a：静止節

1.4 (a) 固定連鎖　(b) 不限定連鎖　(c) 限定連鎖　(d) 固定連鎖
(e) 不限定連鎖　(f) 限定連鎖　(g) 固定連鎖　(h) 固定連鎖

2章

2.1 （省略）

2.2 (a) $F=1$，$n=15$　(b) $F=-1$，$n=15$　(c) $F=0$，$n=21$　(d) $F=2$，$n=21$

2.3 (1) $n={}_8C_2=8\cdot 7/2=28$　(2) $N_e=12$，$J=8$，$F=1$　(3) 限定連鎖

2.4 解図 2.1，解表 2.1 に示す．①→⑧の順に求めるとすべて求められる．たとえば，⑧を最初に求めようとすると，仲介節は d 一つしかないので瞬間中心 O_{cf} の位置を得ることができない．

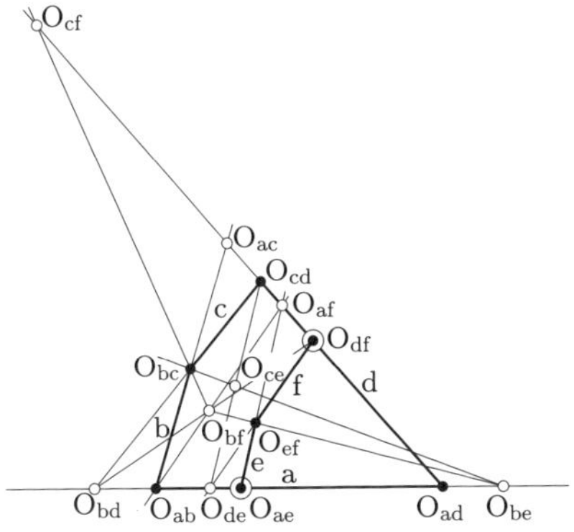

解図 2.1

解表 2.1

a					
O_{ab}	b				
①	O_{bc}	c			
O_{ad}	②	O_{cd}	d		
O_{ae}	⑥	⑧	④	e	
③	⑤	⑦	O_{df}	O_{ef}	f

2.5 解図 2.2 に示す．

2.6 解図 2.3 に示す．

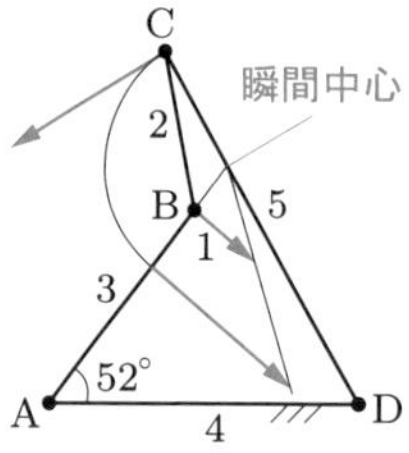

解図 2.2

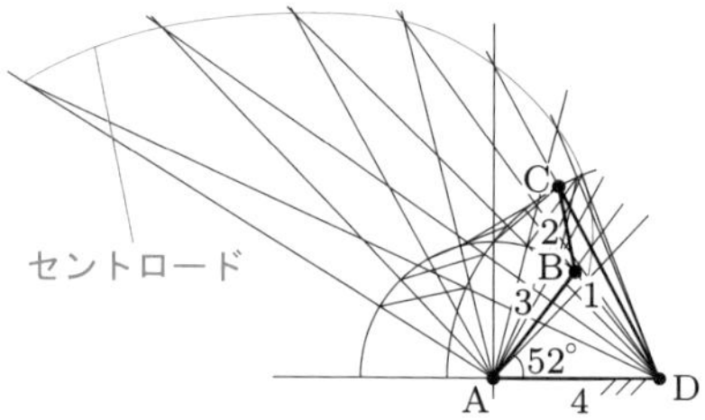

解図 2.3

2.7 (1) 解図 2.4 に示すように記号を付ける．点 D は静止節と連接棒の相対運動の瞬間中心であり，移送法より三角形 BPD，CQD は相似である．また，連接棒 BC の延長線と点 A における垂線との交点を E，クランク AB の延長線と点 C における垂線との交点を D としたとき，三角形 ABE，CBD は相似である．速度ベクトル CQ の大きさは，次式のように得られる．

$$\overline{\mathrm{CQ}}=\frac{\overline{\mathrm{CD}}}{\overline{\mathrm{BD}}}\,\overline{\mathrm{PB}}=\frac{\overline{\mathrm{AE}}}{\overline{\mathrm{AB}}}\,\overline{\mathrm{PB}}$$

ここで，$\overline{\mathrm{AB}}$ はクランク長さで一定，またクランク回転速度が一定であれば，接線速度ベクトル $\overline{\mathrm{PB}}$ も一定であるから，$\overline{\mathrm{AE}}$ はピストン速度 $\overline{\mathrm{CQ}}$ に比例する．したがって，ピストンの各位置において線分 AE の長さを記せば，変位－速度線図が得られる．

(2) 解図 2.5 に示す．

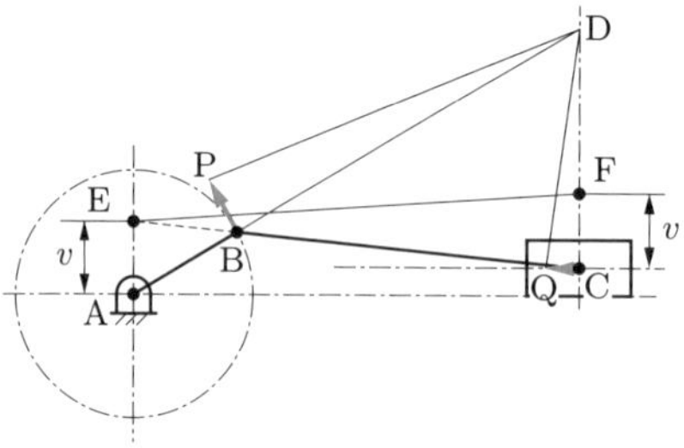

解図 2.4

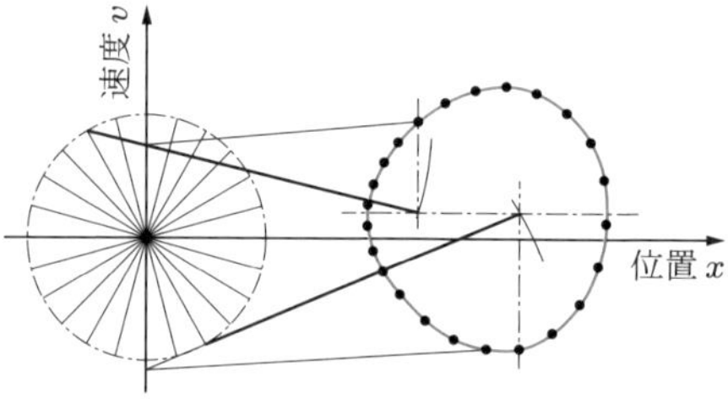

解図 2.5

(3) 解図 2.6 より，$x_u=\sqrt{(b+c)^2-d^2}$，$x_d=\sqrt{(c-b)^2-d^2}$ となる．

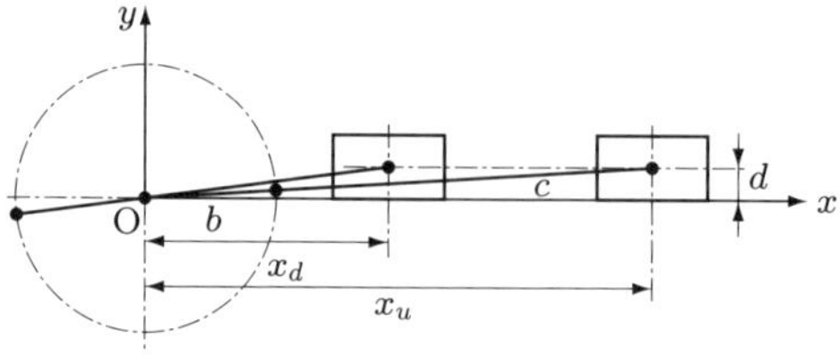

解図 2.6

3章

3.1 (省略)

3.2 解図 3.1 に示す.

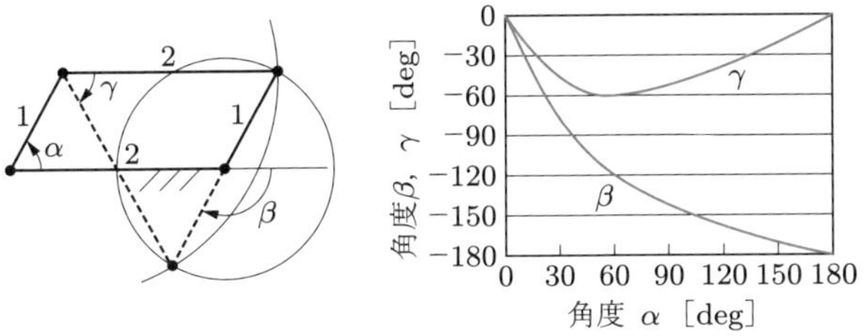

解図 3.1

3.3 (1) $N = 7$, $n = 21$ (2) $N_e = 11$, $J = 8$, $F = 2$ (3) 不限定連鎖

3.4 (1) $N_e = 11$, $J = 8$, $F = 2$ (2) $n = {}_7C_2 = 7 \cdot 6/2 = 21$ (3) 不限定連鎖

3.5 (1) $l = 60 \times 50/(50 + 30) = 37.5\,\mathrm{mm}$

(2) 点 A が追跡点：$80/50 = 1.6$ 倍, 点 B が追跡点：$50/80 = 0.625$ 倍

(3) $N_e = 4$, $J = 4$, $F = 1$ (4) $N = 4$, $n = {}_NC_2 = 4 \times 3/2 = 6$

3.6 (1) パンタグラフ機構（平行リンク機構） (2) $N_e = 10$, $J = 7$, $F = 1$

(3) $n = N(N-1)/2 = 15$ (4)〜(7) 解図 3.2 に示す.

3.7 解図 3.3 に示す.

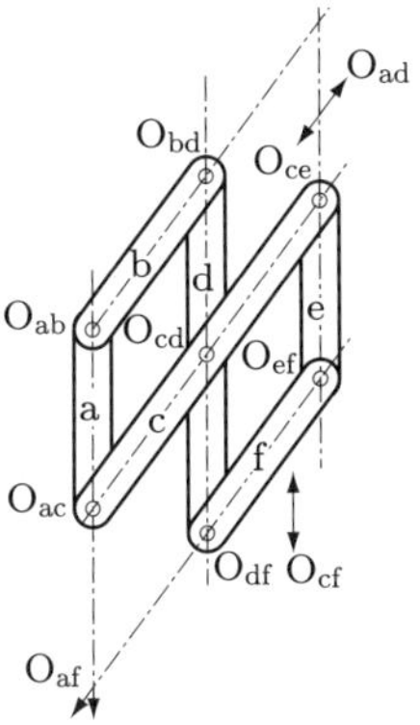

解図 3.2

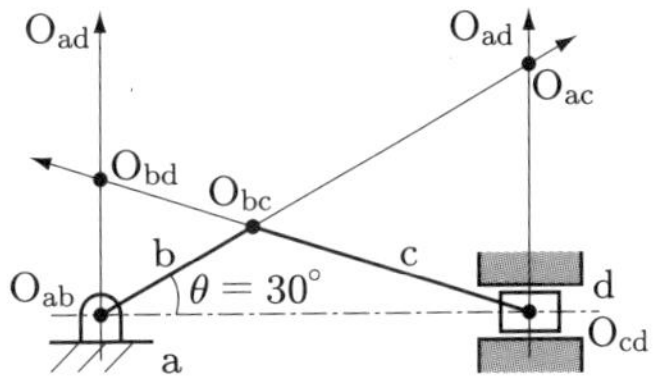

解図 3.3

3.8 (1) $A = R\cos\theta + L\cos\phi$, $R\sin\theta = L\sin\phi$ より, $L = \sqrt{A^2 + R^2 - 2AR\cos\theta}$

(2) $v_L = \dfrac{dL}{dt} = \dfrac{AR\sin\theta}{\sqrt{A^2 + R^2 - 2AR\cos\theta}}\,\omega$

(3) $\phi_{\max} = \pi/6$, $n = 1/2$

3.9 $x = b\cos\theta = 25\,\mathrm{mm}$, $\dot{x} = -1.36\,\mathrm{m/s}$, $\ddot{x} = -24.7\,\mathrm{m/s^2}$

3.10 (1) ラプソンの舵取り装置 (2) $n = {}_NC_2 = N(N-1)/2 = 4 \cdot 3/2 = 6$

(3) 解図 3.4 に示す．O_{ab}，O_{cd} は永久中心としてただちに求められる．O_{bc} はリンク b に垂直の方向，O_{da} はすべり子 d に垂直の方向である．O_{ac} は b を仲介として O_{ab} を通る O_{bc} 方向の線と，d を仲介として O_{cd} を通る O_{ad} 方向の線との交点として求められる．手がかりとして用いた瞬間中心 O_{ab} の添字には仲介節の名 b があり，O_{bc} にも同じく仲介節の名 b がある．b を仲介として a と c の関係が求められる．O_{bd} は a を仲介として O_{ab} を通る O_{da} 方向の線と，c を仲介として O_{cd} を通る O_{bc} 方向の線との交点として求められる．

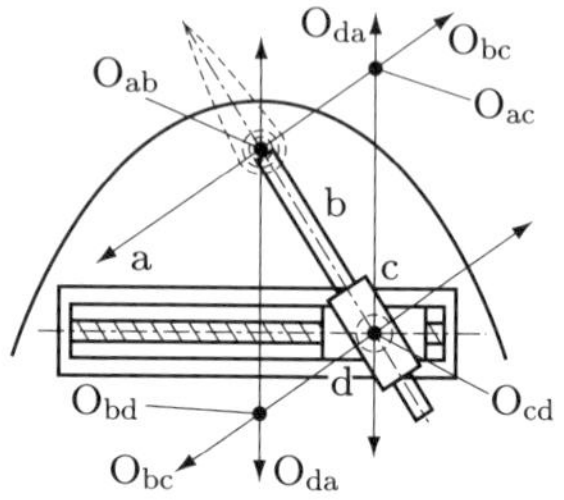

解図 3.4

3.11 $N_e = 10$，$F = (2 \times 7 - 3) - N_e = 1$

3.12 (1) ポースリエの機構　(2) $N_e = 8$，$J = 6$，$F = 1$　(3) $n = N(N-1)/2 = 28$

(4) $n = \dfrac{m}{r(1+\cos\theta)}\, r\sin\theta = m\tan\left(\dfrac{\theta}{2}\right)$　(5) $n = 52\,\mathrm{mm}$

3.13 (1) スコット－ラッセルの機構　(2) $x^2 + y^2 = l^2$ より，$y = \sqrt{l^2 - x^2}$

(3) $\dot{y} = \dfrac{d}{d(l^2 - x^2)}\sqrt{l^2 - x^2} \cdot \dfrac{d}{dx}(l^2 - x^2) \cdot \dfrac{dx}{dt} = -\dfrac{x}{\sqrt{l^2 - x^2}}\,\dot{x}$

3.14 (1) ワットの機構．点 P は近似直線運動をする．

(2) $m/n = f/e$，$m + n = 15$ より，$m = 9\,\mathrm{cm}$ となる．

3.15 図 3.59 において $l/(2r - l) = 2$ であるから，$l/r = 4/3$ として設計する．

3.16 (1) 解図 3.5 に示す．パワーピストンの上死点の位置は点 A，下死点は点 A′．ディスプレーサの上死点は点 B′，下死点は点 B．

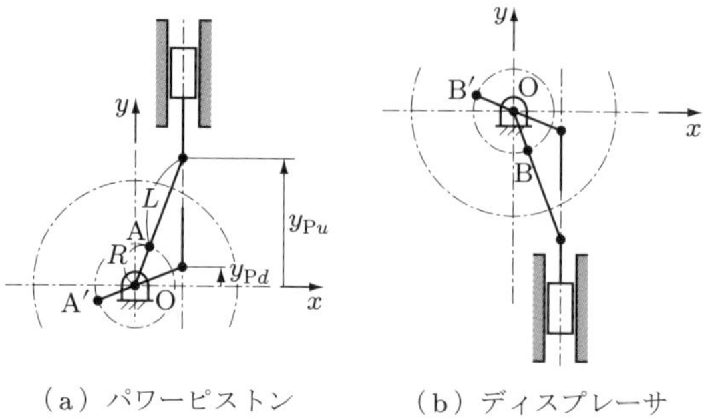

（a）パワーピストン　（b）ディスプレーサ

解図 3.5

(2) $y_{\mathrm{P}u}=\sqrt{(L+R)^2-D^2}$，$y_{\mathrm{P}d}=\sqrt{(L-R)^2-D^2}$ より，$S_{\mathrm{P}}=\sqrt{(L+R)^2-D^2}-\sqrt{(L-R)^2-D^2}$

(3) $y_{\mathrm{P}}=R\sin\theta+\sqrt{L^2-(D-R\cos\theta)^2}$，$y_{\mathrm{D}}=R\sin\theta-\sqrt{L^2-(D-R\cos\theta)^2}$

4章

4.1 $\mu'=0.20/(\sin 15°+0.20\cos 15°)=0.44$

4.2 $\mu'=\mu/(\sin\delta+\mu\cos\delta)=0.64$

4.3 $\beta=0.224\,\mathrm{rad}$，$L=186.5\,\mathrm{mm}$

4.4 $(700+5)/(d_{\mathrm{d}}+5)=2$，$d_{\mathrm{d}}=347.5\,\mathrm{mm}$

4.5 解図 4.1 において，$d_{\mathrm{b}}=50\,\mathrm{mm}$，$d_{\mathrm{d}}=5d_{\mathrm{b}}=250\,\mathrm{mm}$ より，$\beta=30°$，$l=173\,\mathrm{mm}$ である．よって，$L=922\,\mathrm{mm}$ となる．

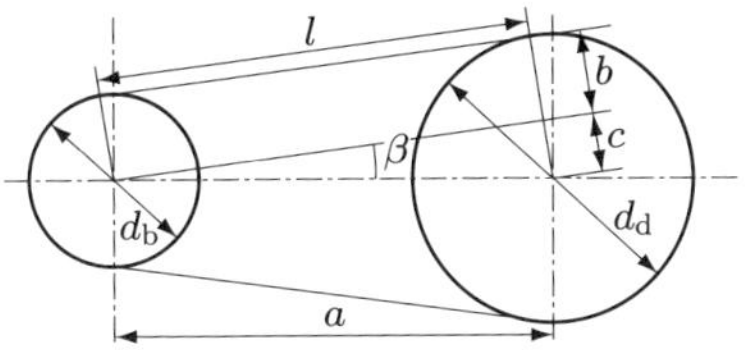

解図 4.1

4.6 (1) $\beta=4.78°$ より，原動輪：170.44°　従動輪：189.56° となる．

(2) $u=\omega_{\mathrm{d}}/\omega_{\mathrm{b}}=d_{\mathrm{b}}/d_{\mathrm{d}}=0.714$　(3) $\mu'=0.500$

4.7 $d_{\mathrm{b}}=72.86\,\mathrm{mm}$，$d_{\mathrm{d}}=121.33\,\mathrm{mm}$，$\beta=2.17°=0.0379\,\mathrm{rad}$ より，$N\geqq 249.7$ となる．よって，$N=250$，$u=z_{\mathrm{d}}/z_{\mathrm{b}}=1.67$ となる．

4.8 (1) $\sin(\pi/z_{\mathrm{b}})=p/d_{\mathrm{b}}$ より，$z_{\mathrm{b}}=12$，$\sin(\pi/z_{\mathrm{d}})=p/d_{\mathrm{d}}$ より，$z_{\mathrm{d}}=18$ となる．

(2) $\beta=3.63°$，$N=\dfrac{\pi-2\beta}{2\pi}z_{\mathrm{b}}+\dfrac{\pi+2\beta}{2\pi}z_{\mathrm{d}}+2\dfrac{a\cos\beta}{p}=45.06\approx 46$

4.9 (1) $(d_{\mathrm{b}}/2)\sin(\pi/z_{\mathrm{b}})=p/2$ より，$d_{\mathrm{b}}=25.1\,\mathrm{mm}$，$d_{\mathrm{d}}=50.0\,\mathrm{mm}$ となる．

(2) $\beta=7.5°$　(3) $N=95$

4.10 (1) $(d_{\mathrm{b}}/2)\sin(\pi/z_{\mathrm{b}})=p/2$ より，$d_{\mathrm{b}}=50\,\mathrm{mm}$ となる．　(2) $N=128$

4.11 (1) $d_{\mathrm{b}}=p/\sin(\pi/z_{\mathrm{b}})=30.6\,\mathrm{mm}$，$d_{\mathrm{d}}=p/\sin(\pi/z_{\mathrm{d}})=51.6\,\mathrm{mm}$

(2) $\beta=\sin^{-1}\dfrac{d_{\mathrm{d}}-d_{\mathrm{b}}}{2a}=2.87°$，$N=184$

4.12 $r=({d_1}^2/{d_7}^2)^{1/6}=(d_1/d_7)^{1/3}=0.794$ である．よって，$u_1=d_7/d_1=2$，$u_2=u_1r=1.59$，$u_3=u_2r=1.26$，$u_4=u_3r=1.00$，$u_5=u_4r=0.794$，$u_6=u_5r=0.630$，$u_7=u_6r=0.500$ となる．

4.13 (1) $\mu'=0.500$　(2) $r=\dfrac{B-d}{2}\cot\delta=46.6\,\mathrm{mm}$

(3) 無段変速装置（CVT）．ポートに油圧をかけてディスク間隔を変えて変速する．

5章

5.1 (1) $\overline{\mathrm{PF_1}} = \sqrt{(\sqrt{a^2-b^2}-x)^2+y^2} = a - \dfrac{\sqrt{a^2-b^2}}{a}x$

$$\overline{\mathrm{PF_2}} = \sqrt{(\sqrt{a^2-b^2}+x)^2+y^2} = a + \frac{\sqrt{a^2-b^2}}{a}x$$

上記 2 式から，$\overline{\mathrm{PF_1}} + \overline{\mathrm{PF_2}} = 2a$ となり，一定である．したがって，解図 5.1 の線分 $\mathrm{F_2P}$ の延長線上の距離 $2a$ のところに対称形状のだ円車の焦点 $\mathrm{F'_1}$ を置くと，接触点 $\mathrm{P}(x, y)$ は転がり接触の条件を満たし，摩擦伝動が成立する．

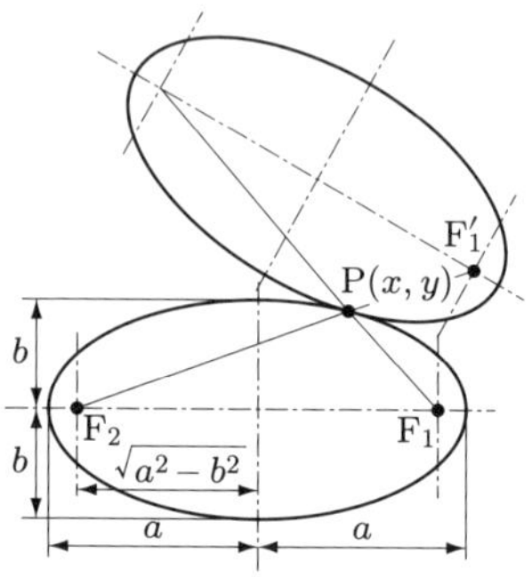

解図 5.1

(2)（省略）

5.2 $u = d_\mathrm{b}/d_\mathrm{d} = \sin\delta_\mathrm{b}/\sin\delta_\mathrm{d} = 0.707$ となる．また，$P = F_\mathrm{b}/\sin\delta_\mathrm{b} = 10\,\mathrm{N}$ より，$L = \mu P v = 9\,\mathrm{N \cdot m/s} = 9\,\mathrm{W}$ となる．

5.3 $f = 0.3P = 0.1/0.03\sqrt{3}$，$P = 6.42$ より，$F_\mathrm{b} = P\sin 30° = 3.21\,\mathrm{N}$，$F_\mathrm{d} = P\sin 60° = 5.56\,\mathrm{N}$ となる．

5.4 (1) 見かけの摩擦係数に示すように，摩擦力が増大し大きなトルクが伝えられる．

(2) $F = \mu' P = 13.26\,\mathrm{N}$

5.5 (1) 同一方向

(2) 解図 5.2 より，次のようになる．

$$\begin{cases} R_\mathrm{d}\theta = R_\mathrm{b}(-\psi) \\ R_\mathrm{c}(-\psi) = R_\mathrm{e}(-\phi) \\ R'_\mathrm{e}(\theta+\phi) = -R_\mathrm{f}\lambda \end{cases}$$

$$\therefore\ \phi = -\frac{R_\mathrm{c}R_\mathrm{d}}{R_\mathrm{e}R_\mathrm{b}}\theta, \quad \lambda = \frac{R'_\mathrm{e}(R_\mathrm{c}R_\mathrm{d} - R_\mathrm{e}R_\mathrm{b})}{R_\mathrm{b}R_\mathrm{e}R_\mathrm{f}}\theta$$

$R_\mathrm{c} - R_\mathrm{b} = R_\mathrm{e} - R_\mathrm{d}$ より，λ は次式となる．

$$\lambda = \frac{R'_\mathrm{e}\{(R_\mathrm{b}+R_\mathrm{e}-R_\mathrm{d})R_\mathrm{d} - R_\mathrm{e}R_\mathrm{b}\}}{R_\mathrm{b}R_\mathrm{e}R_\mathrm{f}}\theta = \frac{R'_\mathrm{e}(R_\mathrm{e}-R_\mathrm{d})(R_\mathrm{d}-R_\mathrm{b})}{R_\mathrm{b}R_\mathrm{e}R_\mathrm{f}}\theta$$

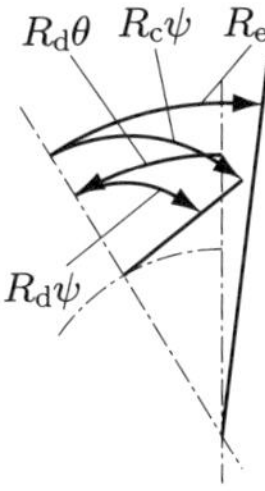

解図 5.2

5.6 $$r_b = \frac{d_b}{2}\sin\theta, \quad r_b n_b = \frac{d_d}{2}\, n_d$$

となる．よって，次のようになる．

$$n_d = \frac{2r_b}{d_d}\, n_b = \frac{d_b}{d_d}\, n_b \sin\theta$$

5.7 出力軸が固定でリングが回転すると仮定する．コーンが 1 回転するとき，入力軸の回転数 n_i は $n_i = -d_2/d_1$ となる．一方，解図 5.3 のように，コーンの接触円直径は $\sqrt{2}\,x$ だから，リングの回転角 θ は次式となる．

$$\theta = \frac{2\sqrt{2}\,\pi}{D}\, x\,[\mathrm{rad}]$$

実際はリングが固定なので，全体を $-\theta$ だけ回転すると，入力軸の回転数 n_i と出力軸の回転数 n_o は次式となる．

$$n_i = -\frac{d_2}{d_1} - \frac{2\sqrt{2}\,\pi}{D(2\pi)}\, x = -\frac{d_2}{d_1} - \frac{\sqrt{2}}{D}\, x, \quad n_o = -\frac{2\sqrt{2}\,\pi}{D(2\pi)}\, x = -\frac{\sqrt{2}}{D}\, x$$

速比 u は，次のようになる．

$$u = \frac{n_o}{n_i} = \frac{\sqrt{2}\,x}{Dd_2/d_1 + \sqrt{2}\,x}$$

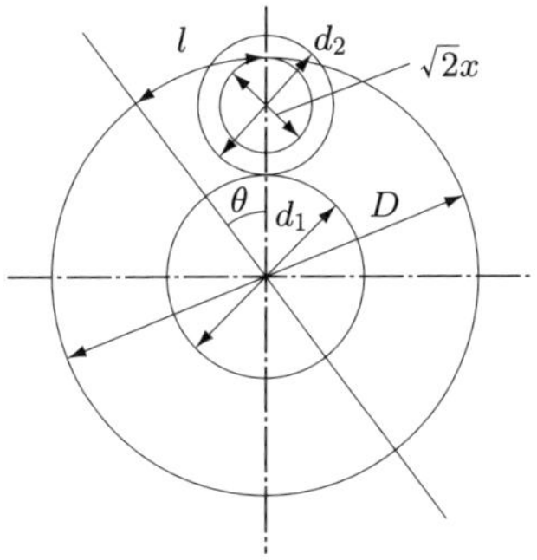

解図 5.3

5.8 $u = \dfrac{\omega_e}{\omega_b} = \dfrac{z_d}{z_e} \cdot \dfrac{L - R\cos(\delta+\theta)}{L - R\cos(\delta-\theta)} = \dfrac{2\{50 - 15\sqrt{2}(\cos\theta - \sin\theta)\}}{50 - 15\sqrt{2}(\cos\theta + \sin\theta)}$

5.9 ディスクとローラの接触円の大きさが θ によって変化するが，ローラの回転速度 ω_3 は共通であり，接触点 P_1，P_2 の接線速度は接触円の半径 r_1，r_2 に比例する．よって，次のようになる．

$$r_1 = R\sin(\delta - \theta), \quad r_2 = R\sin(\delta + \theta)$$

$$\frac{D}{2}\omega_1 = r_1\omega_3, \quad \frac{D}{2}\omega_2 = r_2\omega_3 \quad \therefore\ u = \frac{\omega_2}{\omega_1} = \frac{r_2}{r_1} = \frac{\sin(\delta+\theta)}{\sin(\delta-\theta)}$$

6章

6.1
$$\begin{cases} y = (R+r)\cos\phi - e\cos\theta \\ e\sin\theta - (R+r)\sin\phi = d \end{cases}$$

である．よって，次のようになる．

$$\begin{cases} (R+r)^2\cos^2\phi = (y + e\cos\theta)^2 \\ (R+r)^2\sin^2\phi = (e\sin\theta - d)^2 \end{cases}$$

$$\therefore\ y = \sqrt{(R+r)^2 - (e\sin\theta - d)^2} - e\cos\theta$$

6.2 (1) $y = \dfrac{h}{2r} \cdot r(1 - \cos\theta) = \dfrac{h}{2}(1 - \cos\theta)$

(2) 解図 6.1 に示す．

(3) $\dfrac{dy}{d\theta} = \dfrac{h}{2}\sin\theta,\ \dfrac{d^2y}{d\theta^2} = \dfrac{h}{2}\cos\theta = 0$

τ_{max} は $\theta = \pi/2$ の位置．

6.3 解図 6.2 に示す．

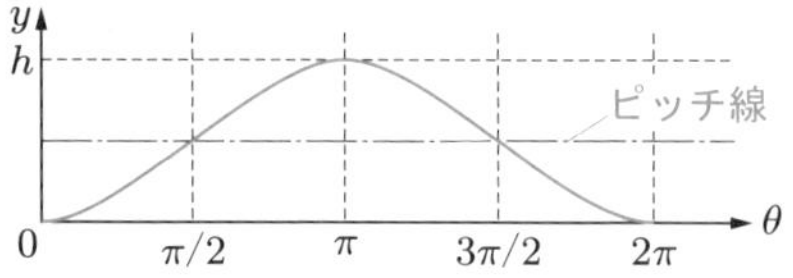

解図 6.1

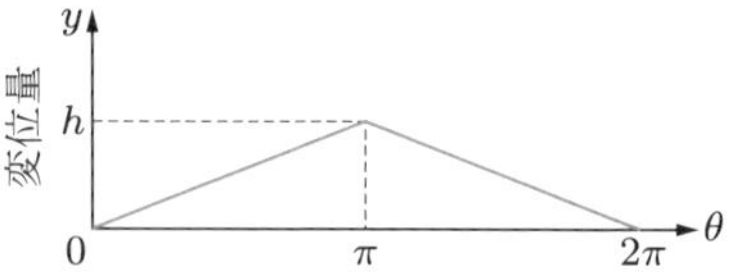

解図 6.2

6.4 (1) $y = k_1(1 - \cos k_2\theta)$，$k_2 = 2$，$k_1 = h/2$ より，次式となる．

$$y = \frac{h}{2}(1 - \cos 2\theta) = 4(1 - \cos 2\theta)$$

(2) $\dot{y}_{max} = 8\omega\sin 2(\pi/4) = 160\,\mathrm{mm/s}$ より，$\omega = 20\,\mathrm{rad/s}$ となる．

7章

7.1 (1) $\rho = \dfrac{d_b}{2}\sqrt{1 + \theta^2}$

(2) $d_a = m(z+2) = 60\,\mathrm{mm}$ および，$d_b = mz\cos 20^\circ = 50.7\,\mathrm{mm}$

(3) $\theta = \sqrt{(d_a/d_b)^2 - 1} = 0.633\,\mathrm{rad}$

7.2 (1) $d = mz = 48\,\text{mm}$, $d_b = mz\cos\alpha_0 = 48 \times 0.940 = 45.1\,\text{mm}$

(2) $d_a = m(z+2) = 51\,\text{mm}$, $d_f = m(z - 1.25 \times 2) = 44.3\,\text{mm}$

(3) $p = \pi m = 4.71\,\text{mm}$, $p_b = \pi m \cos 20^\circ = 4.43\,\text{mm}$

7.3 $m(z_\text{b} + z_\text{d}) = 2a$ より，$m = 3$ となる．

7.4 $m(z_\text{b} + z_\text{d})/2 = 108$, $z_\text{b}/z_\text{d} = 0.5$ より，$z_\text{b} = 24$, $z_\text{d} = 48$ となる．

7.5 (1) $d_\text{b} = mz_\text{b} = 36$, $d_\text{d} = mz_\text{d} = 56$, $d_{b\text{b}} = mz_\text{b}\cos\alpha = 33.8$, $d_{b\text{d}} = mz_\text{d}\cos\alpha = 52.6$, $d_{a\text{b}} = m(z_\text{b}+2) = 40$, $d_{a\text{d}} = m(z_\text{d}+2) = 60$, $p_b = \pi m\cos\alpha = 5.91$, $a = (d_\text{b} + d_\text{d})/2 = 46\,\text{mm}$ となる．

(2) $\varepsilon = \dfrac{\sqrt{d_{a\text{b}}{}^2 - d_{b\text{b}}{}^2} + \sqrt{d_{a\text{d}}{}^2 - d_{b\text{d}}{}^2} - 2a\sin\alpha}{2p_b} = 1.59$

7.6 (1) $d_b = mz\cos\alpha_0 = 33.84\,\text{mm}$, $p = \pi m = 6.28\,\text{mm}$, $d_a = m(z+2) = 40\,\text{mm}$, $\chi = \pi/z - 2\,\text{inv}\,20^\circ = 0.144\,\text{rad}$ となる．

(2) $x \geqq 1 - (z\sin^2\alpha_0)/2 = 0.0642$ より，$xm \geqq 0.128\,\text{mm}$ となる．

7.7 (1) $mz_\text{e} = 2mz_\text{f} + mz_\text{g}$ より，$z_\text{f} = (z_\text{e} - z_\text{g})/2 = 11$ となる．

(2) 解図 7.1 において，$d_\text{g}\phi = d_\text{e}(\theta - \phi)$ より，次式となる．

$$\phi = \frac{z_\text{e}}{z_\text{e} + z_\text{g}}\,\theta = \frac{42}{42+20}\,\theta = \frac{21}{31}\,\theta = 0.677\theta$$

(3) $u = \dfrac{z_\text{a}}{z_\text{b}} \cdot \dfrac{z_\text{c}}{z_\text{d}} \cdot \dfrac{z_\text{e}}{z_\text{e} + z_\text{g}} = 0.00677$

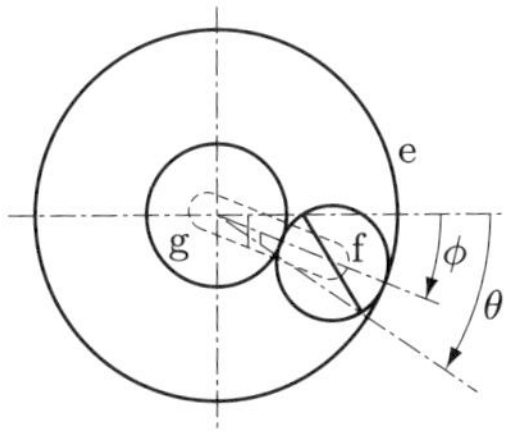

解図 7.1

7.8 (1) $\dfrac{n_\text{d}}{n_\text{b}} = -\dfrac{z_\text{b}}{z_\text{d}} = -\dfrac{1}{4}$　(2) $\dfrac{n_\text{b}}{n_\text{a}} = \dfrac{z_\text{b} + z_\text{d}}{z_\text{b}} = 5$　(3) $\dfrac{n_\text{a}}{n_\text{d}} = \dfrac{z_\text{d}}{z_\text{b} + z_\text{d}} = \dfrac{4}{5}$

7.9

$$\frac{n_\text{a}}{n_\text{b}} = \frac{z_\text{b1}}{z_\text{a}} = 3.46,\quad \frac{n_\text{b}}{n_\text{d}} = -\frac{z_\text{d1}}{z_\text{b2}} = -3.46,\quad \frac{n_\text{d}}{n_\text{f}} = -\frac{z_\text{f1}}{z_\text{d2}} = -3.88,$$

$$\frac{n_\text{f}}{n_\text{i}} = \frac{z_\text{i}(z_\text{g1}z_\text{h} + z_\text{g2}z_\text{f2})}{z_{f2}(z_\text{g2}z_\text{i} - z_\text{g1}z_\text{h})} = -39.67$$

より，減速比 $i = n_\text{a}/n_\text{i} = -1842$ となる．

7.10 $n_\text{d}/n_\text{b} = -z_\text{b}/z_\text{d}$, $n_\text{e}/n_\text{f} = z_\text{f}/(z_\text{f} + z_\text{h})$ より，次のようになる．

$$u = \frac{n_\text{e}}{n_\text{b}} = -\frac{z_\text{b}z_\text{f}}{z_\text{d}(z_\text{f} + z_\text{h})} = -0.0946$$

7.11 解表 7.1 より，次のようになる．

$$n_{\mathrm{e}} = \frac{z_{\mathrm{c}} z_{\mathrm{e}} - z_{\mathrm{b}} z_{\mathrm{d}}}{z_{\mathrm{c}} z_{\mathrm{e}}} n_{\mathrm{f}} = -10.19\,\mathrm{rpm}$$

解表 7.1

	b	c	d	e	f
のり付け	n_{f}	n_{f}	n_{f}	n_{f}	n_{f}
腕静止	$-n_{\mathrm{f}}$	$\dfrac{z_{\mathrm{b}} n_{\mathrm{f}}}{z_{\mathrm{c}}}$	$\dfrac{z_{\mathrm{b}} n_{\mathrm{f}}}{z_{\mathrm{c}}}$	$\dfrac{-z_{\mathrm{d}} z_{\mathrm{b}} n_{\mathrm{f}}}{z_{\mathrm{e}} z_{\mathrm{c}}}$	0
合　計	0	$\dfrac{(z_{\mathrm{b}} + z_{\mathrm{c}}) n_{\mathrm{f}}}{z_{\mathrm{c}}}$	$\dfrac{(z_{\mathrm{b}} + z_{\mathrm{c}}) n_{\mathrm{f}}}{z_{\mathrm{c}}}$	$\dfrac{(z_{\mathrm{c}} z_{\mathrm{e}} - z_{\mathrm{b}} z_{\mathrm{d}}) n_{\mathrm{f}}}{z_{\mathrm{c}} z_{\mathrm{e}}}$	n_{f}

8章

8.1 左ねじの場合：$x = l_1 + l_2$，右ねじの場合：$x = l_1 - l_2$

9章

9.1 （省略）

9.2 解図 9.1 に示す．

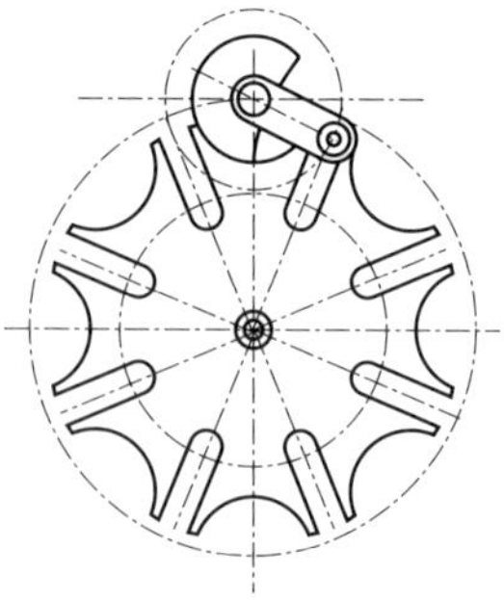

解図 9.1

9.3 幾何学的関係から，次のようになる．

$$\begin{cases} r\cos\theta + s\cos\phi = a = \sqrt{2}\,r \\ r\sin\theta = s\sin\phi \end{cases} \tag{1}$$

$$\therefore\ s^2 = (3 - 2\sqrt{2}\cos\theta) r^2 \tag{2}$$

原動節，従動節の接線速度の関係 $r\omega_{\mathrm{b}}\cos(\theta + \phi) = s\omega_{\mathrm{c}}$ および式 (1) から，

$$\omega_{\mathrm{c}} = \frac{r}{s}(\cos\theta\cos\phi - \sin\theta\sin\phi)\omega_{\mathrm{b}} = \frac{r^2}{s^2}(\sqrt{2}\cos\theta - 1)\omega_{\mathrm{b}}$$

となる．式 (2) と $\cos\theta = \cos 30^\circ = \sqrt{3}/2$ を代入して，次のようになる．

$$\omega_{\mathrm{c}} = \frac{\sqrt{2}\cos\theta - 1}{3 - 2\sqrt{2}\cos\theta}\,\omega_{\mathrm{b}} = 1.283\,\mathrm{rad/s}$$

9.4 解図 9.2 に示す.

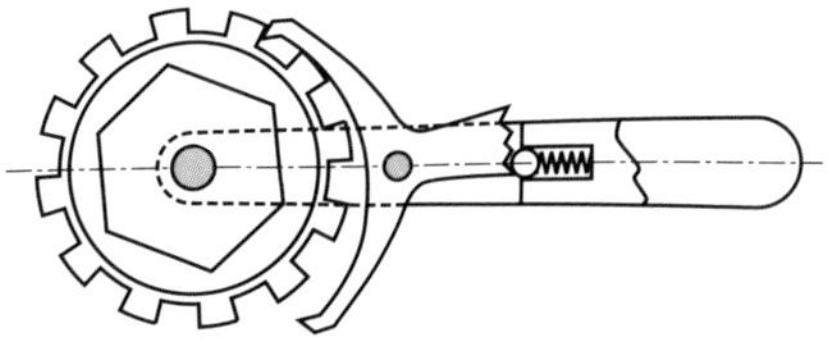

解図 9.2

参考文献

[1] 日本機械学会：機構学，日本機械学会，2007
[2] 伊藤茂：メカニズムの事典，理工学社，1983
[3] 小川潔，加藤功：機構学，森北出版，1983
[4] 中田孝：JIS 記号による新版転位歯車，日本機械学会，1994
[5] 岩本太郎：実用メカニズム事典，森北出版，2020

索　引

■ま　行

■や　行

■ら　行

■わ　行

著者略歴

岩本　太郎（いわもと・たろう）

1970 年　早稲田大学理工学部機械工学科卒業

1972 年　早稲田大学大学院理工学研究科修士課程修了（機械工学専攻）

1972 年　株式会社日立製作所に入社

1990 年　早稲田大学より工学博士（ロボット工学）の学位取得

1996 年　龍谷大学理工学部機械システム工学科教授

2015 年　龍谷大学名誉教授

工学博士

編集担当　富井　晃（森北出版）

編集責任　上村紗帆（森北出版）

組　　版　プレイン

印　　刷　エーヴィスシステムズ

製　　本　ブックアート

機構学（新装版）

2012 年 3 月 14 日　第 1 版第 1 刷発行

2020 年 3 月 19 日　第 1 版第 8 刷発行

2020 年 7 月 15 日　新装版第 1 刷発行

2022 年 9 月 9 日　新装版第 3 刷発行

著　　者　岩本太郎

発 行 者　森北博巳

発 行 所　**森北出版株式会社**

東京都千代田区富士見 1-4-11（〒102-0071）

電話 03-3265-8341／FAX 03-3264-8709

https://www.morikita.co.jp/

日本書籍出版協会·自然科学書協会　会員

JCOPY　<（一社）出版者著作権管理機構 委託出版物>

落丁·乱丁本はお取替えいたします.

Printed in Japan／ISBN978-4-627-66892-8